제로 에너지 하우스 개론

본 서적은 2011년도 산업통산부의 재원으로 한국에너지기술평가원(KETEP)의 지원을 받아 수행한 연구 성과물입니다.
(No. 20114010100030)

신재생에너지와 패시브하우스 건축기술로 여는 미래주거환경!!

제로 에너지 하우스 개론

윤천석 · 류성한 · 곽노열 · 이재승 · 은성배 공저

머/리/말

지구 온난화 문제로 여기저기 시끄럽다. 남태평양의 작은 섬은 넘실대는 파도에 주민들이 대피하기에 이르렀다. 화석연료의 결과물인 이산화탄소가 지구의 온도를 비정상적으로 높인 결과이다.

화석연료는 과거 지구에 살았던 생물들의 에너지가 수천만 년 동안 고온, 고압으로 변형되어 석탄과 석유로 농축된 것이다. 인류의 문명은 땅속에서 퍼올리기만 하면 되는 이 화석연료에 크게 의존한다. 이 에너지와 농축된 물질로 농사도 짓고 생활용품도 만든다. 세상엔 값싸고 질 좋은 물건들로 넘쳐난다. 하지만 이 모든 것은 과거 수천만 년 동안 태양에너지를 받은 생물들이 긴 세월 농축된 결과물인 것이다. 다 퍼올리면 더 이상은 없다.

태양에너지나 지열에너지 등은 화석연료와 달리 현재진행형이다. 오늘 썼다고 내일 없어지지 않는다. 태양은 앞으로도 50억년 이상 계속 에너지를 뿜어낼 것이며 인간이 이를 어떻게 활용한다 해도 조금도 영향받지 않을 것이다. 이들을 재생에너지라고 부른다.

제로에너지하우스는 외부의 에너지 공급 없이 집 주변의 재생에너지만으로 집 안의 냉난방, 취사, 광열 등의 에너지를 모두 감당하는 것을 말한다. 크게 3가지의 기술이 활용된다. 첫 번째는 집 자체를 단열이 잘 되도록 건축하는 패시브하우스 건축 기술이다. 두 번째는 집 주변의 공간에서 에너지를 생산하는 신재생에너지 공학이다. 끝으로 집에서 사용되는 에너지의 생산 및 모니터링을 통하여 절약을 유도하는 ICT 기반 에너지 절감 기술이다.

이 책은 건축공학과, 기계공학과, 정보통신공학과 교수들의 합작품이며, 제로에너지하우스를 위한 3가지 기술을 모두 담고 있다. 모두 4부로 구성되어 있다.

- 1부는 제로에너지하우스 개요로서 자원고갈 문제, 제로에너지하우스의 정의 등을 설명한다.
- 2부는 패시브하우스 건축 기술로서 건물의 단열을 높이기 위한 재료, 시공 기법 등을 서술한다.
- 3부는 신재생에너지 생산 기술로서 재생에너지의 정의 및 각각의 에너지들을 설명한다.
- 4부는 ICT 기반 에너지 절감 기술로서 스마트그리드 및 절감 및 모니터링에 사용되는 ICT 기술을 설명한다.

이 책은 최근 주요 이슈를 소개하는 교양과목의 교재로, 또한 관련 전공의 교재로 사용될 수 있다. 현재, 한남대학교 공과대학의 교양과목 교재로 활용되고 있다. 끝으로 이 책을 만들기까지 함께 노력해온 저자들, 책 속의 그림을 그리고, 맞춤법을 고쳐준 대학원생들에게 고마움을 전한다.

한남대학교 정보통신공학과 교수 은성배

차/례

PART 4 ICT 융합 에너지 관리 기술

CHAPTER 13

Introduction to **ZERO ENERGY HOUSE**

PART 1

제로에너지하우스 개요

Introduction to **ZERO ENERGY HOUSE**

01 자원 고갈 및 환경 문제

지난 수세기 동안, 기술적인 발전과 경제성장은 선진국을 비롯한 개발도상국가 국민들의 생활환경에 있어 주요한 발전을 이끌어왔다. 하지만, 이러한 발전들은 환경에 있어 값비싼 비용을 지불한 결과인 것 또한 사실이다. 선진국들이 이미 경험했고, 개발도상국들이 현재 겪고 있는 대기오염과 전 지구적인 온실효과 및 이로 인한 이상기후의 발현이 그 예이다. 계산할 수 없을 만큼 막대한 환경적인 비용 외에도, 전세계의 인구증가와 경제 및 기술발전으로 인해, 인류가 직면한 간과할 수 없는 위기가 있다. 바로 화석연료의 고갈이다. 대표적인 예로서, 가장 수요가 많은 화석연료인 석유 및 액화가스의 고갈을 들 수 있다. 그림 1-1은 석유 및 액화가스의 생산량 현황과 예측을 나타내는 그래프인데, 국제 석유 추출 속도가 최대에 이르러서 그 이후부터는 생산 속도가 줄어드는 시점을 말하는 'Peak Oil'은 2010년 경으로 나타나 있다. 1장에서는 현재 인류가 당면한 문제를 '자원 고갈'과 '지구 온난화'의 두 가지 측면에서 살펴보고자 한다.

01 자원 고갈

Peak Oil 개념은 1956년 미국 석유연구소의 킹 허버트(King Hubbert)에 의해 처음 제안된 개념으로, 어떤 유전의 석유라도 매장량의 절반을 채굴하고 나면 생산이 정점에 도달하

그림 1-1 석유 및 액화가스 2004 시나리오

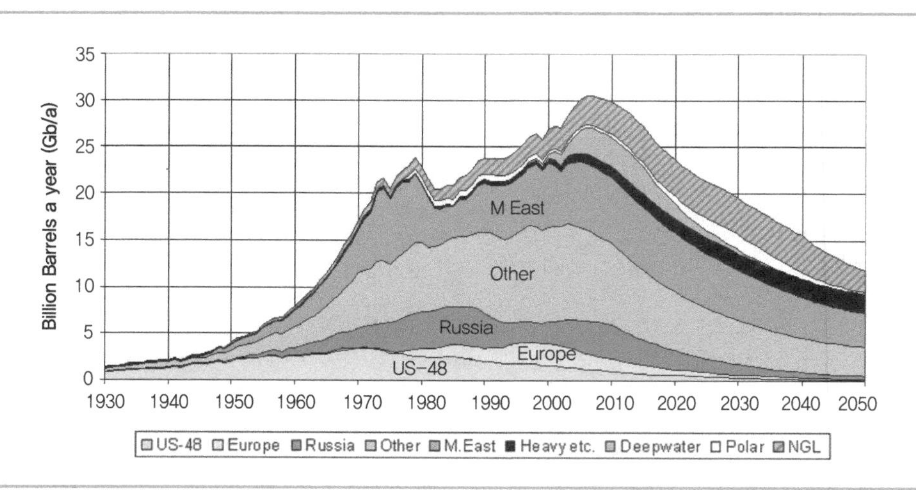

C.J. Campbell, "Regular Conventional Oil Production to 2100 and Resource Based Production Forecast," http://www.oilcrisis.com/campbell/

게 되므로, 국제적으로 석유 추출 속도가 최대에 이르는 시점이 존재하고 이후부터는 생산속도가 줄어들게 되는, 석유 생산의 정점이 존재한다는 내용이다. 현재 석유의 매장량은 1,373억 배럴로 추정되며, 그림 1-1에서 나타낸 것처럼, 2010년을 최정점으로 향후 40여 년 이내에 석유가 고갈될 것으로 분석되고 있다. 각 지역별 추정되는 매장량은, 중동 894억 배럴(65.4%), 북미 120억 배럴(8.7%), 중남미 112억 배럴(7.8%), 아프리카 83억 배럴(6.2%), 유럽 103억 배럴(7.5%), 아시아 및 대양주가 61억 배럴(4.4%)에 해당한다. 미국의 경우 석유 생산량은 알래스카 유전개발에도 불구하고, 1970년 정점에 도달하였고, 현재 미국의 석유 생산량은 1970년의 절반 정도에 불과하다는 것을 알 수 있으며, 이는 허버트의 Peak Oil 개념과 일치한다. 매년 2%의 석유 소비증가율과 주요 산유국들의 부풀려진 석유 매장량 등을 고려하면, peak oil이 이미 경과했다고 보는 것이 타당하게 여겨진다. 그러나, 지속적인 기술개발과 oil sand와 같은 새로운 형태의 석유자원 생산 가능성은, peak oil을 예상처럼 심각한 문제가 아니거나, 2010년이 아닌 훨씬 더 미래의 문제로 생각할 여지를 남겨둔다. 월 스트리트 저널(WSJ)은 2012년 6월 27일자 "Has Peak Oil Peaked?" 제하의 기사에서 peak oil 이론에 대한 반론을 제기한 바 있다.

기사에서는, 최근 들어 빈번해진 미국의 허리케인 위협과 시리아의 터기 전투기 격추로 인한 중동지역의 불안한 정세가 예전과 달리 유가에 직접적인 영향을 미치지 않았으며, 그림 1-2에 표시된 것처럼, peak oil에 대한 구글의 검색 빈도가 지속적으로 감소하고 있다는 사실을 보여준다. 이는 석유 생산량의 정점이 이미 지나고 있고, 폭발적으로 증가하는 수요를 따라가지 못함으로써 기하급수적인 유가의 상승현상이 예견된다는 peak oil 이론

그림 1-2 Peak Oil 에 대한 Google 검색 횟수, Google Trend

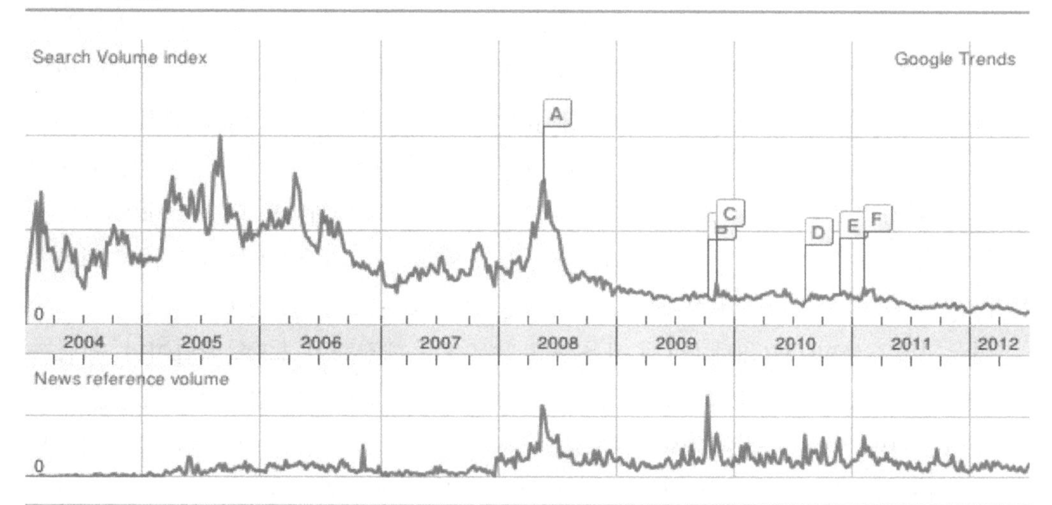

그림 1-3 전세계 일일 원유 생산량 비교 (2010 vs 2020)

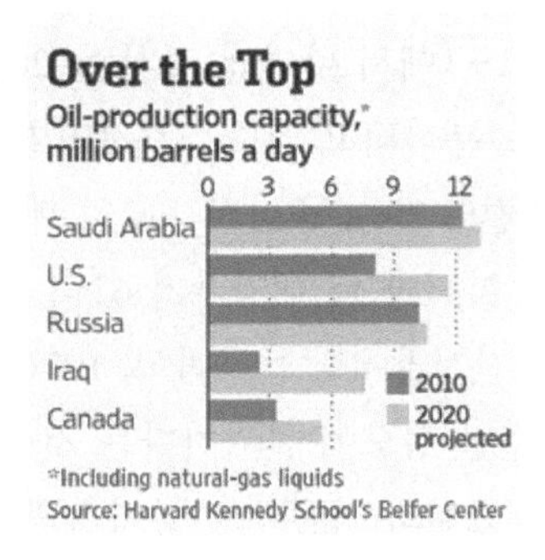

Harvard Kennedy School's Belfer Center for Science and International Affairs

이 석유자원 이용의 유일한 결말이 아닐 수도 있음을 시사한다. 또한, 그림 1-3에서 나타낸 것처럼, 현재 9300만 배럴인 전세계 일일 원유 생산량이 2020년에는 1억1060만 배럴까지 증가할 수 있다는 하버드 케네디 스쿨의 전망도 함께 제시하면서 전통적인 관점의 peak oil이 2020년이 지나도 도래하지 않을 수 있음을 보여주고 있다. 이 보고서에 따르면, 신규 석유 생산량의 80% 이상이 장기유가가 단지 배럴당 70달러만 상회하더라도 수익성이 있는 것으로 판단하였고, 이는 석유가격이 peak oil 이론에서 예상하는 것처럼 기하급수적으로 상승하기보다는 그동안의 예상보다 낮은 수준에 머물 수 있음을 예상하게 한다.

peak oil 이론에서 다루는 원유 생산량은 실제의 물리적인 매장량을 기준으로 한 것이 아니라, 현재의 기술로 수익성 있게 채굴할 수 있는 확인매장량을 기준으로 한 것으로, 이는 인류의 독창성과 기술 혁신을 사실상 배제한 것이다. 국제원유가격의 상승은 그동안 생산에 너무 많은 비용이 들어 경제성이 없다고 여겼던 oil sand나, shale gas 등의 개발을 시도해볼 만한 가치가 있는 것으로 만들고 있다. 또한, 차량에 대한 연료 효율성 개선을 비롯한 석유소비 시스템의 효율개선과 서방 경제의 석유 소비 감소 등이 병행되면서, peak oil은 2030년 이전에는 오지 않을 것이며 21세기가 다 가기 전에는 오지 않을 수도 있다는 캠브리지에너지연구소의 예측도 힘을 얻고 있다. 한국 석유공사에서도 그림 1-4에 나타낸 바와 같이, "유가, 100$ 시대는 오는가?"라는 보고서를 통해 최소 80년 이상 석유 채굴에 문제가 없으며 유가 100달러 시대는 수년 내에는 오지 않는다고 전망한 바 있다.

미국지질조사회(USGS)는 현재 사용하고 남은 석유매장량이 2.3조 배럴이며, 지금까지 개발하지 않았던 oil sand와 shale gas 등까지 합하면 3조 배럴이 넘는다는 예상을 내놓았다. 이는 80년 이상 원유를 채굴할 수 있는 양에 해당한다. 이제 원유로 대표되는 비재생에너지 자원의 고갈은 전통적인 시각과 다른 차원에서 이해할 필요가 있다. 결국, 원유라는

그림 1-4 석유자원 생산량 전망

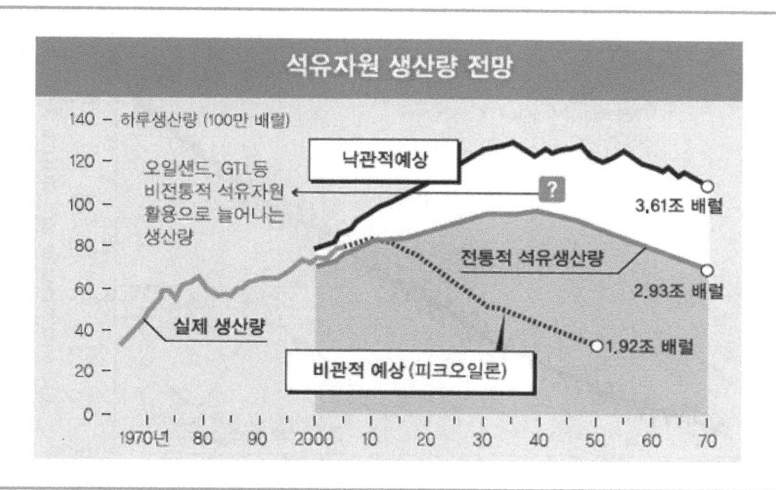

한국일보 2007년 12월 17일자 기사 "유가 100$ 시대, 수년 내는 안 온다"
http://news.hankooki.com/lpage/economy/200712/h2007121718353021580.htm

비재생에너지 자체의 고갈은 염려할 수준에 이르지 않았지만, 저비용으로 쉽게 얻을 수 있는 원유는 고갈되어 가고 있고, 더 이상 쉽게 찾을 수 없는 것이 사실이다. 깊은 심해를 뚫거나 모래나 암석 속의 원유를 뽑아내기 위해 생산비용은 높아질 수밖에 없으므로, 배럴당 70~80 달러대 이상의 가격이 유지될 가능성이 많고, 일시적으로 100 달러를 넘어서는 현상도 지속적으로 발생할 것으로 예상된다. 즉, 자원의 고갈이라는 극단적인 원인을 제외하더라도, 가격이라는 경제적인 측면과, 일시적인 수급의 불균형으로 인한 국가 안보 위협을 해소하기 위해서 대체에너지의 개발은 반드시 필요하다.

02 환경 문제

2.1 지구 온난화

전통적인 비재생에너지의 의존을 탈피해야 하는 이유로, 경제적 측면 및 안보적 측면 외에도, 지구 온난화라는 중요한 이슈를 고려하지 않을 수 없다. 이산화탄소(CO_2)와 같은 온실가스의 축적으로 발생하는 전 지구적인 기온상승은 더 이상 새로운 개념이 아니다. 과학기술의 진보를 통해, 인류는 화석연료 연소와 기후변화 및 이로 인한 환경적 영향 사이의 관

그림 1-5 하와이 Manua Loa 대기 중 축적된 CO_2 량

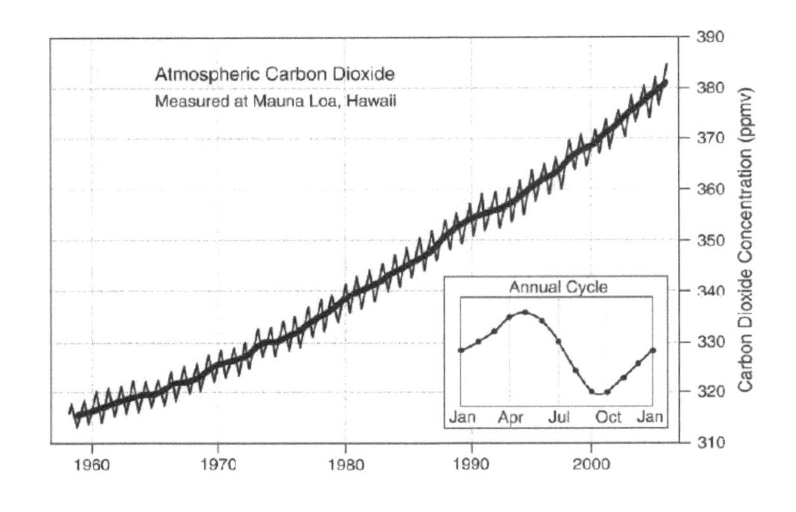

Krishnan Rajeshwar, Robert McConnell, Stuart Licht "Solar Hydrogen Generation Toward a Renewable Energy Future", Springer, 2007

계를 더 잘 이해하게 되었다. 그림 1-5의 하와이 Manua Loa에서 측정된 CO_2 량에서 나타나듯이, 대기 중에 축적된 CO_2는 275~370 ppm으로 증가해 왔으며, 현상태로 관리되지 않는다면, 이번 세기 동안 550 ppm을 초과할 것으로 예상된다. 기후모델은 550 ppm의 축적된 CO_2가 유지될 경우, 결과적으로 나타나는 지구 온난화의 영향은 마지막 빙하시대의 지구냉각과 비슷한 크기의 충격을 지구환경에 가져올 것으로 예측한다.

지구 온난화는, 최근의 허리케인과 쓰나미 등의 재해가 보여주듯이, 예측할 수 없을 만큼 거대한 재앙을 불러오는 숨겨진 시한폭탄이라 할 수 있다.

65억에 달하는 전 세계 인구 중에서, 그동안 CO_2 배출량을 지속적으로 증가시켜온 화석연료를 더욱 소비함으로써 삶의 질을 높이려는 인구의 비율은 매년 급속도로 증가하고 있다.

석유와 석탄, 천연가스 등은 그동안 자동차, 트럭, 발전소 및 공장들의 동력원으로 사용되어 왔고, 최근 들어 중국을 비롯한 개발도상국들의 산업발전으로 인해, 더욱 심각한 정도로 대기 중에 온실가스 즉, CO2 배출량을 증가시키고 있다. 이러한 인위적인 온실가스의 증가는 자연적인 온실효과(natural greenhouse effect) 외에 추가적인 열에너지를 지속적으로 공급함으로써, 전 지구적인 평균온도의 상승속도를 더욱 높이고 있다. 결과적으로, 우리는 인류가 만들어내는 CO_2 배출에 부분적으로 기인한 급격한 기후변화의 시대에 진입하고 있는 것이다. 가장 우려할 만한 것은, 기후가 변화하고 있다는 사실 자체가 아니라,

CO_2 배출량의 증가속도가 변하고 있다는 것이다.

현재보다 40만년 전의 대기 중 CO_2 레벨을 확인하기 위해, 남극 보스토크(Vostok) 기지에서 채취된 빙하코어(Ice core) 샘플에 대한 측정결과는, 3623m 깊이의 얼음속에 갇힌 공기방울은 180~300 parts per million by volume(ppmv) 사이에서 비교적 안정된 CO_2 레벨을 보여준다. 반면 2005년 세계기상기구(World Meteorological Organization)의 측정결과는 CO_2 농도가 379.1 ppmv에 해당함을 보여준다. 이와 같은 인류가 직면한 긴급한 문제들은, 우리로 하여금 모든 에너지 사용에 있어서 환경적인 요소까지 포함하여 비용을 따지도록 만들어 준다.

2.2 온실효과

국립과학원(Natural Academy of Science)에 따르면, 지구의 표면온도가 과거 20년 동안 가속된 온난화에 의해 지난 세기보다 0.6°C 상승한 것으로 알려졌다. 지난 50년에 걸친 온난화의 대부분이 인간 활동에 영향을 미치고 있다는 새롭고 강한 증거들이 있다. 인간의 활동은 주로 이산화탄소, 메탄, 질소산화물인 온실가스의 축적을 통해 대기의 화학조성을 바꾼다. 지구 기후가 이 기체들과 어떻게 완전히 반응하는지에 관한 불확실성이 존재하지만, 이 기체들의 열 획득 특성은 명백하다.

태양에너지는 지구의 날씨와 기후를 움직이고, 지구의 표면을 가열하며, 역으로 지구는 열에너지를 우주로 다시 복사한다. 대기의 온실가스(수증기, 이산화탄소, 다른 기체들)는 배출되는 에너지의 일부를 가두어서 온실의 유리패널 같이 열을 유지한다. 이러한 자연적인 현상을 "온실효과"라 한다. 만일 온실효과가 없다면, 온도는 지금보다 낮아질 것이며, 현재 알려진 생명체는 존재하지 않을 수 있지만, 온실가스로 인하여, 지구의 평균온도가 생명체가 살 수 있는 알맞은 환경인 15.6°C가 되었다.

그러나 대기 중의 온실가스 농도가 증가함에 따라 문제들이 발생한다. 산업혁명이 시작된 이래 대기 중의 이산화탄소 농도가 거의 30 %, 메탄의 농도는 2배, 질소산화물은 15 % 정도 증가했으나, 황은 대기 중에서 단기간에 걸쳐 존재하며, 지역에 따라 변동한다. 온실가스 농도가 증가하는 이유는 화석연료의 연소와 인간 활동이 이산화탄소의 농도를 증가시키는 주요 원인이기 때문이다. 식물의 호흡작용과 유기물의 분해는 인간 활동에 의해 배출되는 이산화탄소 양보다 10배 이상 많다. 그러나 이러한 방출량은 산업혁명 1세기 전 기간에 육지식물과 해양에 의해 흡수된 이산화탄소와 일반적으로 상쇄된다. 지난 수백 년 동안에 변화한 것은 인간 활동에 의해 방출된 부차적인 이산화탄소의 양이다. 차와 트럭을 운행하고 가정과 사업장을 난방하며 전력생산을 위한 화석연료의 연소는 미국 이산화탄소 배기의 90 %, 메탄 배기의 24 %, 질소산화물 배기의 18 % 정도를 초래했다. 농업, 삼림벌

채, 쓰레기 매립지, 산업생산, 광산의 증가도 배기가스의 증가에 중요한 역할을 한다. 1997년에 미국은 지구 전체 온실가스의 약 1/5 정도를 배출했다. 배출가스는 인구 통계학, 경제, 기술, 정책, 개발계획에 연관되기 때문에, 미래의 배출가스를 예측한다는 것은 어려운 일이다. 여러 가지 배출가스 시나리오가 이러한 인자들의 다양한 예측을 기본으로 개발되고 있다. 예로, 2100년에 배출가스 제한 정책이 존재하지 않으면, 이산화탄소 농도는 현재 수준보다 30~150 % 정도 높아질 것이라고 예측된다.

2.3 오존층 파괴

지구의 대기는 여러 개의 층으로 나누어진다. 대기권 중에서 지표에 접하는 최하층부인 대류권은 지표면으로부터 10 Km 고도까지로, 모든 인간 활동은 이 지역에서 일어난다. 지구상의 가장 높은 Everest 산은 9 Km 높이이다. 대류권 위에 바로 근접한 층은 성층권으로 지구표면으로부터 10 Km에서 50 Km 사이에 있으며, 민항기들이 이 성층권의 하부에서 운행하고 있다. 그림 1-6은 대기권에서 대류권과 성층권의 특징을 나타내는 그래프로, 대기 오존의 대부분은 지구 표면으로부터 15~30 Km 높이의 성층권 층에 집중되어 있다.

오존(ozone, O_3)은 3개의 산소 원자(O)로 구성된 분자로, 푸른색을 띠며, 강한 냄새를 갖고 있다. 우리가 호흡하는 보통의 산소(oxygen, O_2)는 2개의 산소 원자로 구성되며, 무색, 무취이다. 오존은 산소보다 보편적으로 존재하지 않아, 1000만 개의 공기 분자 중에서 약 2백만 개가 산소이고, 3개가 오존이다. 그러나 적은 양의 오존이 대기권에서 중요한 역할을 한다. 오존층은 햇빛 복사의 일부를 흡수하여 지구표면에 도달하지 못하게 한다.

그림 1-6 대기 오존 [윤천석, 신재생에너지 p7]

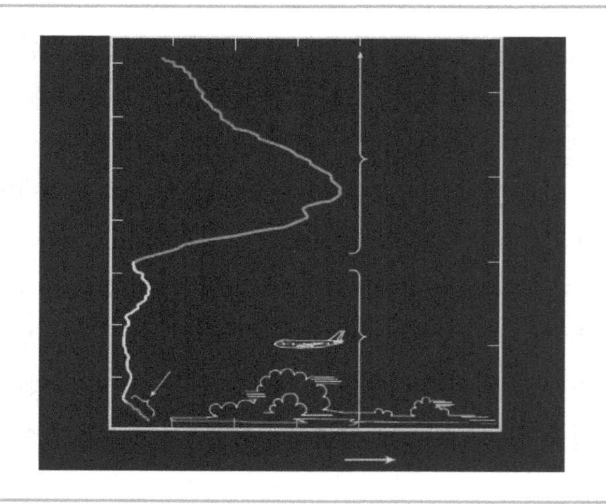

가장 중요하게는 UVB(Ultraviolet B)라는 자외선 빛의 일부를 흡수한다. UVB는 파장이 가시광선보다 짧은 전자기 스펙트럼으로, 파장은 280 ~315 nm이다. 또한 UVB는 피부암, 백내장, 일부 농작물과 재료, 해양생명체에 해를 끼친다. 일정한 시간 동안 오존 분자는 성층권에서 지속적으로 형성되고 파괴되나, 전체적인 양은 상대적으로 안정되게 유지된다. 오존층의 농도는 특정 지역에서 기류의 깊이로 생각되어질 수 있으며, 예를 들면 물이 변함없이 들어오고 나가지만, 그 깊이는 변하지 않는 것과 유사하다. 오존의 농도는 태양흑점, 계절, 위도에 따라 자연적으로 변하지만, 이러한 과정들은 잘 이해되고, 예측된다. 과학자들은 자연적인 주기 동안에 자세한 일반 오존의 수위를 수십년간 기록하여 확립하고 있다. 오존 수위는 자연적으로 감소되며 회복된다. 그러나 최근에 신뢰할 수 있는 과학적 증거에 의하면, 오존 실드는 자연과정에 의한 변화를 넘어 파괴되고 있다.

1980년대 중반까지 50년 이상에 걸쳐 CFC(Chloroflurocarbons)는 기적의 물질이라고 생각했다. 안전하고, 화염성이 없고, 독성이 적으며 생산가격이 저렴한 CFC는 냉매, 용매, 거품을 뿜어내는 작용물, 다른 소규모 적용에 사용되었다. 염소를 함유하는 혼합물은 메틸 클로로포름(methyl chloroform), 용매, 사염화탄소(CCl_4), 산업 화학제품을 포함한다. 소화제로 효과적인 할론(halon)과 토양 훈증약으로 효과적인 메틸 브로마이드는 브롬을 함유한다. 이러한 혼합물들은 대기 중에 오래 잔류하여 바람에 의해 성층권으로 유입된다. 이 혼합물들이 분해되면, 염소와 브롬을 방출하기 때문에 보호되어야 하는 오존층에 손상을 준다. 다음에서 설명하는 오존층 파괴 과정의 논의는 CFC를 중심으로 기술하지만, 오존층 파괴물질(ODS; ozone-depleting substance) 모두에 기본적인 개념이 그대로 적용된다.

그림 1-7 오존층 파괴 과정[윤천석, 신재생에너지 p9]

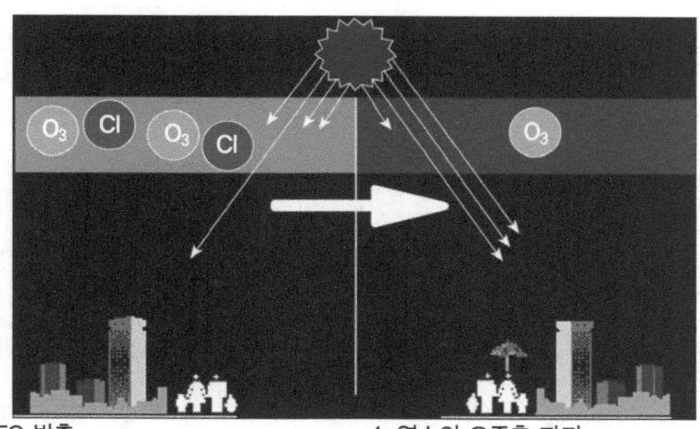

1. CFC 방출
2. 오존층까지 CFC 상승
3. 자외선은 CFC로부터 염소를 방출시킴
4. 염소의 오존층 파괴
5. 파괴된 영역 → 다량의 자외선
6. 다량의 자외선 → 피부암을 더 많이 유발

그림 1-7은 오존층 파괴 과정을 간략히 나타낸 것으로, CFC와 오존층, 자외선의 상호작용을 순서적으로 설명하고 있다. CFC가 대기 중으로 방출되어, 오존층까지 상승하게 되고, 자외선은 CFC와 반응하여 염소를 배출한다. 배출된 염소는 오존층을 파괴함으로 더 많은 자외선이 유입되어, 그 결과 지구상의 인류에게 피부암을 더 많이 유발한다.

1970년대 과학자들은 오존층에 대하여 다양한 화학약품, 특별히 염소를 함유하는 CFC의 영향을 연구하기 시작했으며, 다른 염소 원천의 잠재적인 영향도 조사하기 시작했다. 수영장, 산업공장, 바다 소금, 화산으로부터 나오는 염소는 성층권에 도달하지 못한다. 이러한 원천의 염소혼합물은 물과 결합되기 쉬워 대류권에서 비에 의해 빨리 없어지는 측정이 반복됨에 따라 알려졌다. 반면에 CFC는 상당히 안정적이어서 비에 용해되지 않는다. 따라서, 대기층의 하부에 존재하는 CFC를 제거하는 자연적인 과정은 존재하지 않는다. 시간이 지남에 따라 바람이 CFC를 성층권으로 날려 보낸다. CFC는 강한 자외선 복사에 노출되어 분해됨에 따라, 염소원자를 방출한다. 한 개의 염소원자는 10만 개의 오존분자를 파괴할 수 있다. 순수한 효과에 의하면 오존을 파괴하는 것이 자연적으로 생성되는 것보다 빠르다는 것을 알려준다. 대형 화재나 어떤 종류의 해양생명체는 성층권에 도달하지 않는 한 개의 안정된 염소 형태를 생산한다. 그러나 많은 실험에 의하면, 그림 1-8과 같이 자연적인 원천은 성층권의 염소를 18%만 생성하지만, CFC와 널리 사용되는 다른 화학약품은 82 %를 생성한다.

그림 1-9는 지구의 오존, 화산폭발, 태양 사이클과의 관계를 나타내는 그래프로, 대형 화산폭발은 오존 수위에 간접적인 영향을 미친다. 1991년 Pinatubo 산의 폭발은 성층권의 염

그림 1-8 CFC 종류 [윤천석, 신재생에너지 p9]

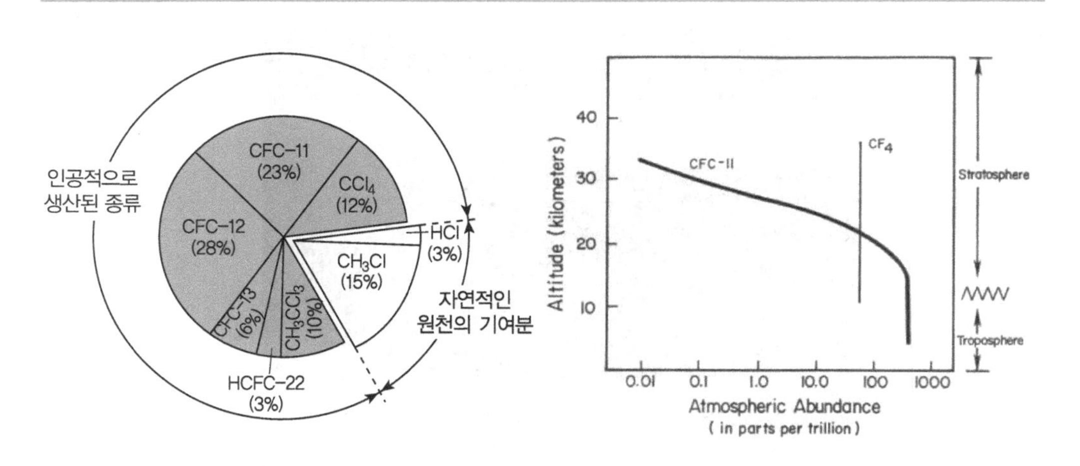

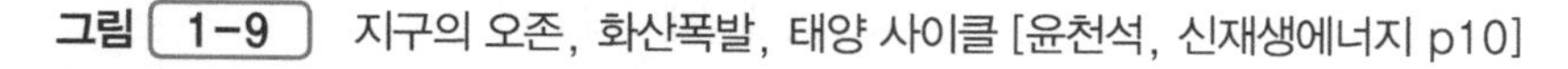
그림 1-9 지구의 오존, 화산폭발, 태양 사이클 [윤천석, 신재생에너지 p10]

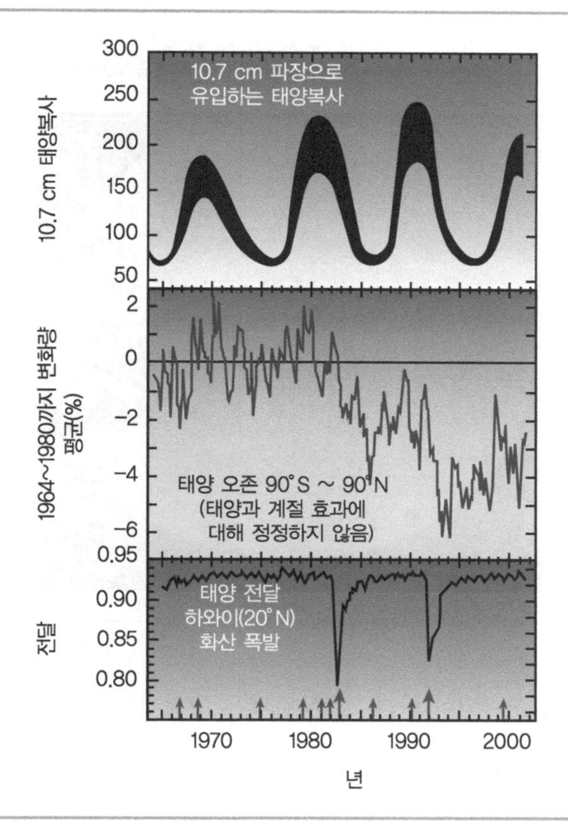

소 농도를 증가시키지 않았지만, 조그마한 입자인 연무질을 대량으로 생성했다. 이러한 연무질은 파괴되는 오존에서 염소의 효과를 증가시킨다. 사실상, 연무질은 CFC 사이펀의 효과를 증가시켜 발생하는 것보다 더 많이 오존 수위를 낮춘다. 그러나 이것은 단기간의 효과로, 장기간의 오존 파괴와는 다르다. Pinatubo 산의 연무질은 이미 사라졌지만, 위성이나 풍선기구에 의해 측정한 데이터에 의하면, 이 지역 근처에 여전히 오존 파괴가 존재함을 알 수 있다.

오존층 파괴의 한 예는, 남극지방의 연간 오존 '구멍(hole)'으로, 1980년대초 이후부터 남극지방의 봄철 동안에 발생한다. 오존 구멍은 층 전체를 통하여 문자 그대로 구멍이 아니라, 오존이 극도로 소량인 성층권의 대형 면적에 해당한다. 오존 수위는 몇 년 동안 최대 60% 이상 떨어졌으며, 오존층 파괴는 북미, 유럽, 아시아, 대부분의 아프리카, 호주, 남미를 포함하는 위도에 걸쳐 발생한다. 미국의 오존층 수위는 계절에 따라 5~10 % 이상 감소하고 있다. 따라서, 오존층 파괴는 남극만의 문제가 아니라, 지구 전체의 문제이다. 그림 1-10은 NOAA TOVS 인공위성이 촬영한 2003년 가을의 남극 오존층 수준을 나타내는

그림 1-10 2003년 가을의 남극 오존층 수준 [윤천석, 신재생에너지 p11]

TOVS Total Ozone Analysis(Dobsoft Units)
Climate Prediction Center/NCEP/NWS/NOAA
08/05/03

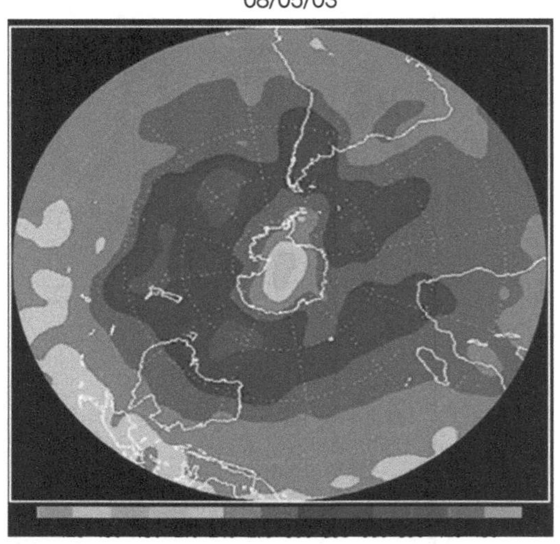

사진으로, 오존 구멍이 표시되어 있다. 오존 구멍은 천정기둥(지상과 우주 사이)에서 오존이 220 DU(Dobson Unit)보다 작은 지역을 정의하며, 단위로 사용된 오존층의 100 DU는 지구의 표면에서 생각하면 1 mm 두께이다.

오존층 수준의 감소는 지구 표면에 도달하는 자외선 복사량의 수준을 높인다. 태양에서 방출하는 자외선 복사량은 변화하지 않기 때문에 오존층이 줄어들면 보호막이 줄어들어 더 많은 자외선 복사량이 지구에 도달한다. 연구에 의하면, 남극지역의 표면에서 측정된 자외선 복사량은 오존구멍을 통하여 연간 2배 이상에 도달한다. 또 다른 연구는 캐나다에서 지난 몇 년 동안에 줄어든 오존층과 증가된 자외선 복사량의 관계를 입증하였다. 실험과 역학연구는 자외선 복사가 피부암을 유발하고 악석 흑색소세포종(melanoma)의 성장에 중요한 역할을 한다는 것을 증명하였다. 또 자외선 복사는 백내장에 연관된다. 모든 태양 빛은 보통의 오존 수준 이상의 자외선 복사를 함유하기 때문에, 햇빛에 노출되는 것을 제한하기 위해 항상 중요한 요소가 된다. 그러나 오존층 감소는 자외선 복사량을 증가시켜 건강의 위험을 증가시키게 된다. 또 자외선 복사는 일부 농작물, 플라스틱, 다른 재료, 일부 해양 생명체에 해를 끼친다.

1970년대 오존층에 대한 초기의 관심은 미국을 포함한 여러 나라에서 연무질 추진체로 CFC의 사용을 금지하기 시작했다. 그러나 CFC와 오존층 파괴물질의 생산은 그 후 새로운 사용처가 발견됨에 따라 극적으로 증가하였다. 1980년대를 통하여 다른 용도로 발전되었고 세계의 국가들은 이러한 화학제가 오존층에 해를 끼친다는 것에 관심을 기울이기 시작하였다. 1985년 비엔나 회의(Vienna Convention)는 이러한 문제에 대한 국제적인 협력을 공식화하였다. 계속되는 노력으로 1987년 몬트리올 의정서(Montreal Protocol)에 서명하게 되었으며, 원안은 CFC의 생산량을 1998년까지 반으로 감축한다는 것이었다. 원안이 서명된 후, 새로운 측정방법에 의하여 오존층이 원래 예측한 것보다 더 나쁜 손상을 입었다고 증명되었다. 1992년, 오존층의 최근 과학적 평가에 대한 대응으로, 서명 당사국들은 선진국에서 1994년 초까지 완전한 할론의 생산 중단을, 1996년 초까지 CFC의 생산 중단을 결의하였다. 의정서 채택 후의 측정에 의하면, 벌써 오존층 파괴물질은 감소하고 있다. 대기 중에 전체 무기물 염소의 측정을 기본으로, 1997년과 1998년의 증가가 멈추었고, 성층권의 염소 수준이 최고에 달했다가 더 이상 증가하지 않게 되었다. 이것은 자연적인 오존 생성 과정에 의해 약 50년 안에 치유될 수 있는 가능성을 보여준다.

2.4 기후변화

1880년부터 2008년 동안의 지구 평균 표면온도(육지와 해양) 연간 편차 변화는 그림 1-11과 같으며, 지구 평균 표면온도가 지난 19세기 이래로 0.3~0.6°C 증가했다.

지구 표면 공기 온도 측정 자료를 분석한 Goddard 우주연구소에 의하면, 2008년은 2000년 이후 가장 추웠던 해였으나, 1880년으로 거슬러 올라간 계기 측정 주기에서 9번째로 가장 온난했던 연도였다. 10개의 가장 따뜻했던 해는 1997~2008의 12년 주기에 모두 발생했다. 그림 1-11의 2008년 지구온도 편차 지도는 세계 대부분의 지역이 기본주기(1951~1980)보다 거의 평균적이거나 온난해졌다는 것을 보여준다. 유라시아, 북극, 남극

그림 1-11 지구의 평균 표면온도(육지와 해양) 연간 편차 변화(1880-2008) 및 표면온도 편차의 세계지도 [윤천석, 신재생에너지 p14]

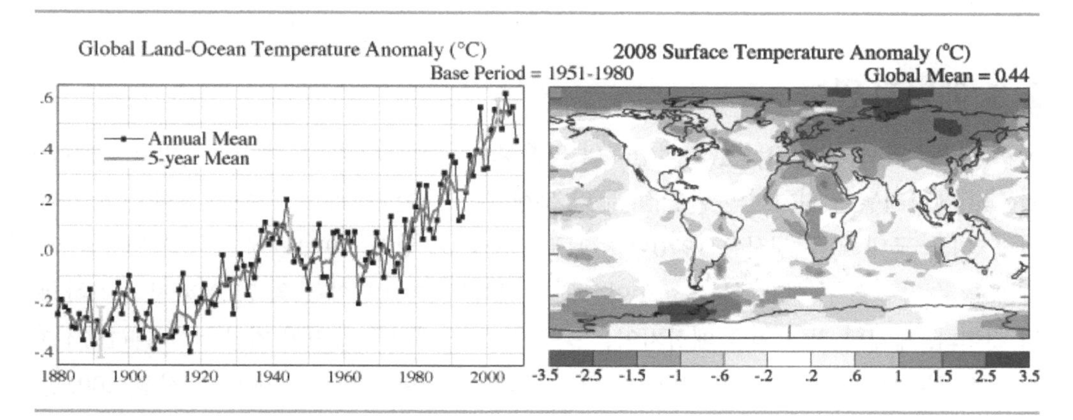

그림 1-12 서울 평균기온의 경년 변화도[윤천석, 신재생에너지 p15]

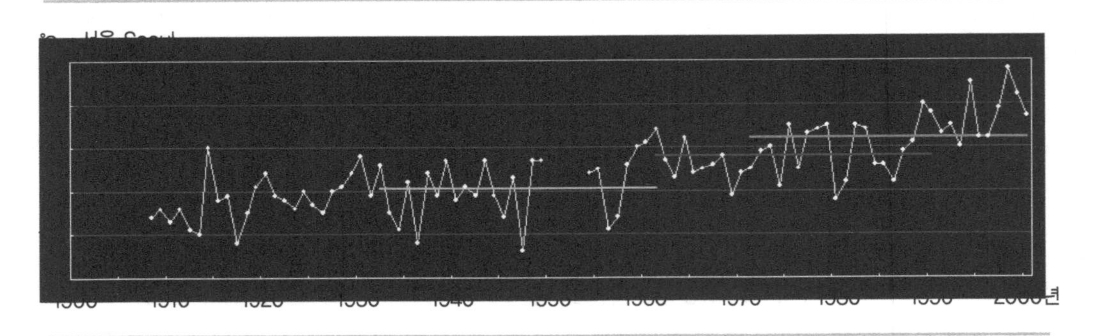

대륙은 예외적으로 따뜻하였고, 대부분의 태평양은 장기간 평균보다 차가웠다 열대지역의 태평양에서 상대적으로 낮은 온도는 일 년(Year)의 전반부에 존재하는 강력한 라니냐 현상 때문이었다. 라니냐와 엘리뇨는 열대온도의 자연적인 변동의 반대 상태로, 라니냐는 차가운 상태가 계속된다. 지구 온난화가 진행됨에 따라, 북반구를 덮고 있던 눈과 북극해의 얼음이 줄었으며, 지구전체의 해수면 수위가 지난 세기에 비해 10~20 cm 정도 높아졌다. 육지의 세계전역 강수량은 약 1 % 증가했고, 미국전역에 걸쳐 극심한 강우의 빈도가 증가하고 있다. 온실가스의 농도가 증가함에 따라 기후 변화율이 가속된다. 과학자들의 예측에 의하면, 지역적으로 변동이 심하지만, 다음 50년 동안에 평균 지구표면온도가 0.6~2.5°C, 다음 세기에는 1.4~5.8°C 상승할 것이라고 한다. 기후가 더워짐에 따라, 증발이 증가되어 지구 평균 강수량은 증가하게 될 것이다. 토양의 습기는 여러 지역에서 감소될 것이고, 강한 호우가 빈발하게 될 것이다. 바다 해수면의 수위는 대부분의 미국 해안을 따라 60 cm 정도 상승하게 될 것이다. 특정지역의 기후 변화에 대한 계산은 지구 전체보다 그 신뢰도가 낮고, 지역 기후는 변동이 심해 분명하지 않다. 그림 1-12는 서울 평균기온의 경년 변화도 그래프로, 연평균 온도가 50년 사이에 약 1°C 증가한 것을 알 수 있다.

2.5 에너지 안보

국가에너지 안보(Security)는 화석연료의 의존성에 의해 계속해서 위협받고 있다. 이러한 기존의 에너지원은 정치적인 불안정, 무역 분쟁, 무역제한 정책, 기타 분쟁 등에 노출되어 있다. 미국 국내 원유 생산은 1970년 이래로 감소하고 있다. 1973년에 미국은 원유의 약 34 %를 수입했으나, 현재에는 53 % 이상을 수입하며, 2010년에는 약 75 %까지 증가하게 될 것이다. 세계의 최대 원유 매장지역은 중동으로, 세계원유 가격이 지난 네 차례(1974년의 아랍 원유 무역제한, 1979년의 이란 원유 무역제한, 1990년의 페르시아만 전쟁, 2003년

이라크 전쟁) 급격하게 상승함으로 인해 경제에 많은 영향을 끼쳤다. 그 결과 같은 기간 동안에 마이너스 경제성장과 무역적자가 급증했다. 화석연료가 아닌 재생에너지를 사용하면, 외국 원유 수입 의존도가 감소될 수 있다. 미국 에너지성에 의하면, 운송용 연료의 약 10 % 정도를 유기물질로부터 만들어지는 바이오연료로 대체하면, 10년 동안 150억불을 절약하고, 20 %의 대체는 약 500억불을 절약할 수 있게 해주는 것으로 예측된다. 이것은 경제적 안보, 국가적 안보뿐 아니라 에너지 안보도 강하게 해 준다.

연/습/문/제

01 Peak Oil 개념에 대해 간략히 설명하시오.

02 Peak Oil이 이미 경과했다는 주장에도 불구하고, 이를 심각한 문제로 보지 않는 시각이 있다. 그 이유는 무엇인지 설명하시오.

03 아래 본문의 내용 중 다음 빈칸을 알맞은 답으로 채우시오.

"peak oil 이론에서 다루는 원유 생산량은 실제의 물리적인 매장량을 기준으로 한 것이 아니라, 현재의 기술로 (　　) 있게 채굴할 수 있는 (　　　)을 기준으로 한 것으로, 이는 인류의 독창성과 기술 혁신을 사실상 배제한 것이다."

04 Oil sand나, Shale gas는 그동안 생산에 너무 많은 비용이 들어 개발이 지연되어 왔다. 다시 활발히 개발이 진행되고 있는 이유를 설명하시오.

05 캠브리지 연구소에서는 peak oil이 21세기가 다 지나기 전에 도래하지 않을 것이라고 예측한 바 있다. 그 이유를 간략히 설명하시오.

06 자원의 고갈이라는 극단적인 원인을 제외할 경우에도, 대체에너지를 지속적으로 개발해야 하는 이유를 간략히 설명하시오.

07 아래 본문의 내용 중 다음 빈칸을 알맞은 답으로 채우시오.

"결과적으로, 우리는 인류가 만들어내는 CO_2 배출에 부분적으로 기인한 급격한 기후변화의 시대에 진입하고 있는 것이다. 가장 우려할 만한 것은, 기후가 변화하고 있다는 사실 자체가 아니라, CO_2 배출량의 (　　)가 변하고 있다는 것이다."

08 식물의 호흡작용과 유기물의 분해는 인간 활동에 의해 배출되는 이산화탄소 양보다 10배 이상 많다. 그럼에도 불구하고, 산업혁명 이래로 인간이 배출하는 이산화탄소의 양이 온실효과의 원인으로 지목되는 이유는 무엇인지 설명하시오.

위기 극복을 위한 노력

재생에너지 시장

표 2-1은 미국 에너지성(DOE; Department of Energy) 보고서인 “Renewable Energy Annual 2007”에서 발췌한 2003~2007년 동안 미국의 재생에너지 소비에 관한 표로, 단위는 천조(1015, Quad;quardrillion) Btu이다. 재생에너지의 소비는 2006년과 2007년 사이에 1% 감소하여 6.83 Quad에 도달하였다. 각각의 재생에너지원별 소비행태에는 많은 변화가 있었다. 2007년에는 미국 몇몇 지역의 강수량이 감소하여, 수력발전은 14 %로 하락하였다. 바람직한 측면으로, 바이오매스 근간의 에너지는 7 %, 풍력발전은 21 % 증가하였다. 에탄올과 바이오디젤과 같은 바이오연료를 생산하고 사용하기 위해 바이오매스 소비가 2007년 동안 상당히 증가하였다. 2003년부터 2007년까지 재생에너지의 연간 평균 성장률은 각각 25 %와 29 %에 이른다. 2003년부터 2007년까지 전체 재생에너지 소비량에서 풍력에너지가 차지하는 비율은 2 %에서 5 %로 증가하였으나, 수력발전은 주로 강수량과 관계되므로 해마다 변동된다. Nevada 주에서는 2007년 Boulder시에 64 MW급 Nevada Solar One 발전소를 최초로 가동하여 중앙집중식 태양발전소로부터 전기를 생산하고 있다. 그림 2-1은 2007년 미국에서 사용한 에너지원별 비율을 나타낸 그래프로, 석탄, 석유, 천연가스, 원자력 등의 기존 화석연료 에너지가 전체 에너지 사용량의 대부분을 차지하며, 재생에너지의 비율은 7 %에 불과하다. 바이오매스와 수력의 재생에너지원 중의 점유율이 각각 53 %, 36 %로 압도적으로 높으며, 지열, 풍력, 태양에너지(태양광/태양열)가 각각 5 %, 5 %, 1 %의 점유율을 나타낸다.

표 2-2는 전 세계 국가를 기준으로 한 재생에너지 관련 보급통계 중 주요 수치변화를 나타낸 것이다. 연간 새로운 재생에너지 용량에 대한 투자금액은 2005년 400억 불에

표 2-1 미국의 재생에너지 소비, 2003-2007(단위: Quadrillion Btu) [윤천석, 신재생에너지 p18]

에너지원	2003	2004	2005	2006	2007
재생에너지	6.150	6.261	6.444	6.922	6.830
기존의 수력	2.817	3.023	3.154	3.374	3.615
지열에너지	0.331	0.341	0.343	0.343	0.353
바이오메스	2.825	2.690	2.703	2.869	2.463
태양에너지	0.064	0.065	0.066	0.072	0.080
풍력에너지	0.115	0.141	0.178	0.264	0.319

그림 2-1 2002년 미국에서 사용한 에너지원별 비율 [윤천석, 신재생에너지 p19]

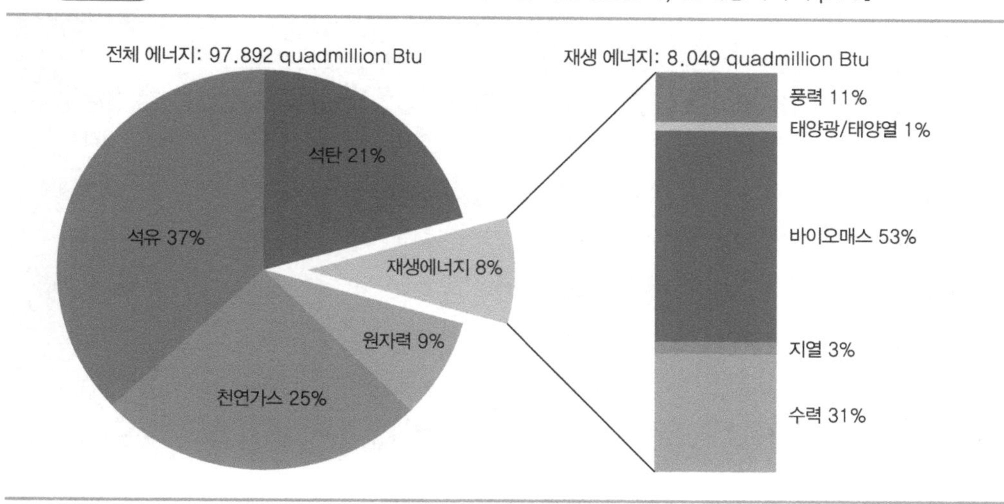

서 2007년 710억불로 약 77.5 % 증가하였고, 대수력을 제외한 총 재생에너지 전력용량은 2005년 182 GW에서 2007년 240 GW로 약 31.9% 증가하였다.

표 2-3은 전 세계 국가를 기준으로 한 재생에너지 관련 보급 통계 중 재생에너지 보급량 관련 분야별 Top 5 국가 순위를 나타낸 것이다. 2006년 연간 새로운 용량에 가장 많이 투자한 국가는 독일, 중국, 미국의 순서였다. 특히 독일은 계통연계형 태양전지와 바이오디젤 생산에 집중하였고, 미국은 풍력에너지 추가와 에탄올 생산에, 중국은 태양열 온수기 추

표 2-2 재생에너지 관련 전 세계 주요 통계수치 변화 [윤천석, 신재생에너지 p19]

	단위	2008	2009	2010
새로운 재생에너지 용량 투자(연간)	billion $	130	160	211
재생에너지 전력용량(현재, 대수력 제외)	GWe	200	250	312
재생에너지 전력용량(현재, 대수력 포함)	GWe	1,150	1,230	1,320
풍력에너지 용량(현재)	GWe	121	159	198
계통연계형 태양전지 용량 (현재)	GWe	16	23	40
태양광전지 생산(연간)	GW	6.9	160	185
태양열 온수 용량(현재)	GWth	130	160	185
에탄올 생산(현재)	billion litters	67	76	86
바이오디젤 생산(현재)	billion litters	12	17	19

표 2-3 재생에너지 보급량 관련 분야별 Top 5 국가 순위 [윤천석, 신재생에너지 p20]

Top 5 국가	#1	#2	#3	#4	#5
2010년 연간 총량					
새로운 용량 투자	중국	독일	미국	이탈리아	브라질
풍력에너지 추가	중국	미국	스페인	독일	인도
태양광 전지 추가	독일	이탈리아	체코	일본	미국
태양열 온수기 추가	중국	독일	터키	인도	오스트리아
에탄올 생산	미국	브라질	중국	캐나다	프랑스
바이오디젤 생산	독일	브라질	아르헨티나	프랑스	미국
2010년 연간 총량					
재생에너지 전력용량 (대수력 제외)	미국	중국	독일	스페인	인도
재생에너지 전력용량 (대수력 포함)	중국	미국	캐나다	브라질	독일/인도
풍력에너지	중국	미국	독일	스페인	인도
바이오매스에너지	미국	브라질	독일	중국	스웨덴
지열에너지	미국	필리핀	인도네시아	멕시코	이탈리아
태양광 전지	독일	스페인	일본	이탈리아	미국
태양열 온수기	중국	터키	독일	일본	그리스

가에 각각 투자하였다. 2006년 현재 총 용량을 기준으로 보면 총 재생에너지 전력용량은 중국이 가장 많으며, 독일, 미국의 순서였다. 중국은 소수력과 태양열 온수기 분야에서 보급량이 가장 컸고, 독일은 풍력에너지와 계통연계형 태양전지 분야에, 미국은 바이오매스 에너지와 지열에너지 분야의 누적 보급량 규모에서 순위를 차지했다.

02 재생에너지의 경제적 고려와 향후 전망

전 세계가 1973년 오일 충격으로 에너지 위기를 겪은 후, 에너지 자원의 안정적인 공급에 관련된 국가 안보가 중요한 문제로 대두되게 되었다. 에너지 자원 문제의 장기적인 대책은 에너지 절약과 효율의 증대, 그리고 재생에너지를 포함하는 새로운 에너지의 개발 등을 생각할 수 있다. 경제성장에 따라 항상 사용하는 에너지의 양이 증가한다. 정해진 출력을 만들기 위하여 사용되는 에너지 때문에, 국내총생산(GDP; Gross Domestic Product)과

표 2-4 국가별 전기 생산량에서 재생에너지의 공급비중 [윤천석, 신재생에너지 p21]

국가/지역	2006년 현재	목표
세계전체	18%	–
EU-25	14%	21%(2010)
EU 국가들		
Austria	62%	78%(2010)
Belgium	2.8%	6.0%(2010)
Czech Republic	4.2%	8.0%(2010)
Denmark	26%	29%(2010)
Finland	29%	31.5%(2010)
France	10.9%	21%(2010)
Germany	11.5%	12.5%(2010)
Greece	13%	20.1%(2010)
Hungary	4.4%	3.6%(2010)
Ireland	10%	13.2%(2010)
Italy	16%	25%(2010)
Luxembourg	6.9%	5.7%(2010)
Netherlands	8.2%	9.0%(2010)
Poland	2.6%	7.5%(2010)
Portugal	32%	45%(2010)
Slovak Republic	14%	31%(2010)
Spain	19%	29.4%(2010)
Sweden	49%	60%(2010)
United Kingdom	4.1%	10%(2010)

국가/지역	2006년 현재	목표
기타 선진국/OECD 국가들		
Australia	7.9%	–
Canada	59%	–
Israel	–	5%(2016)
Japan*	0.4%	1.63%(2014)
Korea	1.0%	7%(2010)
Mexico	16%	–
New Zealand	65%	90%(2025)
Switzerland	52%	–
United States	9.2%	–
개발도상국		
Argentina*	1.3%	8%(2016)
Brazil*	5%	–
China	17%	–
Egypt	15%	20%(2020)
India	4%	–
Malaysia	–	5%(2005)
Morocco	10%	20%(2012)
Nigeria	–	7%(2025)
Parkistan	–	10%(2015)
Thailand	7%	–

* 주) Argentina, Brazil, Japan은 대형 수력발전을 포함하지 않은 숫자임.
(대형 수력발전을 포함하면 35%, 75%, 10%임)

에너지 소비 사이에는 일정한 관계가 있다. 경제성장과 에너지 수요의 연결 강도는 지역에 따라 변한다. 기록에 의하면, OECD 국가에서 이러한 연결은 상대적으로 약하며, 에너지 수요가 경제성장 후 늦게 나타난다. 비 OECD 국가(유럽과 유라시아의 비-OECD 국가 제외)에서는, 지난 30년 동안 경제성장이 에너지 수요의 증가와 밀접히 연계되어 있다. 정해진 지역에서 경제개발의 단계와 개인 삶의 표준은 경제성장과 에너지 수요의 연계에 강하게 영향을 준다. 삶의 표준이 높은 선진국의 경제에서는 상대적으로 자본 당 에너지 사용의 수준이 높으며, 자본 당 에너지 사용은 안정적이고 아주 완만히 변화하는 실용적인 경향이 있다. OECD 경제에서는 최신 전기제품이 높은 보급률을 보이며, 가계마다 개인 승용차를 갖고 있다. 이러한 지출은 에너지 소비 물품의 구매에 영향을 미치므로, 구식 물건을 교체하여 새로운 장비를 구매하는 데 관심을 기울이도록 한다. 일반적으로 새로운 물품은 구형 물품보다 더 효율적이어서, 수입과 에너지 수요 사이의 연계는 약해진다. 표 2-4는 2006년 현재와 목표에 대한 국가별 전기 생산량에서 재생에너지의 공급비중(%)을 정리한 것으로, REN21 자료 중 “Share of Electricity from Renweables, Existing in 2006 and Targets”의 데이터를 인용한 것이다. 이 표에서 아르헨티나(Argentina), 브라질(Brazil), 일본(Japan)의 데이터 값은 대형 수력발전을 포함하지 않은 것이다. 유럽연합 국가들의 재생에너지 공급비중은 우리나라보다 높은 수준으로, 재생에너지의 분야별 공급비중은 풍력, 태양에너지 등이 높은 반면, 일본이나 동남아 등에서는 폐기물, 바이오매스 등의 보급비중이 크다.

국제 에너지 전망 2008(International Energy Outlook 2008; IEO2008)은 예측기간 동안 현재의 법과 정책이 변하지 않고 유지된다는 시나리오를 반영한다. 이 예측에 의하면,

그림 2-2 세계 에너지 소비 시장 [윤천석, 신재생에너지 p23]

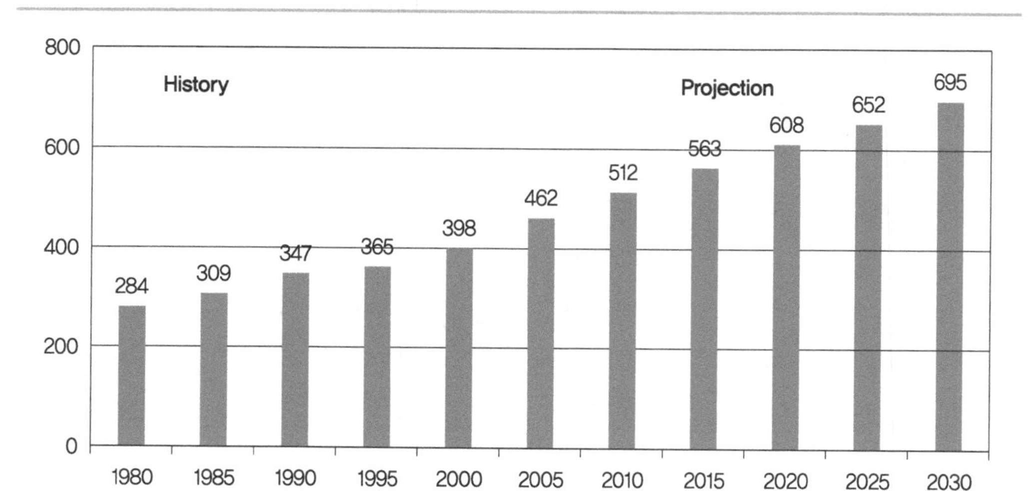

세계 에너지 소비 시장은 2005년 462 Quad.에서 2030년 695 Quad.로 약 50% 증가할 것이며, 에너지 수요가 비 OECD 국가에서 가장 많이 증가할 것이라 한다. 그림 2-2는 세계 에너지 소비 시장(1980-2030)을 나타내는 그래프로, 1980년에서 2005년까지는 수집된 데이터를 나타내며, 이후부터는 IEO 2008의 기준을 채택하여 예측한 것이다. 장기간에 걸쳐 지속되는 고유가에도 불구하고, 이 기간 동안 석유와 천연가스는 계속해서 사용될 것이고, 장기적으로는 에너지 수요의 증가가 둔화될 것이다. 개발도상국에서 높은 경제성장과 인구 팽창의 결과 세계 에너지 소비는 계속해서 크게 증가할 것으로 예측된다. 대부분의 에너지를 소비하는 OECD 회원국가는 더 진보적인 에너지 소비자가 될 것이다.

그림 2-3은 세계 에너지 소비 시장을 OECD 국가와 비 OECD 국가(1980-2030)로 구분하여 나타낸 그래프이다. OECD 경제에서 에너지 수요는 예상 기간 전체에 걸쳐 연평균 0.7% 증가율로 완만하게 증가할 것이고, 비 OECD 국가의 신생 경제 하에서 에너지 수요는 매해 평균 2.5%로 확장될 것이라고 예상한다. 비 OECD 국가에서는 2005년부터 2030년에 걸쳐 에너지 수요가 급격히 증가할 것으로 예상된다. IEO 2008 기준으로, 비 OECD 국가의 에너지 수요는 85% 증가하는 반면에 OECD 국가의 에너지 사용은 19% 증가에 그치게 된다. 비 OECD 국가의 에너지 수요는 예상되는 경제성장의 결과이다. 구매력 동등항인 국내총생산(GDP)으로 측정되는 경제적 활동도(economic activity)는 비 OECD 국가를 합하면 매해 평균 5.2 % 증가하지만, OECD 국가는 2.3% 증가하는데 그친다. 빠르게

그림 2-3 세계 에너지 소비시장 [윤천석, 신재생에너지 p24]

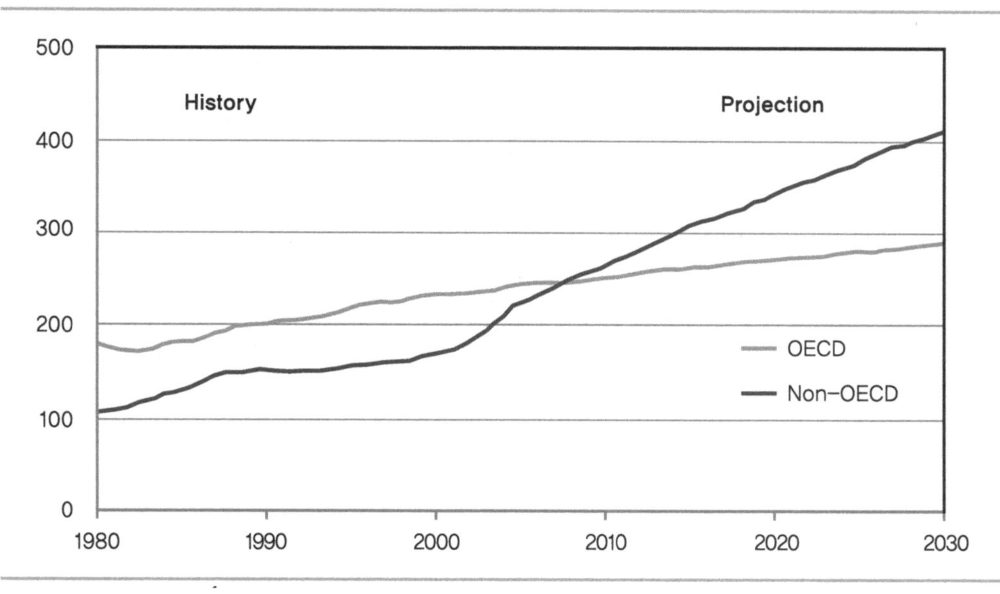

성장하는 비 OECD 경제하의 중국과 인도가 미래의 세계에너지 소비에 중요한 기여국이 될 것이다. 지난 20~30년 동안에 전 세계 에너지의 일부로서 이들 나라의 에너지 소비는 현저히 증가하였다. 1980년에 중국과 인도의 에너지 사용량은 전체 에너지 사용량의 8%가 되지 않았으나, 2005년에 18%로 성장하였다. IEO2008 기준으로 이후 25년 동안에는 더 큰 성장이 예견되어 2030년에는 에너지 사용량이 2배 이상이 되며 세계에너지 소비량의 약 1/4를 점유하게 될 것이다. 반면 세계에너지 사용량에 대한 미국의 점유율은 2005년에 22%이고, 2030년에 17%로 축소될 것으로 예측된다.

연/습/문/제

[1-3] 본문 그림 2-1 '2002년 미국에서 사용한 에너지원별 비율'을 참고하여 다음 물음에 답하시오.

01 그림에서 사용된 Btu 단위에 대해 간략히 설명하시오.

02 2002년 기준 미국에서 사용된 에너지는 에너지원별로 원자력, 천연가스, 석유, 석탄, 재생에너지 등이다. 가장 많이 사용된 에너지원부터 순서대로 나열하시오.

03 재생에너지 중 가장 높은 점유율을 갖는 에너지원 2가지를 쓰시오.

04 표 2-2 '재생에너지 관련 전 세계 주요 통계수치 변화'를 참고하여 다음 빈칸을 채우시오.

> "연간 새로운 재생에너지 용량에 대한 투자금액은 2005년 400억 불에서 2007년 (　　) 억불로 약 77.5 % 증가하였고, 대수력을 제외한 총 재생에너지 전력용량은 2005년 182 GW에서 2007년 (　　) GW로 약 31.9% 증가하였다.

[5-7] 본문 표 2-3 '재생에너지 보급량 관련 분야별 Top 5 국가 순위'를 참고하여 다음 물음에 답하시오.

05 전 세계 국가를 기준으로 한 재생에너지 관련 보급 통계 중, 2006년 연간 새로운 용량에 가장 많이 투자한 3개 국가를 쓰시오.

06 2006년 현재 총 용량기준 재생에너지 전력용량 순위에서, 중국, 독일 미국의 재생에너지 보급 통계를 참고하여, 다음 빈칸을 채우시오.

> "중국은 소수력과 (　　) 분야에서 보급량이 가장 컸고, 독일은 풍력에너지와 (　　) 태양전지 분야에, 미국은 바이오매스에너지와 (　　) 분야의 누적 보급량 규모에서 순위를 차지했다."

07 2006년 연간 총량 기준, 풍력에너지 추가를 가장 많이 한 3개 국가를 쓰시오.

08 본문 내용을 참고하여 OECD 국가와 비 OECD 국가에서의 경제성장과 에너지 수요의 연결 강도에 대해 간략히 설명하시오.

Introduction to **ZERO ENERGY HOUSE**

제로에너지 건물 정의

로에너지 건물(zero-energy building, ZEB)에 대해 기존에 일반적으로 사용되고 있는 정의와 최근 중요성이 부각되고 있는 건물 에너지 관리 측면을 고려한 제로에너지 건물의 정의와 특징을 구분하여 제시하였다.

01 일반적인 개념으로서 제로에너지 건물 정의

1.1 일반적인 개념으로서 제로에너지 건물 정의

제로에너지 건물(zero-energy building, ZEB)에 대해 일반적으로 사용되고 있는 정의는 다음과 같다[1]. 제로에너지 건물은 기름, 가스, 석탄, 전기 등 기존의 화석연료를 전혀 사용하지 않고, 순수하게 건물 주변의 자연에너지만을 이용해 냉난방, 조명 및 기타 건물에 필요한 모든 에너지원을 충당하는 기술이다.

제로에너지 건물을 구체적으로 설명하기 위해서는 '패시브하우스(Passive Haus)' 개념이 유용하다. 패시브하우스 개념은 독일, 오스트리아, 스위스에서 시작해서 스웨덴, 덴마크, 노르웨이와 같은 북유럽으로 급속하게 보급되어 주택단위가 아닌 일반 상업건물 차원으로까지 발전하고 있으며, 이것은 건물의 전체적인 에너지 효율을 높이도록 유도하고 있다.

독일 패시브하우스협회는 패시브하우스를 단위면적 당 연간 난방에너지가 15 kWh/m^2yr가 넘지 않아야 하는 전제조건 하에서 난방, 온수공급, 가전기기 사용을 포함하는 단

그림 3-1 제로에너지 건물

1) 대한건축학회 제로에너지건물분과위원회 편, 제로카본 제로에너지 건축기술의 이해, 2010

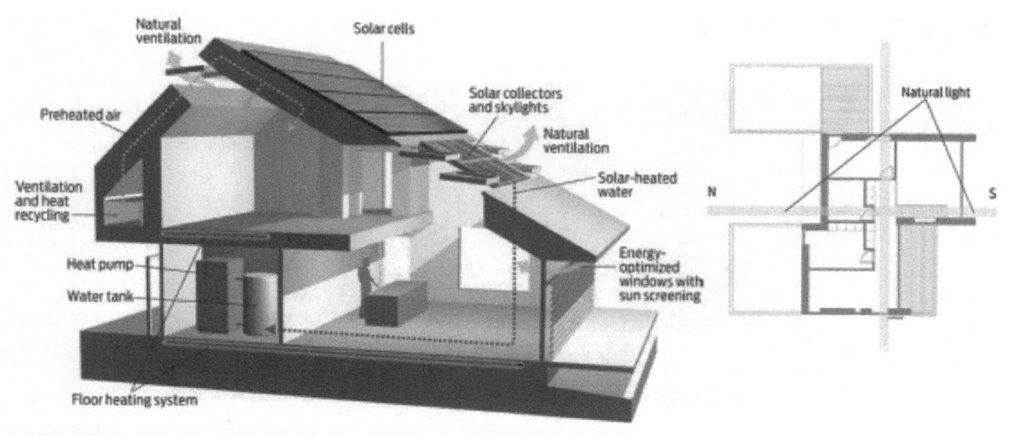

How it works: The south-facing roof surface hosts an array of technologies that allow the house to produce heating and electricity from sunlight. The deliberate placement of doors and windows creates a "light cross" that floods the first floor with natural light. Illustration: George Retseck © 2010 IEEE Spectrum magazine

GE Targets Net Zero Energy Homes by 2015

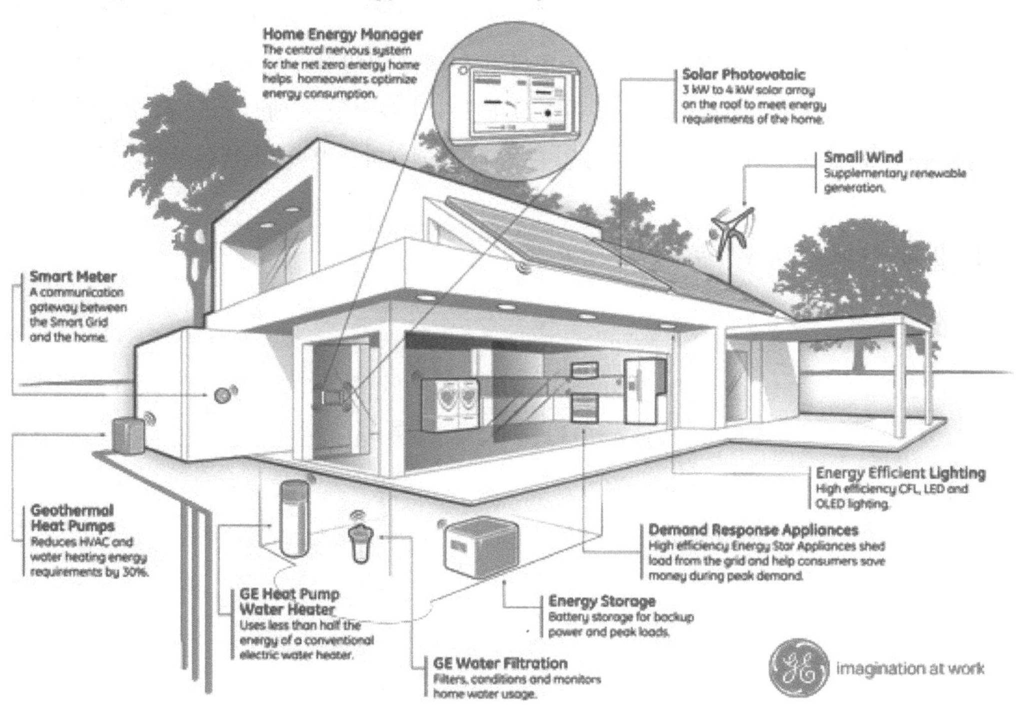

그림 3-2 패시브 하우스 모습

위면적 당 연간 에너지 사용량이 120 kWh/m²yr 이하인 주택으로 정의하고 있다. 연간 에너지 소비량뿐만 아니라, 순간난방 최대부하는 10 W/m² 이하로 규정하고 있다. 또한, 건물의 연간 부하량과 순간 부하량에 대한 기본 전제에 대하여 표 3-1과 같이 에너지 절감과 생산을 위한 다양한 기준을 제시하였다. 기준에서 알 수 있듯이 패시브하우스는 건축물의 현상과 외피성능으로 인한 열손실을 최소화하기 위해서 기밀성능이 향상된 외피의 중요성과 기밀한 건물의 경우 열교환기를 통해서 실내공기질 유지를 위해서 공급될 수밖에 없는 신선한 공기를 실내의 더워진 신선하지 않은 공기로 예열하는 방안이 핵심이다.

그림 3-3 패시브 하우스 주요 개념

표 3-1 패시브하우스 기준

항목	기준
우수한 단열성능	열관류율 0.15 W/m2K 이하
남향 배치 및 차양 설치	자연형 방식 태양열 활용
에너지 고효율 창 및 창호	열관류율 0.8 W/m2K 이하 태양열 획득계수 50%
건물외피 기밀성능	침기량 0.6ACH 이하
고효율 공기 열회수장치	열회수율 80% 이상
태양열 온수 · 난방시스템	온수공급 또는 히트펌프 활용 난방
고효율 가전기기	

1.2 제로에너지 건물 통합설계의 필요성

기존의 대체에너지 활용 기술이 단순히 건물 에너지 소비원 중 난방 및 급탕 에너지인 열부하의 일부를 대체한다는 개념인 반면에 제로에너지 건물은 열 및 전기 등의 모든 에너지 소비원을 자연에너지로 대체한다는 개념이다[2]. 따라서, 제로에너지 건물은 단계별 적용 기술의 우선순위에 따라 시스템을 적용하는 통합적 설계접근방식에 근간을 두고 있다.

건물의 열손실을 줄일 수 있는 관련 기술을 우선적으로 적용하여 최대한 단열 및 보온상태를 충족시킨 후에 자연에너지를 활용 것들인 반면, 대체에너지 활용 기술은 설비형 태양열시스템과 같이 기계설비 관련 기술이 주를 이루고 있다. 즉, 에너지절약 기술을 우선적으로 적용하고, 그 후에 대체에너지 활용 기술을 적용하자는 개념이다. 특히 열손실을 줄이는 절약 관련 기술은 대지조건의 활용, 식재, 건물의 향, 건물형상의 최적화, 단열보강, 고기밀 창호, 기밀화 시공 등 대부분의 기술이 건축설계를 통해 구현할 수 있는 경제성 확보도 동시에 추구하는 개념이라 할 수 있다. 또한 처음부터 끝까지 설비시스템이 전적으로 의존하던 최근의 냉난방 개념을 탈피하고, 지역기후를 우선적으로 활용하는 과거 선조들의 풍토주의 건축개념과 현대적 설비기술을 조화롭게 접목시켜 화석에너지의 사용을 최소화시키는 개념이다. 이와 같은 개념은 에너지 절감을 위해 투입되는 초기 투입되는 초기 투자비용과 에너지 절감에 따른 편익을 검증하여 확립된 것이다. 절대적인 에너지소비량 절감과 동시에 이를 통해서 얻게 되는 경제적 이득이 함께 고려되어야 하며, 이를 체계적으로 개념 정립한 것이 제로에너지 건물의 통합설계 과정이다.

2) 대한건축학회 제로에너지건물분과위원회 편, 제로카본 제로에너지 건축기술의 이해, 2010

그림 3-4 ASHRAE building Energy Quotient(EQ)

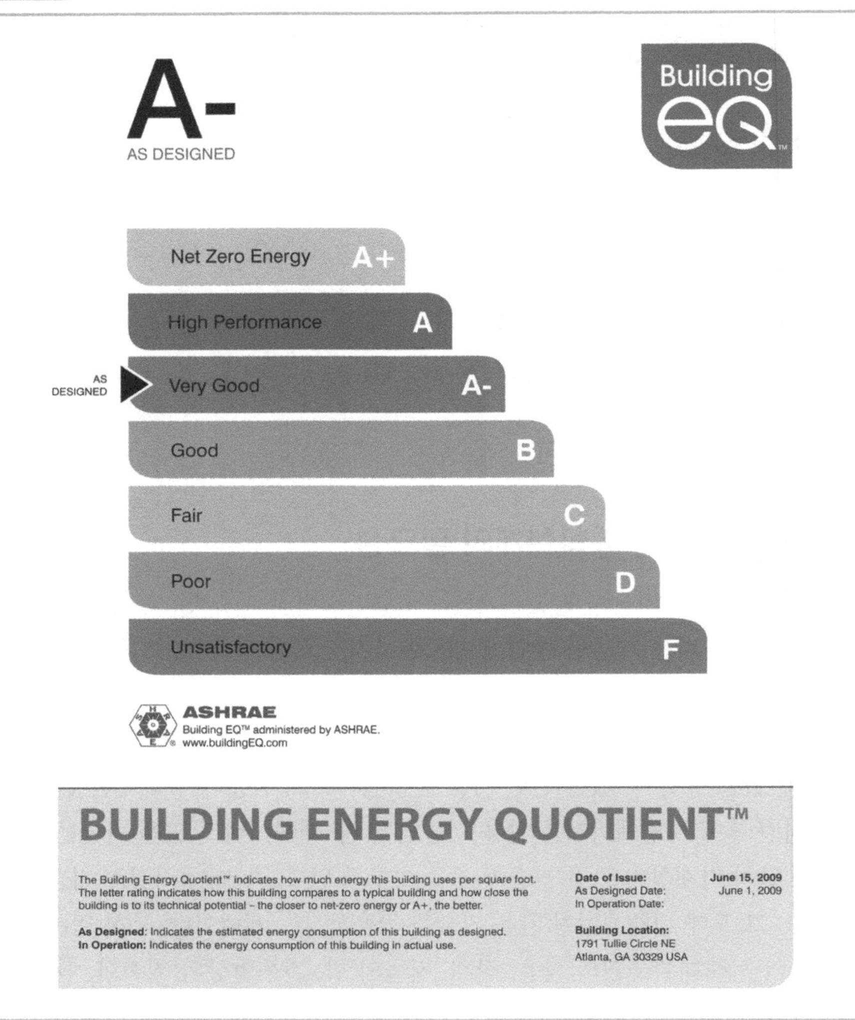

따라서 환경보존 및 에너지 문제에 대처하기 위한 냉난방 기술의 재고를 위해서는 우선 건물의 계획 초기단계에서 그 지역특성과 기후조건에 맞게 건축환경을 조절할 수 있도록 기후디자인이 선행되도록 한다. 그리고, 제로에너지 건물의 성공적 건립을 위해서는 기존의 각종 에너지절약 기술 및 미기후 조절기법을 통해 건물의 부하 자체를 최대한 줄이고, 다음 단계로 건물 남측 면을 이용한 자연형 태양열 기법 등을 통해 추가적인 부하절감을 계획한 후, 모자라는 부하요인에 대해 설비형 태양열시스템 및 기존 기계설비시스템의 계획이 진행되는 순서로 접근되어야 한다. 그리고, 최종적으로 건물에서 사용되는 모든 열에너지와 전기에너지를 순수하게 신재생에너지로 대체하여 구현되도록 한다.

건물에너지관리 측면을 고려한 제로에너지 건물 정의

2.1 건물에너지관리 측면을 고려한 제로에너지 건물 정의

건물에너지관리 측면을 고려한 제로에너지 건물의 정의를 제시하면 다음과 같다[3]. 제로에너지 건물로도 알려진 제로에너지 건물은 건물에서 zero net energy 소비가 이루어지고, zero carbon으로 배출하는 건물을 말한다. 제로에너지 건물은 energy grid supply 건물과 다르게 건물에서 독립적으로 사용되는 건물이다. 즉, 매우 효율적인 공기조화장치(HVAC) 및 조명기술을 사용하여 건물 전체의 에너지 사용량을 절감하면서 태양 및 바람과 같은 신재생에너지-생산 기술(energy - producing technologies)을 조합하여 해당 건물에서 에너지를 확보할 수 있는 에너지 체계를 갖춘 건물을 말한다.

제로에너지 건물을 이룩하기 위한 설계 원칙은 기존 화석연료의 비용이 증가하고 지구 기후 및 생태환경에 부정적인 영향이 증가함으로 제로에너지 건물 설계에 대한 채택이 점차 보편화되고 있다. 현대적인 제로에너지 건물에 대한 개발은 새로운 건축 공법과 기술에서 이루어진 발전을 통해 가능해진 것뿐만 아니라, 전통적 및 실험 건물에 대한 학술연구, 즉 정확한 에너지성능 데이터의 축적을 통해 상당부분 이루어졌다. 최근 발전된 컴퓨터 모

그림 3-5 제로에너지 건물 설계 개념

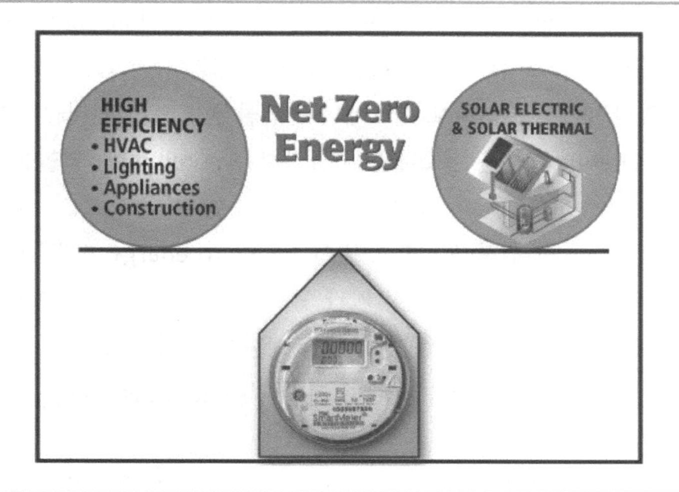

3) Elena V. M. Papadopoulou, Energy management in buildings using photovoltaics, Springer, 2011

그림 3-6 제로에너지 건물 최초 개념

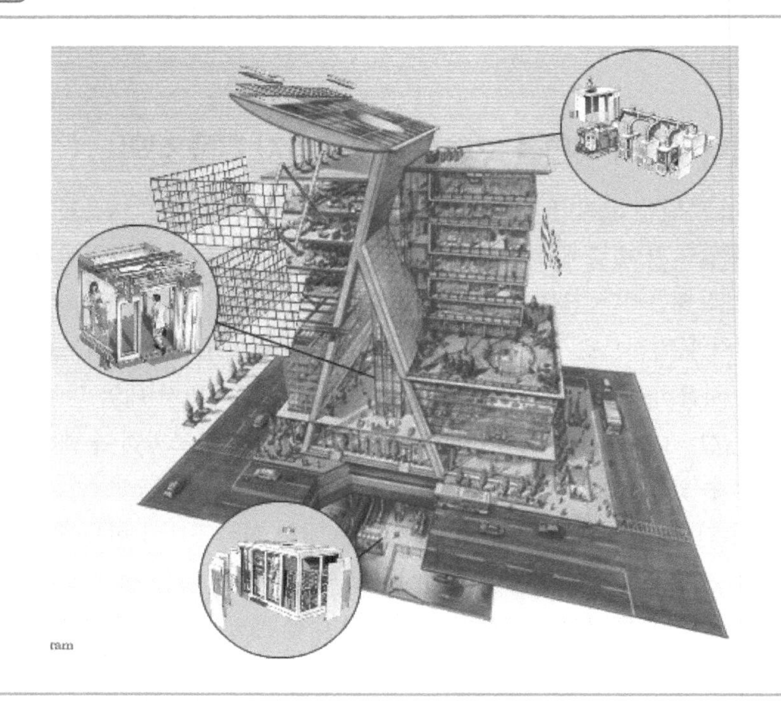

델을 통해 엔지니어링 설계 의사결정이 효과적으로 수행되고 있다.

에너지 사용은 다양한 방법으로 측정될 수 있고(비용, 에너지, 탄소배출), 사용에 한정적이라는 것에 관계없이 net energy balance를 이룩하기 위해 energy harvest와 energy conservation의 중요성을 고려한 서로 다른 관점이 존재한다. 비록 제로에너지 건물이 개발도상국에서는 일반적이지 않더라도 제로에너지 건물은 중요성과 대중에 대한 인기를 얻고 있다. zero net energy 접근은 탄소배출을 절감하는 potential의 역할을 해서 화석연료의 의존을 줄인다.

zero net energy 사용을 추진하는 건물을 “near−zero energy 건물” 또는 “ultra−low energy house”로 일컫고 있다. 연간 일정 기간 동안 남는 양의 에너지를 생산하는 건물은 “energy−plus buildings”으로 알려져 있다. 연간 냉난방을 필요로 하는 지역에 건물이 위치한 경우 가용할 수 있는 생활공간을 작게 유지할 경우 zero net energy 소비량을 이룩하기가 보다 용이하다.

최신 HVAC 및 조명 제어기술은 제로에너지 건물의 지능적 운용을 가능케 하는 “두뇌”에 해당된다. 건물시스템의 지능적인 대응을 개선시키는 제어는 다음과 같은 특징을 가지고 있다.

그림 3-7 제로에너지 건물

- 중앙기기 제어와 존-레벨 관리 사이를 전기 보조장치에 의한 DDC
- 단일 중앙 BAS로의 통합
- 개방형 프로토콜 표준을 통해 이룩된 상호운용성

2.2 제로에너지 건물의 장단점

제로에너지 건물은 다음과 같은 장점을 가지고 있다.

- 건물주로 하여금 미래의 에너지 가격 상승으로부터 자유롭게 할 수 있다.
- 보다 균일한 실내온도를 통한 쾌적성 향상
- 에너지 긴축을 위한 제한조건 축소
- 에너지효율이 증가되므로 건축주의 총 비용이 감소된다.
- 실질적인 생활비용의 절감을 가져온다.
- 태양광은 25년 수명을 보장하고 기후로 인한 문제가 거의 발생하지 않아 신뢰성을 확보할 수 있다.
- 추후 갱신(afterthought retrofit)과 비교할 때 신축 시 초과비용 발생을 줄일 수 있다.
- 동일한 기존건물과 비교할 때 ZEB의 가치는 에너지비용이 증가될수록 더욱 커진다.
- 장래의 법규 제한과 탄소배출에 따른 세금/벌금은 비효율 건물에게 비용적 압력(갱신비용)을 초래할 수 있다.

반면 제로에너지 건물의 단점은 다음과 같다.

- 초기 비용이 상승될 수 있다 – ZEB 국가보조금(subsidies)을 확보하기 위해 이해하고, 적용하고 품질을 확보하는데 노력이 소요된다.
- 소수의 설계자 및 공사자만이 ZEB를 건축하는데 필요한 기술 및 경험을 보유하고 있다.
- 장래 설비회사가 감소함으로 인해 신재생에너지 비용은 에너지효율에 투자된 비용의 가치를 감소시킬 수 있다.
- 신규 PV전지 장비 공법 가격은 연간 약 17% 떨어지고 있다. 이것은 태양전지 발전시스템에 대한 투자비용의 가치를 저하시키고, 태양광 대량생산이 미래비용을 떨어뜨려 최근의 보조금이 감소될 것이다.
- 건물을 재매각 시 평가인이 동일하고, 모델건물에서 에너지를 고려하지 않을 경우 높은 초기비용을 개선하기 위한 도전이 요구된다.
- 특정한 기후조건을 고려한 설계는 지구 온난화에 따른 기온의 상승 또는 하강에 대응할 미래의 능력이 제한될 수 있다.
- 단독주택은 연간 net zero energy의 평균값을 사용하는 것으로 고려되지만 그리드상으로 피크 수요가 발생할 때 에너지가 필요할 수 있다. 이 경우 그리드의 용량이 모든 부하에 전기가 공급되도록 해야 한다. 따라서, ZEB는 필요한 전기장치 용량이 감소되지 않을 수 있다.
- 최적화된 외피가 구축되지 않을 경우 구체에너지, 냉난방 에너지, 자원사용량이 필요 이상으로 커질 수 있다. 정의상 ZEB는 최소 냉난방 성능수준을 요구하지 않으나, 에너지 부족을 만회하기 위해 과도한 신재생에너지 시스템이 설치될 수 있다.
- 주택의 외피를 이용하여 획득한 태양열은 남면으로부터 장애물이 없을 경우만 얻어질 수 있다. 남측면에 그림자가 발생하거나 주변에 수목이 있을 경우 태양열 획득을 최적으로 확보할 수 없다.

건물 에너지 소비량의 절감을 이룩하기 위해 가장 효과적인 단계는 설계 단계 중에 수행되는 것이다. 효율적인 에너지 사용을 이룩하기 위해서는 제로에너지설계가 전통적인 건축관행과 다르게 수행되어야 한다. 성공적인 제로에너지 건축설계가 이룩되기 위해서는 시간테스트를 거친 태양열, 자연공조, 현장자산과 함께 작업하는 원칙이 통합되어야 한다. 태양광, 태양열, 통풍, 지중냉각은 최소한의 설비장치를 가지고 자연채광을 확보하면서 안정적인 실내온도를 제공할 수 있다.

ZEB는 주간 온도 변화를 안정화시키기 위해 자연형 태양열 획득, 차양, 축열매스를 사용하고 대부분의 기후에서 슈퍼단열을 채택함으로 최적화할 수 있다. 제로에너지 건물을 창조하기 위해 필요한 모든 기술은 오늘날 이미 기성품이 되었다. 제로에너지 건물은 재실자에게 그들이 원하는 건물의 장점을 제공할 수 있다.

발전된 HVAC 컨트롤 시스템은 실내공기를 모니터링함으로 보다 많은 재실자의 온도를 제어하고, 보다 쾌적한 온도를 제공하며, 재실자의 불만에 신속히 대응하기 위한 정보를 퍼실리티 매니저에게 제공한다. 스마트 빌딩은 공간배치를 보다 용이하게 인식하도록 설계되어 있다.

정교한 3D 컴퓨터 시뮬레이션 툴은 기후의 영향뿐만 아니라 건물의 방위, 창 및 문의 종류, 위치, 차양길이, 단열재 종류, 건물부위값, 기밀도, 공기조화 요소 효율과 같은 설계변수의 범위에서 건물이 어떻게 성능되는지 모델링할 수 있다. 이와 같은 시뮬레이션은 설계자가 건물이 지어지기 전에 건물이 어떻게 성능될 것인지 예측하는 데 도움이 되고, 건물이 비용혜택측면에서 경제적이고 금융측면에서, 더 나아가 보다 적절한 생애비용평가를 수행할 수 있도록 한다.

제로에너지 건물은 중요한 에너지절감 특징을 갖추도록 건축된다. 냉난방부하는 고효율기기, 추가된 단열, 고효율창, 자연환기, 기타 기술을 사용함으로 절감된다. 이와 같은 특징은 건물이 지어지는 기후지역에 의존된다. 물의 난방부하는 물 절감 장치, 배수 열교환장치, 태양열 난방을 통해, 고효율 물난방장치를 사용함으로 절감될 수 있다.

추가하여 skylite 및 solar tubes를 이용한 자연채광을 통해 가정에서 주간 조도를 100% 제공할 수 있다. 야간 조도는 형광등, LED를 통해 제공된다. 그리고 기타 전기부하는 효율장치를 선택하고 대기부하를 절감함으로 줄일 수 있다.

그밖에 net zero에 도달하기 위한 기술(기후에 의존하는)은 복토건축(earth sheltered building) 원리, 슈퍼단열벽, 프리패브 패널, 차양지붕이다.

2.3 건물에너지관리 측면으로 고려한 제로에너지 건물 특징

제로에너지 건물은 다음과 같은 특징을 가지고 있다.

- **최신 HVAC 및 조명 제어**
- **중앙에서 실시간으로 설비데이터에 접속한 스마트 계측**
- **high bandwidth & connectivity를 가진 체계적 전력 인프라**
- **변화하는 기술과 재실자 요구에의 순응**

제로에너지 건물은 이중으로 에너지가 사용되도록 설계된다. 예를 들면 가정용 냉동기의 급탕 배출환기 공기 및 드레인 전열교환기, 사무실 기기 및 컴퓨터 서버, 건물을 난방하

그림 3-8 net zero energy court

기 위한 구체열 등이다. 이와 같은 건물은 기존 건물에서는 외부로 단지 버려졌을 에너지를 다시 사용하는 것이다. 전열환기, 급탕열 순환, 복합 열 및 전기, 흡수식냉동기 등이 여기에 해당한다.

그린건물 및 지속가능한 건물의 목적은 자원을 보다 효율적으로 이용하고 환경에 대한 건물의 역기능을 줄여 나가는 것이다. 제로에너지 건물을 통해 그린건물의 목적을 완전하게 이룩하고 건물의 생애기간 중에 발생하는 에너지 사용량 및 지구 온난화 가스를 줄여 나갈 수 있다.

제로에너지 건물은 모든 분야에서 "친환경(green)"을 고려할 수 있고 고려하지 않을 수도 있다. 그러나, 제로에너지, 또는 net zero energy 건물은 수입된 에너지 및 화석연료를 사용하여 재실자의 요구를 충당하는 다른 친환경 건물과 비교해서 건물의 생애기간 동안 환경에 대한 영향을 대폭 줄여나가는 역할을 감당할 것이다.

설계의 도전과 효율적이 되도록 건물의 에너지 요구를 만족시키는데 필요한 부지에 대한 민감성, 그리고 신재생에 대한 사용자의 요구로 인해 **설계자는 전체적인(holistic) 설계 원칙을 적용해야 하고**, 이를 통해 태양열 방위, 자연통풍, 자연채광, 축열, 주간조명기술, 자연통풍을 이용할 수 있다.

추가하여 건물에 에너지효율 조명 및 냉방장치를 설치하면서 에너지부하를 줄일 수 있다. 이 목적은 건물에너지의 요구를 줄이고 PV – 발전 전기를 갖춘 지역 설비 그리드에 의해 공급되는 잉여부하가 공급되도록 한다. **설계자는 전기 필요량을 줄이고 예를 들면 BIPV를 사용토록 함으로 잠재적인 에너지비용 절감을 최대화한다.**

그림 3-9 PV 시스템을 이용한 제로에너지 건물

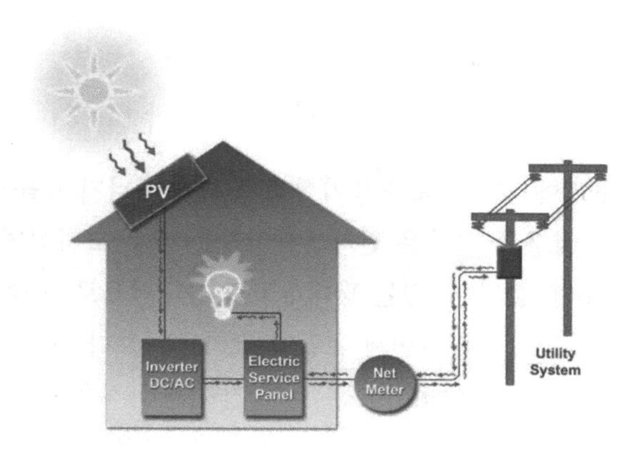

2.4 건물에너지관리 측면으로 고려한 제로에너지 건물 설계방안

건물은 에너지 효율이 최대가 되도록 설계해야 하듯이 BIPV와 같은 시스템은 전기출력을 효율적이 되도록 설계되어야 한다. 태양열 복사의 가용성은 일반적으로 연간 그리고 하루를 통해 상업용 건물의 전기부하와 일치하도록 하는 것이 중요하다. 예를 들면 여름철 한낮의 사무소 건물의 피크에 대응하는 에너지 사용량이 최대 태양 잠재량(the greatest solar potential)이 존재하는 시간이다. 최대 에너지 출력을 위해서는 BIPV 시스템은 건물대지, 설계와 관련하여 향, 기울기 각도, 사이즈를 결정하는 것이 중요하다. 또한, BIPV 설치 시 기울기와 향에 대해 융통성을 고려하여 최대 태양 발전량이 건물에서의 최대 전기 소요량과 일치할 때의 년, 월, 일의 시간과 일치시키는 것이 중요하다.

일반적으로 기기는 필요가 없을 때 끄는 것이 에너지를 절감하는 가장 용이한 방법이므로 기기의 운전 스케줄을 고려한다. 필요없는 데도 가동되는 것이 상업용 건물에서 최대한의 에너지낭비 요소의 하나이다. 따라서, HVAC와 조명시스템이 조닝수준으로 스케줄을 설정함으로 재실자가 존재하지 않은 지역에서의 시스템은 가동되지 않도록 한다.

건물이 시간별로 set point가 설정되도록 하기 위해 기기를 오직 사용자가 재실 시, 필요한 때만 가동하는 optimum start에 의한 에너지 절감 전략을 사용하고, optimum stop은 재실자가 비재실 시와 재실자의 쾌적성이 유지될 때 기기를 최대한 빨리 끈다.

또 다른 전략은 건물을 사용자가 재실전에 night setup 또는 set-back을 통해 외기 댐퍼를 닫음으로 최소한의 에너지를 통해 원하는 온도를 유지한다.

ZEB에서는 주요 전기부하-발전기기의 시작 사이에서 발생하는 시간 지연을 프로그래밍함으로 수요 파형을 제거하는 것이 필요하며 시작 피크부하가 피크부하의 밑에 존재하도록 한다. 일반적으로 에너지소비량을 절감하고 ZEB를 만들기 위해서는 다음과 같은 2가지 특징이 요구된다.

- 에너지 방법에 대한 명확한 이해
- 실제 성능이 목표한 기능을 수행하도록 시스템을 보정한다.

에너지 가격이 상승하고 에너지 수요가 증가함과 동시에 에너지 효율과 절감에 대한 관심이 커지고 있다. 에너지 효율과 절감은 전기생산이라는 매우 고가이면서 생산측면에서 확대되고 있는 기존의 필요를 줄일 수 있는 광대하고도 상대적으로 개발할 가능성이 많은 영역이다. 새로운 에너지 경제로 전환하면서 유럽연합(EU)은 보다 강력한 경제 공동체, 보다 에너지 절감 공동체(greener communities), 보다 건강한 환경을 구축하기 위해 에너지 효율을 촉진함으로 선도적 역할을 감당하고 있다. 에너지효율은 마치 에너지라는 아직 미발견의 금광과도 같으며 이를 통해 유럽에서 절감을 이룩할 수 있다. 만약 유럽 각국에서 에너지효율 best practice를 채택한다면 지역에서 신규로 발생하는 시설의 필요성이 향후 15년 동안 75% 이상 절감할 수 있으며 이것은 100개의 새로운 거대 전력생산설비에 해당된다. 이것은 약 370억 유로의 경제적 혜택을 줄 것으로 추산되며 동시에 공기질, 수자원절감, 지역적으로 지구 온난화가스를 절감하는 데 기여할 것이다.

2.5 제로에너지 건물 효율향상 방향

공공건물과 주거건물은 EU에서 사용하는 에너지 소비량의 1/3을 차지하므로 에너지 절감 가능성이 크다. **가정에서 near zero energy use와 같이 수요측면 관리기술(demand-side management tools)을 개발하고 오래 경과된 주택에 대해 에너지효율을 개선하며 시설과 그리드내의 스마트 인프라를 통해 에너지절감 프로그램을 제공한다.**

공공건물은 에너지 효율과 그린건물 디자인의 모델 사례를 제시해야 하며, **공공건물을 위해 장기적이고도 세밀한 비용 일정이 제시되어야 하고, 건물의 생애 동안 축적된 장기적인 에너지 절감을 이룩하고 있는 건물을 대상으로 비용을 파악하고 설비를 갖춘 성능기반 비용체계(performance-based financing mechanisms)가 활용되어야 한다.**

에너지효율 가능성을 최대한으로 이룩하기 위한 방안은 다음과 같다.

- 개선된 에너지효율 교육
- 강화된 규정 성능
- 에너지 효율 실천에 대한 보상 및 인센티브
- 효율 결과를 이룩하도록 에너지수요를 관리한다.
- 시설 장애를 제거하기 위한 완화 및 규정 재구축

- 공공건물 프로젝트를 위한 혁신적 금융

제로에너지 주택은 에너지효율 방안들을 조합하고 연간 건물에서 소비되는 에너지량 만큼 생산하는 PV 및 태양열 급탕 시스템과 같은 신재생에너지 시스템을 사용하여 에너지 성능측면에서 기존건물보다 최소한 50% 또는 이 이상 개선을 이룩하기 위해 건축되고 운전되며 관리된다. 제로에너지 주택은 성능이 우수하고 표준 관리를 필요로 하는 기존에 수행되어온 설계기술로 이루어진다. 제로에너지 주택은 주택 소유자에게 보다 비용-효율측면이 되도록 한다. PV 패널은 신축주택 비용으로 20,000유로를 추가함으로 초기비용이 증가하나, 제로에너지 주택은 건축주의 설비비용이 60% 내지 그 이상 절감되고 이로 인해 감가상각비가 상쇄된다.

많은 나라에서는 세금 공제 및 시설 인센티브가 사용되어 효율 장치와 신재생에너지 시스템의 초기비용이 절감되고 있다. 제로에너지 주택에서 보다 많은 투자와 절감 반환이 이루어지기 위해 EU에서는 강제적인 인센티브 옵션을 제시하고 있다. 스마트 인프라를 이용하여 비용의 영향을 긍정적으로 창출하는 데 확대할 수 있다. 시설이 시간대별(time-of-use) 비용을 부과할 수 있는 경우 많은 스마트 미터는 실시간으로 주택 거주자에게 자신의 에너지사용을 비피크시간으로 조정하도록 비용피크(price peak)를 결정한다. 다수의 시설에서 주택의 쾌적성에 영향을 미치지 않으면서 **거주자로 하여금 피크 에너지 수요 기간 중에 에너지를 절감하는 하나의 방법으로 원격제어로 공조장치에 전기 송신을 제한하는 자발적인 "순환(cycling)"프로그램을 제공한다.** 시간대별 요금 프로그램(time-of-use rate program)은 스마트 미터 사용을 보완하도록 촉진하고 있다.

다음의 도구와 행동은 건물재실자로 하여금 demand-side management program을 통해 보다 많은 에너지를 절감하도록 장려할 수 있다.

- 소비자가 전기 사용량을 인식할 수 있도록 스마트 인프라와 기기 사용을 보다 증대한다.
- 가격 추진요인(price driver)으로 기능하기 위해 스마트 인프라를 확대한다. 즉, 시간대별 또는 비피크 요금을 부과하고, 신규 미터를 설치하여 비용의 영향을 파악하도록 한다.
- 비용 기반에서 수요측면 관리가 최대한으로 사용되도록 한다.
- DSM을 에너지 포트폴리오의 복합요소로 포함시켜 고려하여 장기적으로 수요를 확보하도록 한다.
- 시설로 하여금 광범위하게 에너지효율 계획을 수립하도록 유도한다.
- 어떤 프로그램이 작동하는지 그리고 효과적으로 프로그램이 전달되고 평가되기 위해 매트릭스를 개발할 수 있도록 시설의 EE best practice에 대한 레포트 카드를 작성한다.
- DSM 효과를 시간당 kWh로 정량화하는 것과 같이 에너지 효율을 추구하는 방법을 단

순하고, 효율적이며, 지속적으로 추구한다.

- 에너지사용요금 고지서가 소비자의 수요를 절감하는 제안과 전기 소비량을 이웃 건물과 비교하는 통계를 포함한 중요한 교육도구로 사용될 수 있도록 보다 효율적인 정보를 수록하도록 권장한다.
- 국가 에너지 효율목표에 국가의 신재생 포트폴리오 기준(RPS)을 포함한다.
- 지방정부 내에 제로에너지 주택 건립 노력을 권장하고 확산하기 위해 파이로트 프로그램을 개발한다.

건물에서 에너지사용량을 절감하는 기회는 건물의 모든 분야에 존재한다. **에너지를 절감하는 첫 번째 기회는 공간 냉난방, 온수난방 부하를 절감하는 데 있다.** 이것은 보다 많은 단열재와 투습방지층, 환기와 같은 고려가 필요하다. 그리고 주택에서의 주요 장비는 가능한 가장 높은 효율로, 적정한 사이즈로 정확하게 되어야 한다.

에너지 부하를 절감하는 두 번째 기회는 **높은 효율의 조명기구를 설치하는 것**이다. 그리고 마지막으로 **매일 일상적으로 에너지 사용을 인식하는 것이고 불필요 시 소등하는 것**이다.

일단 **이상의 조치로 건물의 에너지 사용요구량이 절감되면 PV를 설치하여 건물에서 사용되는 전기를 공급하고 남으면 송전되도록 한다.**

성공적으로 제로에너지 주택을 이룩하는 수단은 모든 건물에 동일한 것은 아니다. 에너지 효율적인 건축기술에 대한 연구는 설계 및 에너지 효율적인 건물을 공사함으로 증명된다.

제로에너지 건물을 이룩하기 위한 주요 스마트 해결방안은 다음과 같다.

- 공간 냉난방, 온수난방을 위한 에너지 요구량을 줄인다.
- 보일러(히트펌프) 및 공조기 효율을 증가한다.
- 태양열 온수 예열시스템, 효율적인 백업 온수히터, 효율적인 분배시스템을 설치한다.
- 효율적인 조명기구를 설치한다.
- 효율적인 장치를 설치한다.
- 적정크기의 PV시스템을 설치한다.
- 조명, 컴퓨터, 장치는 미사용 시 소등한다.

성공적인 제로에너지 주택은 설계자 및 건설업자로 끝나지 않는다. 소유자로 하여금 관리가 잘 이루어지도록 하는 역할이 매우 중요한 역할을 감당한다. 건물 생애 동안 소유자가 제로에너지 주택의 실제 성능에 가장 중요한 역할을 미친다. 따라서, 첫째 단계로 제로에너지 주택의 소유자는 기기 및 장치에 대한 적정한 관리뿐만 아니라 건물에서 에너지 사

그림 3-10 다양한 외관의 Net-Zero 에너지 건물

용에 영향을 미치는 매일의 습관과 패턴을 인식해야 한다. 예를 들면 가정의 일 가운데 프로그램된 온도조절기 또는 광센서 외부조명과 같은 에너지효율장치의 사용 방법을 이해한다. 그리고, 방을 떠날 때 문을 닫을 때 조명을 소등하는 단순한 방법이 에너지낭비를 제거할 수 있으며, 실제 에너지 필요량에 대한 주의깊은 관심과 불필요한 에너지사용을 피하는 것이 설계 및 건축 시 의도한 대로의 제로에너지 주택의 성능을 확보하는 방안이다.

둘째로 소중한 재산으로서 건물에서의 장비와 구조체 자체는 주의깊게 관리되어야 한다. 보일러 필터 교체, 냉난방 시스템을 정기적으로 청소하며, 주기적으로 태양시스템 가동을 점검하며, 외관 도장을 하는 등 소유자는 장기간 사용되고, 높은 성능이 확보되는 제로에너지 건물이 되도록 힘써야 한다.

제로에너지 건물은 높은 수준의 에너지 효율과 신재생에너지 시스템을 결합하여 연간 건물에서 생산된 만큼 건물로 에너지가 사용되어 돌아가도록 하는 건물로 이를 통해 net-zero 에너지 소비가 이루어질 수 있다.

연/습/문/제

01 제로에너지 건물에 대한 일반적인 정의를 쓰시오.

02 독일 패시브하우스협회에서 정의하고 있는 패시브하우스의 조건을 쓰시오.

03 제로에너지 건물의 통합설계 과정이란 무엇인가?

04 건물에너지관리 측면을 고려한 건물에서 다음 빈칸을 채우시오.

> "(   ) 건물로도 알려진 제로에너지 건물은 건물에서 (   ) 소비가 이루어지고, (   )으로 배출하는 건물을 말한다.

05 건물에너지관리 측면을 고려한 제로에너지 건물의 특징 4가지를 쓰시오.

06 제로에너지 건물에서는 주요 전기부하-발전기기의 시작 사이에서 발생하는 시간 지연을 프로그래밍함으로 수요 파형을 제거하는 것이 필요하며, 시작 피크부하가 피크부하의 밑에 존재하도록 한다. 일반적으로 에너지소비량을 절감하고 제로에너지 건물을 만들기 위해서 요구되는 2가지 특징을 쓰시오.

07 건물에서 에너지사용량을 절감하는 기회는 건물의 모든 분야에 존재한다. 다음 빈칸을 채우시오.

> "에너지를 절감하는 첫 번째 기회는 (   ), (   )를 절감하는 데 있다.

08 성공적인 제로에너지 주택은 설계자 및 건설업자로 끝나지 않는다. 건물 생애 동안 제로에너지 주택의 실제 성능에 가장 중요한 역할을 하는 사람은 누구인가?

04 제로에너지 건물 구축사례

국내 제로에너지 주택,「Green Tomorrow」 구축사례

1.1 개요

최근 계속되고 있는 국제유가의 불안정한 움직임과 무분별한 개발 및 소비활동 등에 따른 온실가스 방출로 인한 지구 온난화 문제는 국제적으로도 지속적인 관심의 대상이 되고 있다.

이와 같은 상황에서 건축물에서 소비되는 에너지와 배출되는 이산화탄소의 양은 국가별 통계기준에 따라 다소간의 차이는 있으나 대개 30~40% 가량을 차지하고 있는 것으로 알려져 있어, 건설업계를 중심으로 건축물의 신축, 운용, 철거 등 생애 전 과정에 소비되는 에너지와 환경에 배출되는 부하를 감소시키려는 노력이 시급히 요구된다. 이러한 지구적인 노력에 부응하고자 그간 연구개발 및 실무에 적용해왔던 친환경 · 저에너지 분야의 기술을 바탕으로, 자연과 인간이 공존할 수 있는 지속가능한(sustainable) 삶의 공간을 구축하였으며, 미래 친환경 주택의 모델로 삼아「Green Tomorrow」라 명명하였다. 기획과정 및 제안된 주요 콘셉트, 적용된 친환경 요소기술을 제시한다[4].

1.2 Zero Energy House 기획과정

적은 양의 에너지로 건물을 운영할 수 있는 에너지 저소비형 건축물에 대한 연구는 독일,

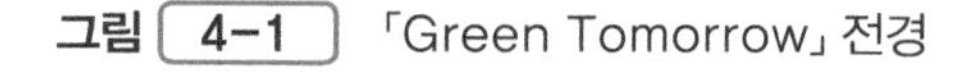

그림 4-1 「Green Tomorrow」 전경

4) 신승호, 양기영, 한국형 제로에너지하우스 green tomorrow 구축사례, 건축환경설비, 2010년 1월

영국 등 유럽 국가를 중심으로 지속적으로 진행되어 왔다. 이들 국가에서는 이미 60~70년대부터 자연친화성을 중시한 생태주택이나 친환경건강주택에 대한 시범 구축이 이루어져 왔으며, 에너지 소비 부문에서도 3ℓ 하우스, 1ℓ 하우스 등 패시브(passive) 디자인을 중심으로 한 에너지 저(低)소비주택에 대한 연구개발이 지속적으로 이어져왔다. 최근의 지구 온난화 및 이에 따른 기상이변에 대한 관심이 높아지면서, 세계 각국에서 제로에너지 빌딩 또는 제로에너지 주택에 대한 연구 및 실증사업이 이루어지고 있는데, 이때의 '제로에너지'개념에 대해서는 국가 및 기관별로 다소 상이한 정의를 가지고 있으며, 에너지 소비량의 검증에 대해서도 다양한 기준이 제시되고 있다. 이에 따라, 국제 에너지기구(IEA)에서 설립한 국제 연구 협의체인 ECBCS(Energy Conservation in Buildings and Community Systems)에서는 제로에너지 빌딩의 정의에 대한 공동연구를 진행하고 있다.

「Green Tomorrow」를 계획함에 있어 연구진들이 도출한 제로에너지의 개념은 '건축물 디자인의 효율화(passive design) 및 설비기기의 효율화(active design)를 통해 에너지 사용량을 큰 폭으로 절감한 후, 필요한 최소 에너지를 신재생에너지로 자체 생산하여 충당함으로써 연간 전체 에너지 수지(收支)를 "0" 또는 그 이상(생산량이 소비량을 초과)으로 유지한다'는 것으로, 먼저 건축물이 필요로 하는 에너지량을 최소화한 후(그림 4-2의 "저감량"), 필요불가결한 최소한의 에너지 공급은 환경에 미치는 영향이 적은 신재생에너지를 통하여 자체 생산 · 조달(그림 4-2의 "발전량")하는 것을 건물 계획의 근간으로 하고 있다.

건축물에 소비되는 에너지 사용량을 최소화하기 위하여, 먼저 패시브 디자인(passive design)에 근거하여 건물을 계획, 설계하였다. 이는 건축물의 향 등 배치에서부터, 각 실의 배치, 창호의 선정 및 배치를 비롯하여, 축열재 사용, 고단열 · 고기밀 외벽재 적용 등의 여러 과정을 모두 아우르는 것으로, 별도의 기계 및 전기설비를 이용한 능동적 부하처리 이전의 주택이 그 자체로써 적은 양의 에너지를 소비하면서도, 거주하기에 쾌적한 주거공간을 제공

그림 4-2 제로에너지 건물 정의

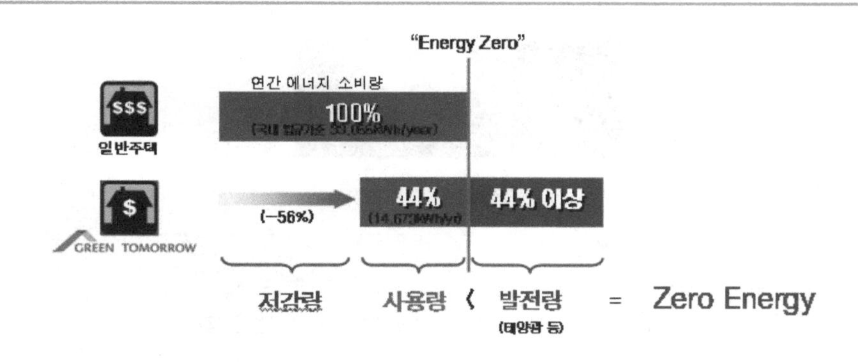

표 4-1 「Green Tomorrow」와 국내 법규상의 단열기준 비교

구분	열관류율(U-value, W/m²℃)	
	Green Tomorrow	국내 법규 기준
외벽	0.097	0.47
지붕(외기 직접 면하는 부위)	0.0777	0.29
지붕(외기 간접 면하는 부위)	0.089	0.52
창호 물성치	0.778	2.7
	창면적비: 25% 차폐계수: 0.543	창면적비: 25% 차폐계수: 0.85

하도록, 설계자, 엔지니어 및 연구자가 공동으로 설계 단계에 참여함으로써 가능하였다.

표 4-1에 나타낸 바와 같이 「Green Tomorrow」는 국내 법규 기준을 훨씬 상회하는 외벽체의 단열성능을 보유하도록 계획되었으며, 이는 국내외의 저(低)에너지 주택 연구사례, 자체 에너지 시뮬레이션 결과를 바탕으로 도출된 값이다. 부위별로 이와 같은 엄격한 열적 성능을 만족시키기 위하여, 각 실의 필요조건에 맞추어 다양한 단열재, 재료 및 공법을 적용하였으며, 그림 4-3에는 적용된 단열재 중 얇은 두께로 동일한 단열성능을 얻을 수 있는 진공단열보드의 구성을 나타내었다.

건물 주변의 미기후(micro-climate) 분석결과에 따라 실과 창호의 배치를 조정하여 실내에의 자연채광 입사가 용이하도록 계획하였으며, 전면에서 유입된 외기가 주택 전체를 경유하여 후면으로 배기되도록 자연환기의 개념을 도입하여 봄과 가을의 중간기 실내 환기를 촉진하고, 실내발열에 따른 냉방부하를 효과적으로 저감할 수 있도록 하였다(그림 4-4 참

그림 4-3 진공단열보드(VIP) 구성

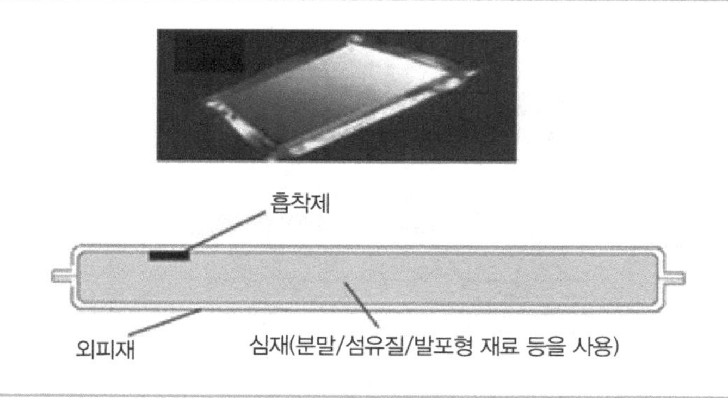

그림 4-4 자연환기(Natural Ventilation) 계획

조). 건물의 창호는 열성능 기준을 만족시키는 범위 내에서 방에 따라 삼중유리, 이중외피 등의 다양한 형태로 설치하여, 향후 비교 성능평가가 가능하게 하였으며, 특히 주택의 한실에 적용된 이중외피 내부의 공기는 자연적인 부력과 순환동력을 이용하여, 건물 구체 내에 순환시킨 후 바닥 축열재에 축열 저장하였다가 야간에 중간 벽 등에 순환시켜 난방 에너지를 절감하는데 재사용되도록 계획하였다(그림 4-5 참조).

그림 4-5 썬룸 공기순환 및 상변화 축열재의 적용

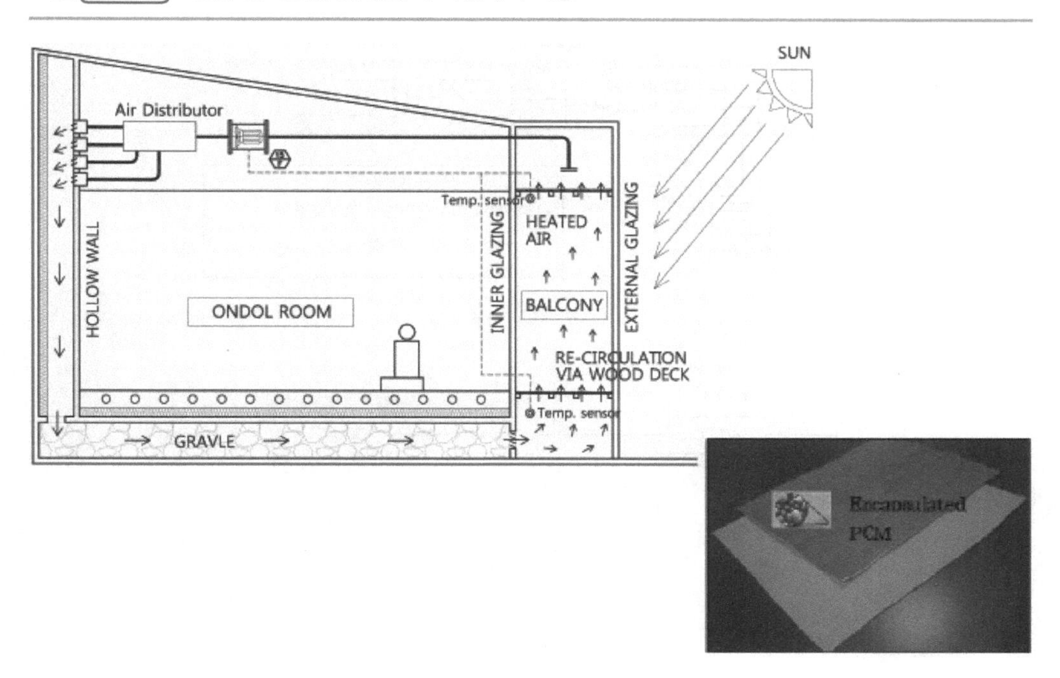

「Green Tomorrow」 내 일부 천장재에는 축열을 통해 냉방부하 저감에 기여하는 상변환 축열재(Phase Change Material)를 설치하였다. 통상의 축열재(thermal mass)가 두꺼운 두께를 이용하여 내부에 열을 모아두는 데 반해, 상변화 축열재는 자재 내에 캡슐형태로 포함된 PCM재의 상변환 과정(고체 ↔ 액체)을 통해 열에너지를 축적하고, 방출하기 때문에 얇은 두께로도 동일한 효과를 낼 수 있는 장점이 있다.

실내 환경을 쾌적하게 조절하고, 생활에 필요한 각종 주거기능을 제공하기 위한 기계 · 전기 설비를 가장 에너지 효율적으로 설치하기 위한 액티브 디자인(active design)에는 직류 배전 및 가전활용, 대기전력 차단, 조명제어와 고효율 열회수환기, 에어 플로우 윈도우, 복사 냉난방 등의 설비기기 효율화가 포함되어 있다.

「Green Tomorrow」는 국내 최초로 모든 전력을 직류로 공급하여 가정 내에서 교류의 직류변환에 따른 에너지 손실요인을 제거하였다. 부지 내에서 태양광 발전 등 자체 생산되는 신재생에너지를 주 에너지원으로 하는 계획 특성상, 직류 부하를 기반으로 하는 제품을 설치하고, 변환 과정없이 직접 공급함으로써 생산한 에너지를 보다 효율적으로 활용할 수 있으며 그림 4-6에서 확인할 수 있는 바와 같이 기존 시스템에 비해 훨씬 단순한 시스템 구성이 가능해진다.

그림 4-6 교류/ 직류 배전 시스템의 비교

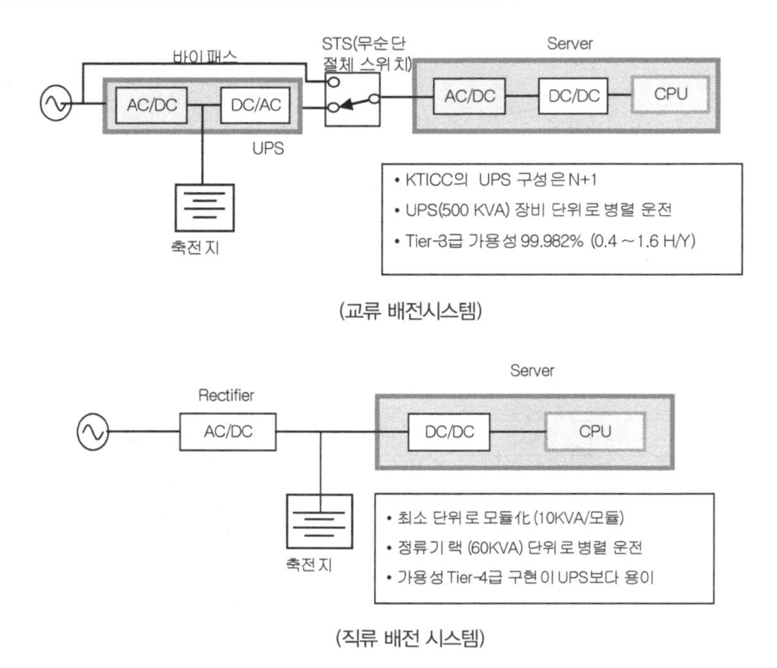

(교류 배전시스템)

(직류 배전 시스템)

그림 4-7 직류 전원 활용을 위한 콘센트

대기전력 차단시스템은 배선 내 일괄 전력 차단 스위치를 설치하여 불필요한 가정 내 대기전력을 차단하는 방식이며 이외에도 효율적인 전기 사용을 위하여 인체 감지 및 조도 센서를 통해 공실 조명은 소등하고, 단위 구역별로도 조도를 제어할 수 있도록 하였으며, 소자 수명이 5만 시간 이상으로 장수명 활용을 기대할 수 있고, 형광등에 사용되는 수은을 사용하지 않아 친환경 조명원으로 각광받고 있는 LED 등기구를 적용하여 조명에너지 사용에 효율을 기하는 동시에 친환경성을 부여하였다.

연간 에너지 수지를 제로화하기 위해 필요불급한 최소 에너지는 신재생에너지로 자체 생산하도록 하였으므로, 부지 내에서 생산하는 에너지의 종류 및 생산량은 전체 건물의 에너지 수급계획에서 매우 중요한 부분을 차지한다. 「Green Tomorrow」는 태양광, 태양열, 풍력 및 지중열 등 알려져 있는 여러 형태의 신재생에너지를 동시에 적용하되, 부지와 건물의 사용 특성 등을 고려하여 최적화될 수 있도록 계획하였다.

태양광 발전은 지붕 외에도, 창 및 블라인드에 건물통합형태(BIPV: Building Integrated Photovoltaics)로 다양하게 적용되었으며, 전력생산에서 가장 높은 비중을 차지하는 지붕형 태양광 발전의 경우 피크기준으로 22kWh, 연간 21MWh의 전력이 생산가능한 용량으로 설치되고 있다.

풍력 발전은 수직형 풍력발전의 한 형태인 복합 다리우스 형을 적용하여, 부지 내의 작은 풍량에서도 지속 발전이 가능하도록 하였으며 피크 기준 3kWh, 연간 0.2MWh의 전력 생산이 기대된다(그림 4-8 참조).

그림 4-8 다양한 형태의 태양광 발전 방식의 적용

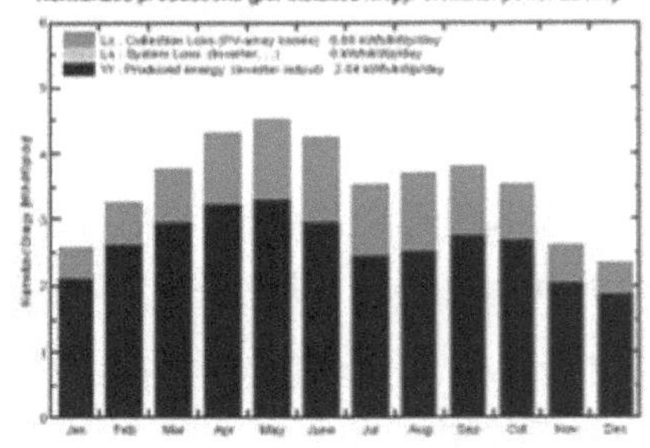

(지붕형 PV)(블라인드형 PV)(발전량 시뮬레이션 결과)

온열 및 냉열 공급에는 지중열 냉난방과 태양열 급탕이 적용되었는데, 지중열의 경우 150~200m 깊이의 열교환기를 6공 천공하여 전체 21 USRT 규모로 계획하였다. 이때, 부지 내 바닥 면적 약 50m² 규모의 통행로에 별도의 열교환없이 지중열을 직접 이용하는 도로 융설(融雪)설비를 설치하여 동절기와 하절기의 열사용에 균형을 유지하도록 하였으며, 이와 같은 동절기 지중열 사용을 통해, 계절별 불균형 사용으로 인한 경년 변화와 이에 따른 열용량 저하를 방지할 수 있을 것으로 기대된다(그림 4-9 참조).

그림 4-9 신재생에너지를 활용한 열공급

(지중열 융설설비 시공)

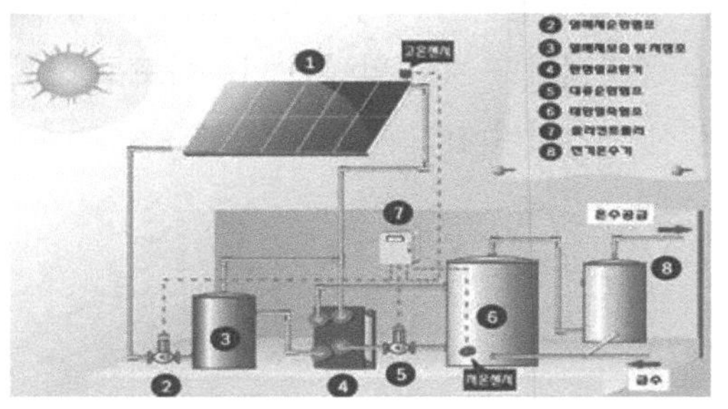

(태양열 급탕 시스템 구성도)

「Green Tomorrow」에 설치된 4m², 200ℓ 규모의 평판형 태양열 집열기를 통해 연간 약 2MWh 규모의 태양열을 급탕에 활용할 수 있을 것으로 예상되며, 축열조와 발전된 전력으로 가동되는 전기온수기를 급탕 시스템 내에 함께 구성함으로써 효율적이면서 쾌적한 급탕 사용이 가능하도록 하였다.

1.3 Zero Emission House 기획과정

건축물은 시공, 운영유지, 해체의 각 단계에서 폐기물, 폐자재 등이 부산될 뿐 아니라, 건축자재의 생산, 설치 과정에 수반되는 운반 과정에서도 많은 양의 이산화탄소를 배출하는 것으로 알려져 있다. 한편, 건설업의 공업화가 진전되고, 새로운 건축자재 및 마감재의 도입이 활발히 이루어지면서 인체나 자연환경에 해로운 영향을 끼치는 건축물에 대한 우려와 이를 억제하기 위한 다양한 제도적, 기술적 대안도 지난 몇 년간 지속적으로 시도되어 왔다.

「Green Tomorrow」는 사용되는 자재와 주택 내의 설비시스템 등의 개선을 통해 이산화탄소 발생량을 저감하고(그림 4-10의 "발생량"수준), 단지 내의 자원 절약, 청정에너지 생산에 따른 발생 상쇄(그림 4-10의 "간접저감량")를 통해 생애주기면에서 이산화탄소 배출량을 제로화하는 제로에미션 주택, 친환경 건축자재 및 공법의 도입을 통해 인체와 자연환경에 유해한 성분이 배출되지 않는 (emission – zero) 주택을 추구하였다.

건물 하부에 우수 저장조 및 중수 저장조를 설치하여, 부지 내에 내린 빗물을 모아 최소한의 처리과정을 거쳐 조경용수 등으로 재활용하고, 화장실이나 세면대 등에서 사용된 일부 하수를 중수(重水) 처리하여 부지 내에서 재사용함으로써 연간 사용되는 물자원이 최소

그림 4-10 제로 에미션의 개념

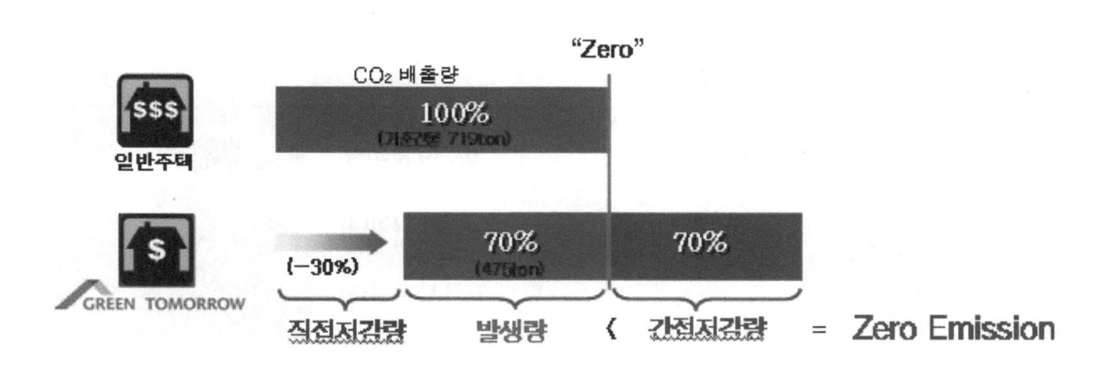

그림 4-11 우수 재활용 모델 및 설치 사례

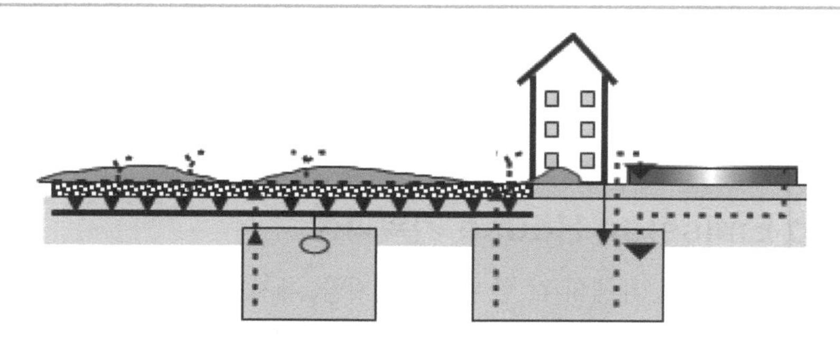

화될 수 있도록 계획하였으며, 건물 내에는 절수형 기기를 적용하여 물사용이 효율적으로 이루어지도록 하였다.

기존 아연도 강판제 덕트를 대체하여 적용된 알루미늄(AL) 코팅 골판지 덕트는 기존 제품과 유사한 성능을 발휘하면서도 이산화탄소 발생량은 1/4까지 절감가능한 것으로 예측되었으며, 세대 내에 일부 적용되는 재생목재와 합성목재는 버려진 폐목재와 플라스틱을 재활용하여 제작된 제품으로 역시 이산화탄소 발생 저감에 기여할 수 있을 것으로 판단된다.

최근 적극적인 도입이 검토되고 있는 디스포저는 음식물쓰레기를 탈수하거나 건조하여

그림 4-12 이산화탄소 방출 저감자재

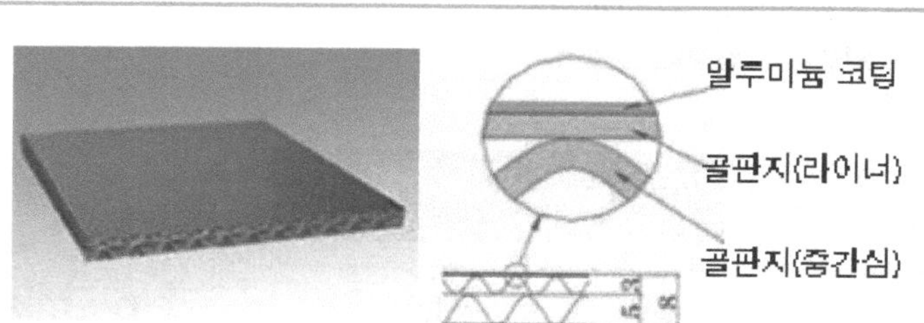

AL 코팅 골판지 덕트

재생/합성목재

그림 4-13 천연도료를 적용한 목재 및 한지

감량한 후 버리던 기존 방식과 달리, 자체적으로 분쇄 및 정화처리를 완료하여 건물 내에서 환경부하를 저감한 후 하수도에 배수하는 방식으로 「Green Tomorrow」에 적용하여 그 성능 및 개선점을 보완한 후 상업적 활용이 가능할 것으로 판단된다.

타설 및 양생과정에서 인체에 미치는 유해성 논란이 있었던 6가 크롬(Cr^{6+}) 문제 해결을 위하여 LCD 폐유리를 재활용한 6가 크롬 저감 콘크리트를 자체 개발하여 적용하였으며, 본 기술의 적용으로 인해 방출량은 절반 이상 감소하는 것으로 확인되었다. 이외에도 신축건물에서 널리 알려진 새집 증후군을 일으키는 것으로 알려져 있는 휘발성 유기화합물(VOC: Volatile Organic Compound)과 폼알데하이드 등 유해 화학물질을 거의 방출하지 않는 친환경 도배지 등의 친환경 건축자재를 전면 적용하고, 계획, 시공 및 준공 단계에서 자재별, 대상공간별 방출수준 검증을 실시하였다. 특히, 최근 바이오 · 나노기술 등으로 대변되는 신기술을 접목하여 식물성 기름, 콩, 옥수수, 목재 등을 원료로 융합한 도료를 일부 적용하였으며, 제조 시 화석연료 사용량이 기존 자재의 50% 수준으로 알려진 자재가 일반 주거건물에 도입될 경우, 이산화탄소 방출량 저감에 큰 기여를 할 수 있을 것으로 판단된다.

그림 4-14 신재생에너지를 활용한 전기자동차 충전

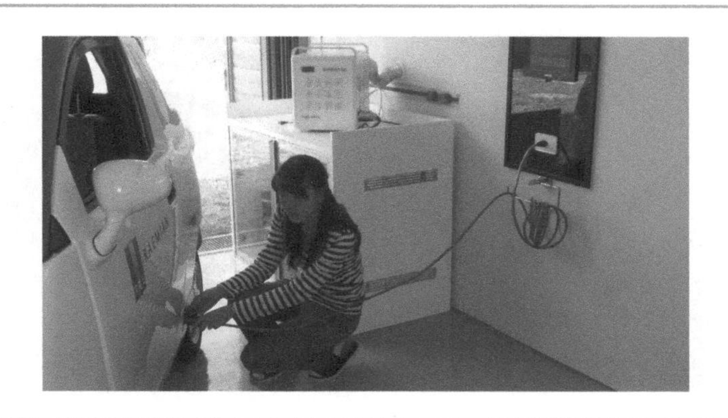

한편, 「Green Tomorrow」 내에는 전기자동차와 전기자전거 및 그 활용을 위한 충전시설 등이 비치되어, 부지 내에서 재생에너지원을 통해 발전된 전기(on-site renewable energy)로 운용됨으로써 화석연료 사용 및 이산화탄소 방출, 유해가스 방출 저감에 기여하고, 사용자 및 관람자에게도 보다 청정한 생활방식으로의 전환을 환기하고자 하였다.

1.4 Green IT 적용

나날이 발전하는 정보화기술(IT)은 우리 삶의 모습을 혁신적으로 바꾸어 놓았으며, 이와 같은 변화는 주택을 둘러싼 거주 문화에도 큰 변화를 불러오고 있다. 특히, 유비쿼터스 기술을 중심으로 한 Green IT는 전술한 제로에너지와 제로 에미션의 개념이 실제 구

그림 4-15 쾌적수면 시스템의 구성개요 및 구현사례

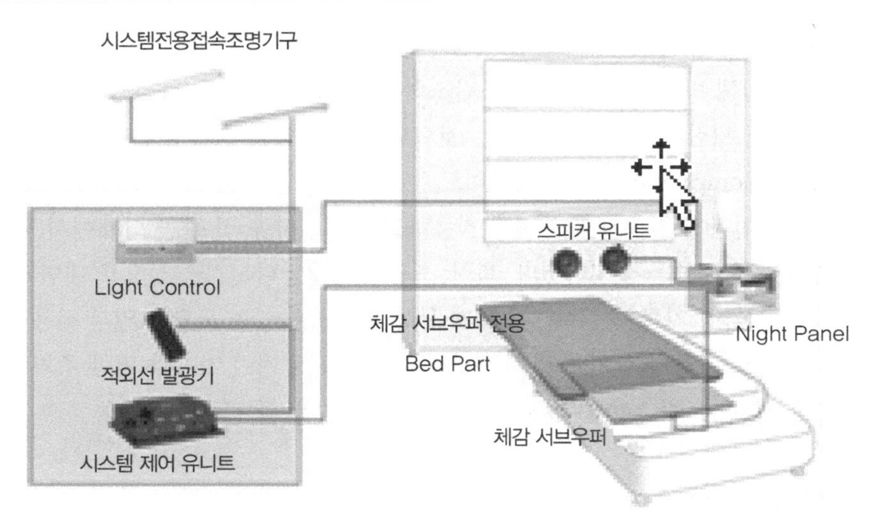

현될 수 있는 환경을 구축하고, 인간 중심의 편의공간을 창출하는 미래가치 기술로서 「Green Tomorrow」에 적극 도입되었다. 이번에 적용한 기술은 크게 사람이 거주하는 실내환경을 제어하는 기술과 RFID를 중심으로 한 미래환경 구현기술로 구별할 수 있으며, 향후 친환경적이고 지속가능한 거주공간의 단초를 엿볼 수 있는 공간구축의 일환으로 계획되었다.

거주자의 쾌적한 수면을 돕고자, 수면에 빛, 소리, 진동의 개념을 조합하여 이상적인 수면이 가능토록 하는 종합 시스템으로서 쾌적 수면 시스템을 적용하였으며, 각 공간의 실내환경 자동계측을 통한 환기, 냉난방 제어로 운전의 효율을 높이고 쾌적한 환경을 조성할 수 있도록 기획하였다. 한편, 실내에 설치된 홈케어 시스템은 건강정보를 체크하고 측정자료를 병원과 연계할 수 있도록 함으로써 건강정보 관리 및 상담, 이에 따른 식단이나 운동처방 등의 서비스를 거주자에 제공할 수 있도록 구성하였다.

무선인식기술(RFID: Radio Frequency IDentification)을 실내 · 외에 적극 적용하여 식료품 및 의류 등에 대한 항목관리나 관련 생활정보를 거주자에게 제공하는 식료품 및 의류품 관리시스템의 도입, 거주자의 상황을 자율적으로 인식하여, 위치나 상황에 따른 서비스를 제공하는 유비쿼터스 개념의 인체 인식 도입 등을 통하여 친환경적인 건축물에 거주하는 입주자의 생활이 보다 편리하고, 쾌적하도록 계획하였다. 한편, 가정과 회사 간의 컴퓨터나 서버를 연동하여 자료 공유 등을 비롯한 각종 원격 근무환경을 제공하는 홈오피스 서버의 적용은 다양한 편의성의 제공에 더하여, 교통 · 이동량의 저감을 수반하는 간접적 탄소배출량 저감에도 기여할 수 있을 것으로 판단된다.

1.5 성능 예측과 검증

제로에너지 건물의 정의에 부합하는 수준으로, 연간 에너지 공급 및 사용이 이루어질 수 있는지의 여부를 확인하고, 보다 효율적인 시스템으로 개선하기 위하여 기획 초기부터 에너지 시뮬레이션을 중심으로 반복적인 성능 예측을 실시하였다. 에너지 성능평가에는 미국 에너지성(DOE: Department Of Energy)에서 개발된 E-Quest와 영국 스트라스클라이드 대학(Univ. of Strathclyde)에서 개발한 ESP-r 프로그램을 함께 활용하였으며, 총 에너지 사용량, 전열교환기의 성능검토는 E-Quest를 중심으로, 단열재의 성능 검토 등은 ESP-r을 중심으로 진행하여 그 결과를 상호 비교하였다.

한편, 친환경 건축물로서의 「Green Tomorrow」는 미국의 친환경건축물 인증제도인 LEED®(Leadership in Energy and Environmental Design)를 통해 그 친환경성 및 에너지효율성을 공인받아 LEED®의 4개 등급 중 최우수인 플래티넘(Platinum) 등급을 국내 최초로 획득하였다.

그림 4-16 성능예측을 위한 모델링 사례

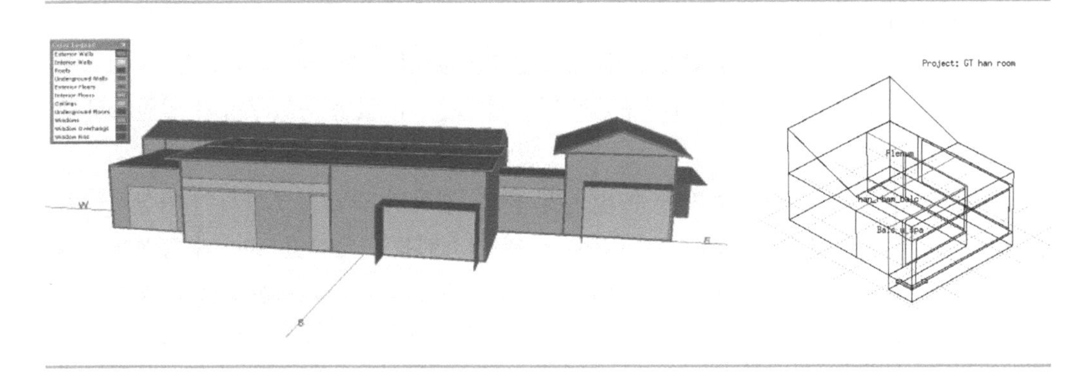

또한, 준공 이후 개관에 이르기까지 요소 기술별로 지속적인 성능검증을 실시하였으며, 개관 이후에도 P.O.E 등 종합거주성능 외에도 기술별/시스템별 계절별 성능평가 및 경년(經年)변화 평가를 통해 그 성능과 적용성을 검토하여 지속적으로 개선하고 있다.

1.6 소결

국내 기후조건을 전제로, 거주자의 삶에 쾌적하고, 화석연료 사용을 최소화하여 환경에 미치는 영향이 적은 미래 주택을 제시하기 위하여「Green Tomorrow」사례를 '제로에너지(Zero Energy)', '제로 에미션(Zero Emission)', '그린 아이티(Green IT)' 측면으로 제시하였다. 제로에너지 주택, 친환경 건축물에 관련된 우리나라의 연구와 실적은 그동안 부단히 진행되어 왔음에도 불구하고, 패시브 하우스나 제로에너지 빌딩에 대한 오랜 연구실적을 보유한 유럽이나 미국 등의 서구 국가에 비해서는 비교적 뒤처져 있었다. 본 건물의 계획 및 시공, 유지과정을 통하여 국내 기후에서 화석연료의 사용을 제로화한 제로에너지 주택(Net Zero Energy House)의 건립이 기술적으로 가능함이 증명되었으며, 향후 본 건축물에 적용된 각 자재, 기술, 시스템에 대한 성능검증과 시공성 검토 등을 바탕으로, 경제성을 확보한 기술 및 설계요소가 대별되고, 심화 · 발전되어 공동 주택 등 국내에 보다 일반적인 주거 형태로 하루 빨리 적용될 수 있도록 노력이 필요하다.

해외 제로에너지 건물, NREL의 RSF건물 구축사례

2.1 개요

이 사례는[5] 제로에너지 건물로 유명한 미국의 NREL(National Renewable Energy Laboratory: 국립 신재생 에너지 연구소) 캠퍼스 내의 RSF(Research Support Facility) 건물로 Net Zero Energy Building(이하 NZEB)로 구축된 NREL의 RSF 건물의 디자인 개념, 전략 및 시설에 대해 제시하였다. 건물을 설계한 덴버(Denver) 소재 RNL 건축사무소와 시공을 담당한 Haselden 건설사를 방문하여 보다 자세한 제로에너지 접근 방법과 시공상의 기술적인 내용을 청취할 수 있었다. RNL 건축사무소는 친환경 설계를 중점적으로 진행하는 전문 설계사로 미국 내 친환경 관련 5위[6]설계사이다. 또한 Haselden construction은 콜로라도를 중심으로 활동하는 중견 건설사로 덴버에서는 그 인지도가 있으며 NREL 캠퍼스의 신규 건물의 대부분을 시공하고 있다. 본 건물은 친환경, 신재생 및 에너지효율 기법과 통합설계에 의해 구현된 세계최고 수준의 NZEB으로 개요는 표 4-2와 같으며, 건물 전경은 그림 4-17과 같다.

그림 4-17 NREL의 RSF 건물 전경

5) 조진규, 제로에너지건물사례소개, NREL의 RSF건물, 대한건축학회 건축, 2011년 9월
6) 출처: Architect magazine's comprehensive ranking system (2009)

표 4-2 NREL의 RSF 건물 개요

건물명	RSF (Research Support Facility)
용 도	연구지원시설 (사무실)
발주처	미국 에너지성 / 국립 신재생에너지 연구소
위 치	골든(Golden) / 콜로라도(CO) / 미국
연면적	20,439 m^2 (지하1층 지상 4층)
완공일	2010년 6월
설계사	RNL (건축설계) / Stantec (MEP Eng.)
시공사	Haselden Construction
비 고	LEED Platinum Certified

2.2 A World-Changing Building

NREL의 RSF는 처음 시작부터 세상을 변화시키는 건물(world-changing building)로 설계되었다. 미국에서 최대 규모의 상업용 NZEB을 만들 목적으로 계획된 본 건물은 미래 NZEB의 청사진 역할과 함께 저에너지 또는 제로에너지 성능을 추구하는 건물산업분야에

그림 4-18 NREL의 RSF 건물에 적용된 기술개요

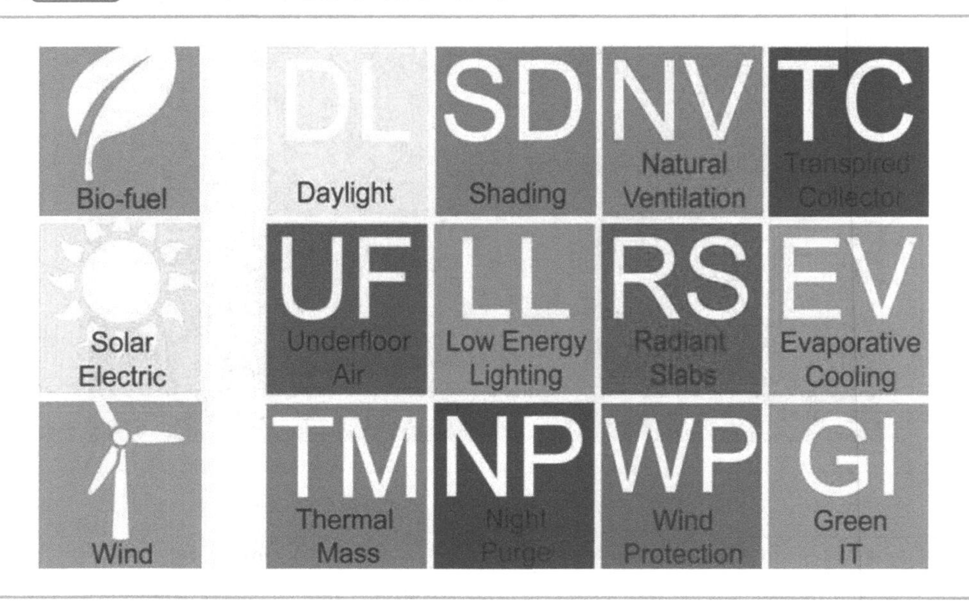

그림 4-19 NREL의 RSF 건물 적용시스템 개념도 (주요 적용기술 및 적용위치)

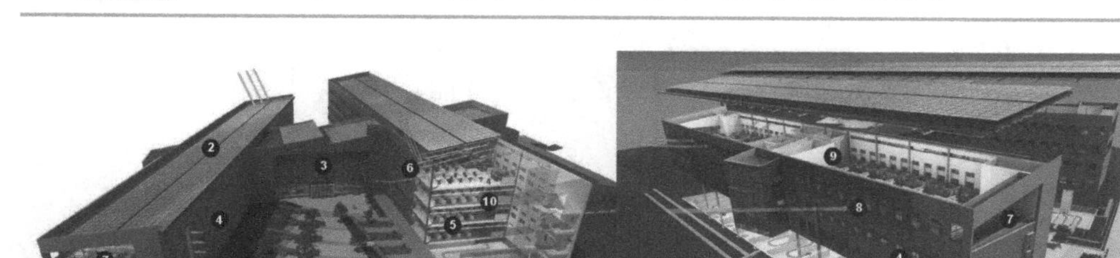

서의 지표를 마련하기 위함이었다. 건물 디자인은 에너지절감 유도와 기후특성을 이용한 패시브 건축전략을 기술적으로 최대화하였다. 건물방위, 평면, 단면, 매스계획과 외피 디자인은 건물 내의 자연채광과 자연환기를 극대화하도록 반영되었다. 건물내 환기를 위한 신선외기와 외부에 노출된 축열체 예열은 열적 미로(Thermal Labyrinth)를 이용하여 건물자체에 열 에너지를 저장하도록 건축적으로 구현하였다. 우선적으로 건물에서 요구되는 에너지를 최소화하고 그 다음 조명효율 극대화, 복사 냉 · 난방 및 바닥급기 시스템을 적용하여 건물의 에너지성능을 보다 향상시켰다.

지붕에 설치된 태양광발전 시스템의 에너지 발전효율을 높이기 위해 지붕의 형태는 남측으로 약간 경사를 주었다. 업무(사무) 공간은 적절한 자연채광 계획뿐 아니라 자연환기와 구체축열을 통해 건물의 에너지 목표에 효과적으로 대응을 하며, 미래의 사무공간 창출을 위해 디자인되었다. 공간의 모듈화, 이중바닥 시스템과 탈부착이 가능한 벽체 적용으로 실내환경을 보다 유연하고 융통성을 갖도록 하였다. 이러한 사무 공간은 구성조직을 떠나서 조직간 협업과 접근성을 도모할 수 있다. 생산성과 삶의 질은 자연채광, 열쾌적 및 제어, 소음과 공기질과 같은 실내환경 개선에 의해 도모할 수 있다.

2.3 Zero Energy

NZEB에 도달하기 위해서는 건물의 에너지 흐름과 관련 시스템을 최적화하고 통합하는 작업이 필요하다. 조명은 자연채광, 주광제어, 재실자 제어 및 고효율 조명기구를 통합하여 시스템을 구현하였다. 열쾌적은 구체축열 및 복사 냉 · 난방 시스템, 나이트 퍼지와 자

그림 4-20 RSF 건물의 목표 에너지 지표

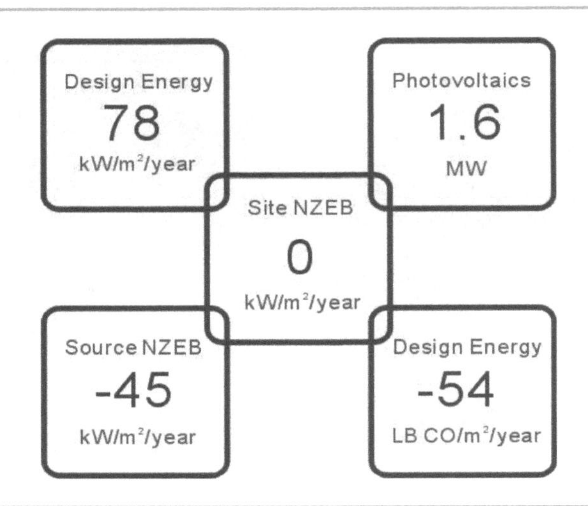

연환기를 통합한 시스템을 구축하여 해결하고 있다. 특히, 난방은 에너지 절약을 위해 복합적으로 접근하고 있다. 두 개의 날개로 구성된 건물하부에는 열적 미로(thermal labyrinth)가 설치되어있다. 미로는 건물의 남쪽 입면에 설치된 transpired solar collector로부터 열을 저장한다. 이 열은 난방기간에 환기를 위한 외기를 예열하는 데 사용된다. 또한

그림 4-21 NREL 캠퍼스의 에너지 공급 개요(신재생에너지)

그림 4-22 RSF 건물의 PV(좌), 파워플랜트의 우드칩 보일러(우)

열적 미로는 건물 내의 데이터센터에서 발열을 제거하기 위한 연중 발생하는 냉방부하를 급격하게 완화시키는 기능도 한다. 건물의 정밀한 에너지 해석 모델을 통해 33 kBtu/SF/year (79 kW/m^2/year)의 에너지 사용량을 예측하였다. 태양광 시스템은 35 kBtu/SF/year (84 kW/m^2/year) 에너지를 공급할 수 있는 용량으로 설치하여 사이트 내에서 제로에너지화를 충족시킬 수 있었다.

2.3.1 에너지 공급

NREL 캠퍼스 전체의 에너지 공급은 그림 4-21과 같다. 전력은 사이트 내에서는 각 건물에 설치된 PV를 통해서 발전하고 인근 풍력발전에서 생산된 전력을 공급받는다. 열 공급은 중앙의 파워플랜트의 우드칩 보일러 등을 가동하여 소요처에 공급한다. 우드칩은 인근 콜로라도 로키산 인근의 죽은 나무로부터 그 원료를 조달한다.

그림 4-23 창호계획: 자연환기 및 채광을 극대화

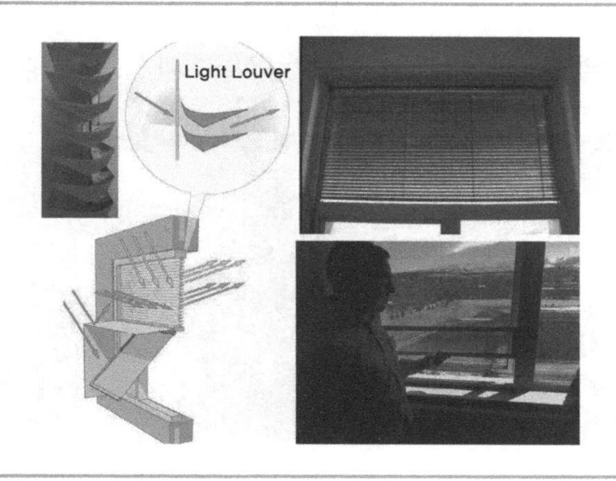

그림 4-24 남측 창모습(좌), 출입구/로비 외부차양(우)

그림 4-25 남 · 북측 창면적비 및 창을 통한 자연환기의 개념도

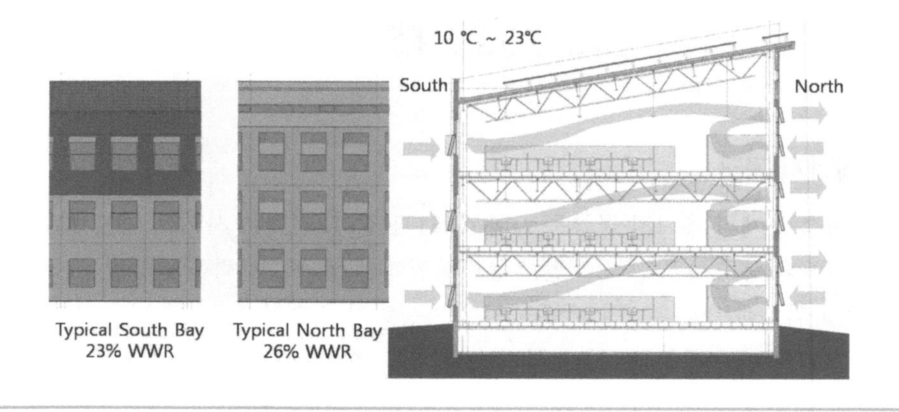

그림 4-26 서측창의 electrochromic glazing 적용 효과

2.3.2 창호 및 차양계획

창은 기본적으로 조망 및 환기를 위한 부분과 자연채광을 위한 부분으로 기능을 분리하고 있다. 창호 상부에 자연채광을 극대화하기 위해 반사루버를 설치하였고 이에 따라 현휘(glare)도 효과적으로 제어가 가능하였다. 차양 및 광선반 기능을 할 수 있는 알루미늄플레이트 패널을 남측창에 설치하였으며, 복층으로 된 대형공간인 로비에는 루버형태의 외부차양을 설치하여 효과적인 일사제어를 하고 있었다. [그림 4-25] 또한 실내외 일영, 조명 시뮬레이션을 통하여 건물에 의해 간섭되지 않고 자연채광이 실내로 원활하게 유입되도록 충분히 검토하여 반영하였다. 기본적으로 환기를 위한 창호개폐는 재실자가 수동으로 조작하도록 되었으며 야간의 나이트 퍼지를 위해서 일부 창만 전동으로 조작이 가능하도록 하였다. 창면적비는 남측(23% WWR), 북측(26% WWR)으로 북측이 약간 큰데 이는 자연환기를 원활하게 하기 위해 초기부터 검토 후 계획에 반영하였다. 유리는 기본적으로 3중 유리를 적용하여 단열성능을 높였고, 특히 서측과 동측은 태양고도가 낮아 외부차양만으로는 일사차단 및 제어가 어렵기 때문에 전기 또는 열적인 반응에 의해서 유리자체의 차폐계수가 변하는 electrochromic glazing(서)과 thermochromic glazing(동)을 설치하였다.

2.3.3 건물 외피 계획

RSF 건물의 외피는 건물의 전체적인 에너지 균형을 유지하기 위해서 다양한 시도를 하였다. 적용된 외피는 열용량이 큰 축열체로서 열적완충공간의 역할을 한다. 여기에는 단열재

그림 4-27 RSF 건물의 에너지와 환경을 위한 외피 구성

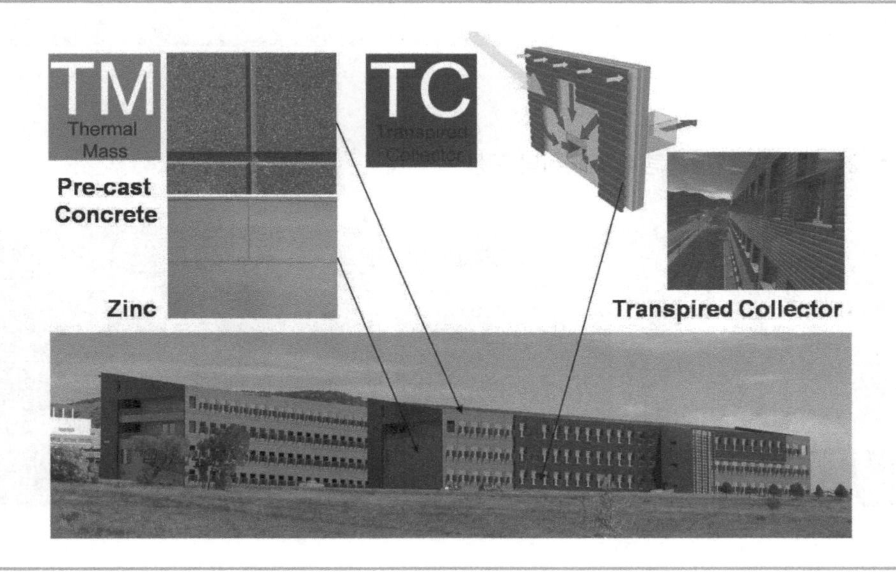

와 일체화된 프리캐스트 콘크리트 외피모듈을 적용하여 현장 시공공정을 줄임으로써 공사 중 발생하는 여러 환경적인 문제도 줄일 수 있었다. 그리고 일부분에 아연도 강판을 사용하였는데 이는 외부의 페인트 작업 등의 가공작업이 필요 없어 환경부하를 줄일 수 있었다. 건물에서 가장 특별한 아이템 중 하나는 transpired solar collector이다. 이는 일사에 의해서 건물외피가 가열되면 그 사이의 공간에서 예열된 공기를 열적 미로를 통과시켜 환기를 위한 외기를 공급하는 역할을 한다.

2.3.4 설비 및 조명시스템 계획

앞에서도 언급되었지만 RSF 건물의 모든 시스템은 유기적으로 연결이 되어 있어 그 효과를 극대화할 수 있도록 하였다. 냉 · 난방 시스템은 구조체인 슬래브에 배관을 매립하여 구체축열을 이용한 복사 냉 · 난방 시스템을 적용하였다. 신선외기공급을 위한 환기시스템은 DOAS (dedicated outdoor air system)로 냉 · 난방 시스템과는 독립적으로 운전이 가능하

그림 4-28 천장복사 냉 · 난방 시스템(radiant slab)

그림 4-29 바닥급기시스템 및 이중바닥 구성

그림 4-30 RSF 건물 지하1층 기계실 내부모습

여 에너지 손실을 최소화하도록 계획되었다. 환기시스템은 바닥급기 시스템으로 하부기계실의 전용 공조기에서 공급하고 사무공간의 이중바닥(raised floor)을 통해서 바닥에서 급기를 한다. 공급된 공기는 복사실과 화장실 등의 배기팬을 통해 외부로 배출되어 별도의 리터 덕트는 구성하지 않았다. 300mm의 이중바닥에는 환기시스템 및 전력, 데이터 공급을 위한 케이블이 모듈화되어 있어 공간의 효율성을 높였다. 사무공간은 개방된 공간으로 계획하여 기본적으로 자연채광과 자연환기가 원활하게 되도록 계획되었다. 조명시스템은 작업공간에 근접하여 배치를 하였으며 고효율 LED 조명기구를 적용하여 조도와 에너지절감을 고려하여 설계하였다.

2.3.5 플러그 부하(plug load) 저감 및 그린 IT 구현

NZEB을 구현하는 데 있어서 건물을 운영하는 곳에 투입되는 에너지는 앞에서 언급한 시스템을 제어하면서 목표에 도달하도록 그 사용량을 절감할 수 있다. 그러나 개인(재실자)이 사용하는 플러그 부하는 제어하기가 쉽지는 않다. 특히 개인용 컴퓨터에 의한 에너지 사용량이 많은데, 사용하지 않을 때의 대기전력 사용량이 크다. 따라서 NREL은 개인용 컴퓨터를 모두 제거하고 RSF 건물 2층에 있는 데이터센터에서 클라우드 컴퓨팅(cloud computing)을 구축하였다. 그림 4-31과 같이 사무공간에는 PC본체가 없으며 이로 인해 플러그 부하의 저감이 가능하였다.

현대의 데이터센터는 서버들의 발열을 제거하기 위해 막대한 냉방에너지가 소요된다. 그러나 RSF 건물 내에 있는 데이터센터는 콜로라도의 차갑고 건조한 외기조건을 직접 서버냉각에 활용하여 에너지를 획기적으로 줄였다. 이러한 그린 IT를 구현하는 공조방식은 그림 4-32와 같으며 외기를 도입하는 거대한 환기타워는 건물 외부 중정에 설치되어 있다.

그림 4-31 사무실의 개인작업 공간 및 플러그 부하저감 그래프

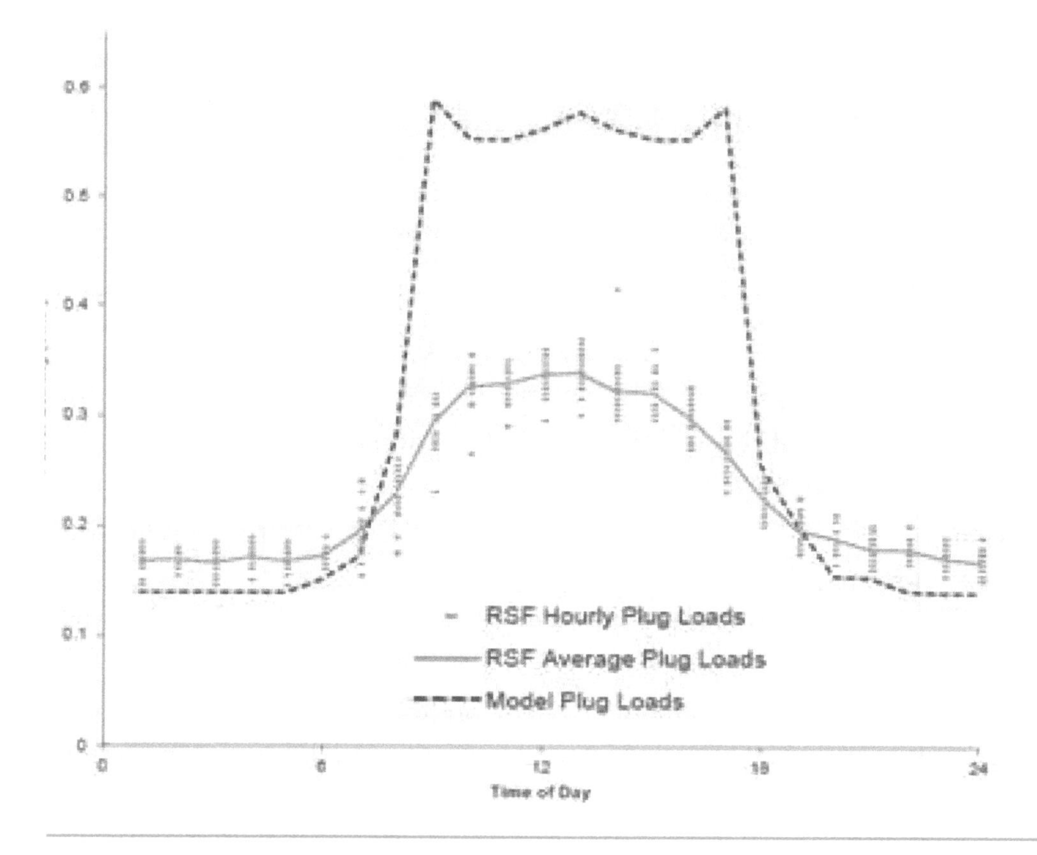

그림 4-32 데이터센터의 서버냉각 방식 및 외기도입 환기타워

2.3.6 에너지 모니터링

RSF 건물 로비에는 건물에서 사용하는 에너지를 항목별로 보여주는 모니터가 있다. 에너지 모니터링 시스템은 실시간 에너지 사용량과 동시에 생산하는 에너지 발전량을 측정하여 건물의 에너지 사용현황을 상세하게 보여준다. 연간 누적사용량을 통해 NZEB을 검증하고 있다.

그림 4-33 에너지 모니터링 시스템

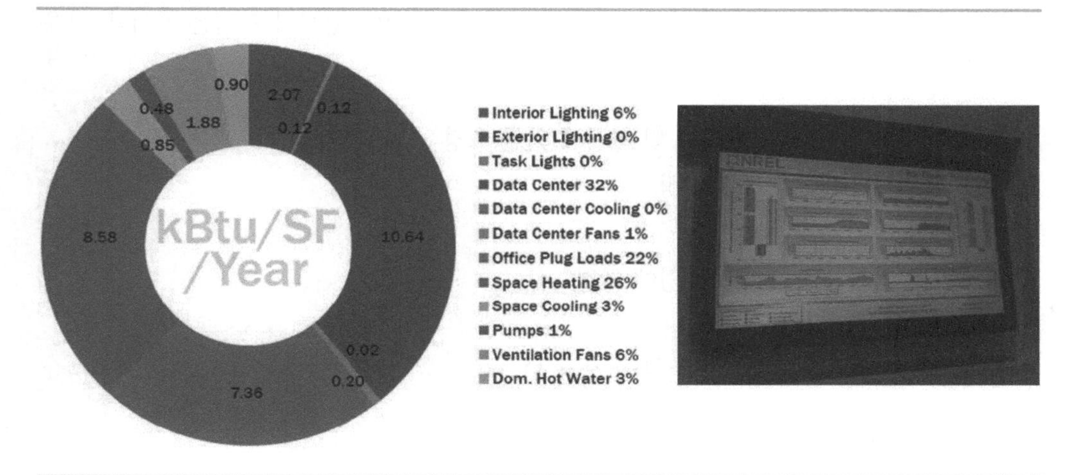

그림 4-34 RSF 건물의 물사용 지표

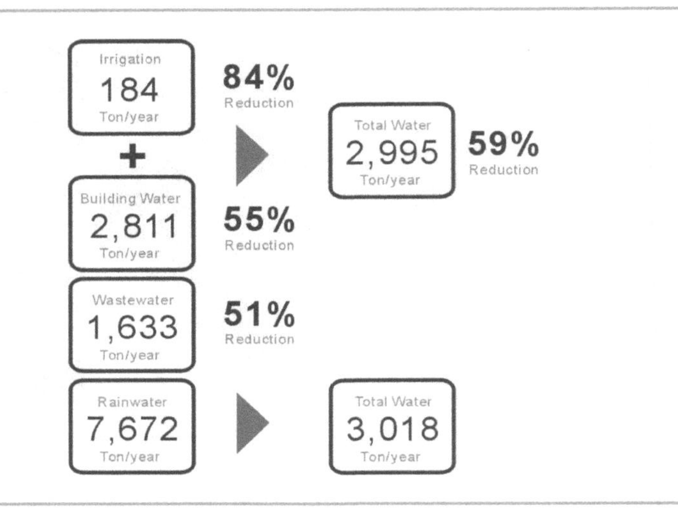

2.4 Water Balance

RSF 건물에 적용된 수자원 시스템은 단지 내에서 발생하는 물을 고려하고, 다양한 방안으로 물 사용량을 줄임으로써 물의 소비와 공급의 균형을 유지한다. 콜로라도 지역의 물 관련 법규 때문에 우수이용 및 물의 재사용 방법들이 허용되지 않았다. 따라서 각종 수자원 저감 전략을 적용하였다. 이 결과, 건물 및 조경에 사용되는 연간 총 물 사용량은 약 3,000톤으로 설계가 되었는데 이는 건물지붕에서 모을 수 있는 연간 총 우수량보다도 적은 양이다. 다음은 건물에 적용된 물 사용 전략이다.

- 토착종 및 적응력이 강한 잔디 및 관목에 의한 조경
- 수생 비오톱과 단지내 수로구성
- 투수성 도로포장
- 지붕의 우수배관을 단지내 조경에 연결
- 듀얼 대변기 (1.3/0.8)
- 물 안 쓰는 소변기
- 절수형 수전 (0.5)
- 절수형 샤워기 (1.5) 등

2.5 Materials Balance

RSF 건물 진입로에서 가장 먼저 눈에 띄는 것은 대지와 건물주변에서 수집한 돌을 철망 안에 담은 담벼락(gabion wall)이다. 건물의 기초 및 터 파기공사 시 상당히 큰 크기의 바위들

그림 4-35 RSF 건물의 재활용 · 재사용 자재 적용

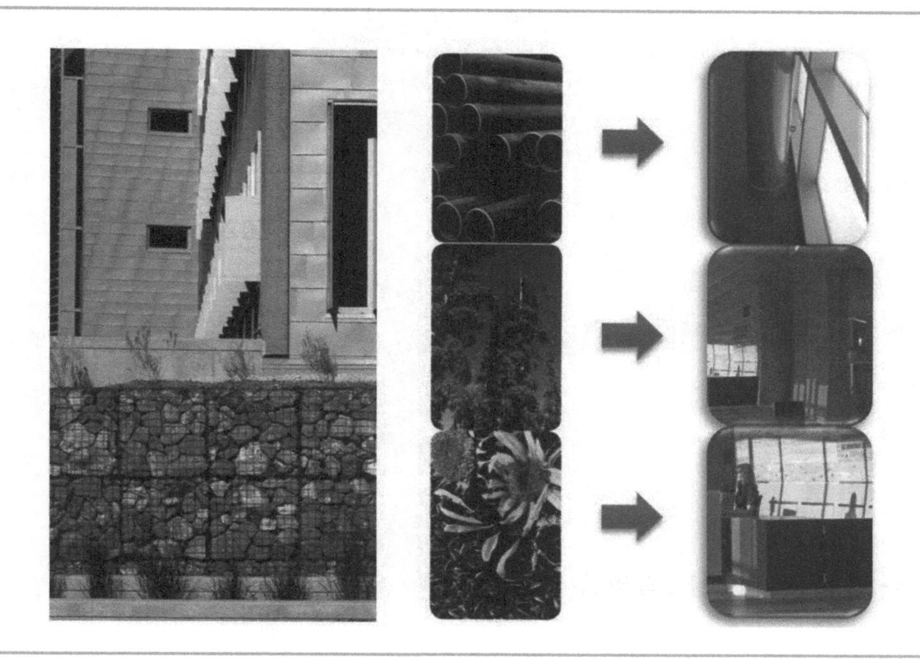

이 대량으로 발굴이 되었는데 트럭 등을 통해서 외부로 반출하는 것 대신, 사이트 내에 전량 소화를 하고 건물옹벽과 부지내의 낮은 경계벽을 만드는 데 사용하였다.

콜로라도 지역 전역에 퍼져 있는 소나무 해충에 의해 죽은 나무를 분쇄하여 만든 목재가 RSF 건물 내부의 복층으로 구성된 로비 벽의 재료로 사용되었다. 로비의 안내 데스크는 내구성이 좋고 재생이 빠른 재료인 해바라기 씨앗 껍질로 만들어졌다. 건물의 구조 기둥은 가스 배관을 재활용하여 만들었다. 추가적으로 혁신적인 재료를 사용하고 엄격하게 새로운 원료사용을 제한함으로써 매립지로 가는 상당 부분의 건설 폐기물을 줄였다. RSF 건물의 주요자재 사용은 다음과 같다.

- 인증된 목재: 59%
- 폐기물 전환: 75%
- 재생 재료: 34%
- 지역생산 재료: 13% 등

2.6 LEED 인증 및 RSF II 건물 시공현장

NREL의 RSF 건물은 미국 친환경 인증인 LEED의 최고 수준인 Platinum 등급을 받았다. 각 항목별로 균등한 배점을 받은 이상적인 건물이라 할 수 있다. 표 4-3은 LEED-NC의 등급 점수이다. 2011년 4월 현재, RSF 건물의 증축개념인 RSF II 건물이 공사 중이다.

표 4-3 NREL의 RSF 건물 LEED 등급 점수

항 목	획득점수
Sustainable site	12
Water Efficiency	4
Energy and Atmosphere	17
Materials & Resources	7
Indoor Environmental Quality	14
Innovation & Design	5
Total	59
LEED-NC rating out of	69

그림 4-36 RSF II 건물 모습 및 공사현장

그림 4-37 RSF II 건물의 주요 공종별 시공모습

2.7 소결

지금까지 NREL RSF건물의 NZEB 디자인 개념과 적용된 시스템에 대해서 상세하게 제시하였다. 그럼 이러한 NZEB의 건설하는 데 비용이 얼마나 증가하는가에 대한 의문이 들 것이다. 그림 4-38과 같이 일반건축물과 큰 차이가 나지 않는다. 이는 통합설계에 의한 공

사비 저감이 가능하기 때문이다. 즉 건물에서 요구되는 부하 및 에너지를 줄이기 위해 건축 공사비는 다소 증가하게 되지만 에너지 요구량이 줄어든 만큼 시스템의 용량이 감소하여 기계, 전기설비 공사비는 감소하게 된다. 따라서 전체적으로 큰 공사비 증가 없이 NZEB구현이 가능하며 부가적으로 건물의 수명연장과 생애주기비용이 감소하는 효과를 얻을 수 있다.

탄소배출로 인한 지구 온난화가 인류생존의 문제로 인식되면서 선진국들은 온실가스 감축의무 부과와 동시에 감축목표를 설정하고 있다. 특히 건축분야를 온실가스 감축여력이 가장 큰 분야로 인식되면서 강력한 에너지 저감 목표를 수립하고 추진하고 있는 상황이다. 국내의 경우도 제로에너지 건축물 의무화를 진행하고 있다. 따라서 제로에너지 건물은 먼 미래의 이야기가 아니라 당장 준비해야 할 과제이다. 미국도 최근 친환경, 저에너지의 정책들을 강화하는 등 제로에너지 건축물 연구를 주도하고 있다. 특히, NREL의 RSF 건물은 계획부터 시공 그리고 현재 운영에 이르기까지 치밀한 계획으로 제로에너지 건물을 구축해 가고 있다. 우리나라도 정부연구기관과 건설사 중심으로 오랜 기간 제로에너지 건축물을 준비해오고 있었다. 그러나 NREL의 RSF 건물과 같은 제로에너지 건물을 구축하려면 보다 노력이 필요하며 향후 서로간 기술력을 공유하여 발전적이고 선의의 경쟁관계에서 제로에너지 건축물 해법을 찾아야 할 것이다.

그림 4-38 RSF 건물과 일반건물의 공사비 비교

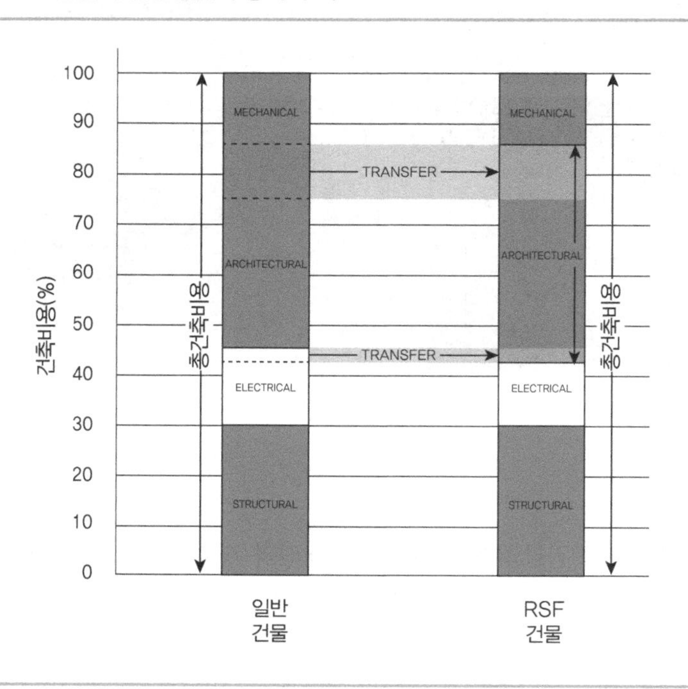

연/습/문/제

[1–4] 국내 제로에너지 주택, 'Green Tomorrow' 구축사례를 참조하여 답하시오.

01 연구진들이 도출한 제로에너지의 개념은 건축물 디자인의 효율화 및 설비기기의 효율화를 통해 무엇을 큰 폭으로 절감하겠다는 계획인가?

02 필요한 최소한의 에너지를 무엇으로 충당하겠다는 계획인가?

03 'Greem Tomorrow'는 국내 최초로 모든 전력을 직류로 공급하였다. 이유는 무엇인가?

04 실내 · 외에 적극 적용된 기술로 식료품 및 의류 등에 대한 항목관리나 관련 생활정보를 거주자에게 제공하는 식료품 및 의류품 관리시스템에 도입된 기술은 무엇인가?

[5–8] 해외 제로에너지 건물 구축사례를 참조하여 답하시오.

05 NZEB에 도달하기 위해 필요한 통합작업 2가지를 쓰시오.

06 창은 조망 및 환기를 위한 부분과 자연채광을 위한 부분으로 기능을 분리하였다. 다음 빈칸을 채우시오.

"창호 상부에 자연채광을 극대화하기 위해 (   )를 설치하였다."

07 플러그 부하를 줄이기 위해 데이터센서에 구축된 컴퓨팅은 무엇인가?

08 NREL RSF건물의 NZEB 디자인 개념과 적용된 시스템은 건물에서 요구되는 부하 및 에너지를 줄이기 위해 건축공사비가 다소 증가하게 된다. 이러한 문제점의 해결책은 무엇인가?

Introduction to ZERO ENERGY HOUSE

PART 2

신재생에너지 생산 기술

Introduction to **ZERO ENERGY HOUSE**

화석연료와 신재생에너지

일을 할 수 있는 시스템의 능력으로 정의되는 에너지는 에너지의 원천에 따라 주로 재생에너지(renewable energy)와 비재생에너지(non-renewable energy)로 구분한다.

01 화석연료(Fossil Fuel)

현재 인류가 지구상에서 사용하고 에너지의 근원은 석탄, 석유, 천연가스 등에 대부분 의존한다. 화석연료를 총칭하는 **비재생에너지**는 사용함에 따라 매장된 양이 점점 고갈되며 제한된 원천에 의존함으로, 회복하기 위한 비용이 너무 비싸거나 환경적으로 피해를 많이 주게 된다. 그림 5-1은 석탄, 석유, 천연가스, 원자력 등의 비재생에너지를 도식적으로 나타내며, 간략히 설명하면 다음과 같다.

1.1 석탄(Coal)

석탄은 지질시대의 육생식물이나 수생식물이 땅 속에 묻힌 후, 오랜 세월 동안 가열과 가압 작용을 받아 변질되어 생성된 흑갈색의 가연성 암석을 말한다. 식물이 겹쳐서 퇴적물 하부에 매장되면 상부의 중량에 의하여 산소, 탄소, 수소가 치밀하게 모여 석탄이 된 후, 물이나 다른 휘발성 물질은 방출된다. 그 밖의 구성물로는 질소, 황, 무기물 등이 있으며, 무기물은 근원 식물자체에서 나온 것은 많지 않으며 대부분 퇴적 후에 지하수에 의해 반입된 것이 많다. 석탄으로의 진화는 식물질에서 변질되어 흩어진 목질소(lignin), 섬유소(cellulose)

그림 5-1 비재생에너지

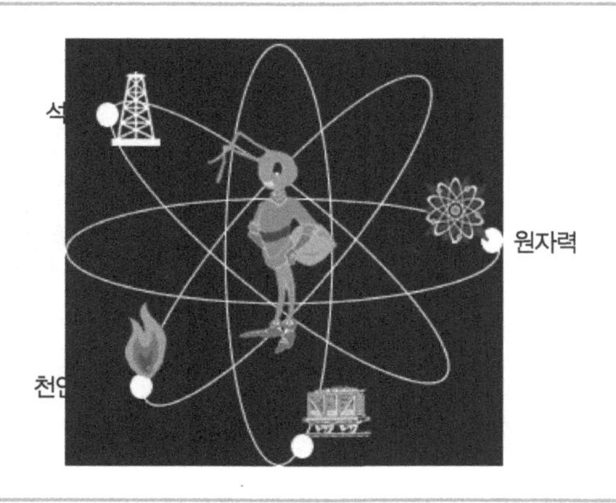

그림 5-2 철도차량에 적재된 석탄

등이 지표에서 분해 작용을 받아 생성된 이탄(peat)에서 아탄(lignite), 갈탄(brown coal), 역청탄(bituminous coal), 무연탄(anthracite) 등으로 변화하여 양질의 석탄으로 변모해 가는 것으로, 물리적 특성이 변화해 가는 것이다. 석탄은 산업혁명으로부터 시작된 근대 공업사회에 결정적인 기여를 한 에너지원으로, 다른 화석연료의 에너지원보다 매장량이 풍부하다. 석탄은 석유에 비하여 단위질량 당 발열량이 다소 낮으며(heating value 기준, 24 MJ/kg) 고체형태로서 취급하기 불편하다(그림 5-2 철도차량에 적재된 석탄). 또 공해요인이 되는 불순물을 다량 포함하고 있기 때문에, 석유의 대량생산에 의하여 주요한 에너지로의 가치를 상실하였다. 그러나 합성가스(syngas)를 생산하기 위하여 석탄을 가스화하거나 석탄으로부터 가솔린이나 디젤과 같은 액체연료를 추출하는 석탄 액화 등 지속적인 이용기술 개발에 따라 이를 극복해 나가고 있는 추세이다.

1.2 석유(Petroleum)

석유자원은 현대사회에서 가장 많이 사용되는 주요한 에너지원으로, 천연적으로 생산되는 불에 타기 쉬운 액체(鑛油)로서 이를 정제하여 만들어진 제품을 모두 석유라고 한다. 천연적으로 생산한 석유인 원유(crude oil)와 원유를 정제한 석유제품(petroleum products)으로 구분한다. 원유는 독특한 냄새를 풍기는, 물보다 가벼운 암녹색 또는 흑갈색의 끈적끈적한 액체로, 다양한 분자량을 갖는 탄화수소를 주성분으로 하여 액체유기혼합물로 구성된 복잡한 화합물이다. 이 원유는 해저에 가라앉은 유기물이 부패되어 100만년 이상 세월이 걸려서 만들어진 이후에, 형성된 암반에 퇴적물로 매장되었던 것이다. 석유는 가스와 별

그림 5-3 석유제품의 이용도

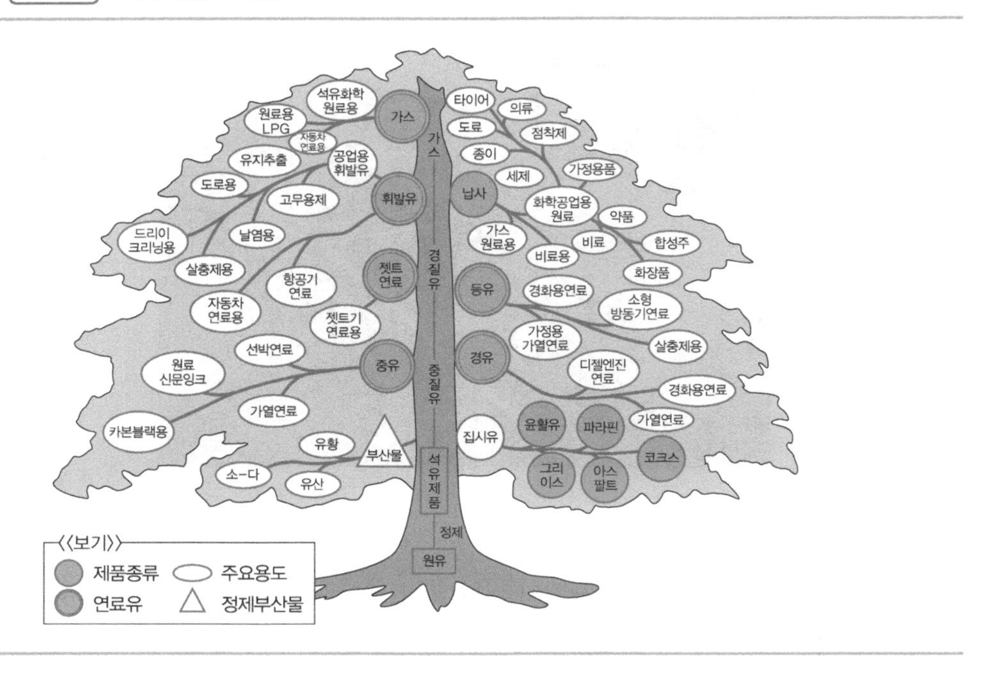

도로 매장된 경우가 거의 없으며, 가스가 용해된 상태에서 경질유와 결합하고 있다. 석유는 주성분이 탄화수소라는 점에서 천연가스와 함께 탄화수소연료라고 부르기도 하며, 생성에 따른 분류로서 석탄과 함께 화석연료(fossil fuel)에 포함된다. 그림 5-3은 석유제품의 이용도를 도식적으로 나타내며, 용도에 따라 LPG(액화석유가스), 납사, 휘발유, 등유, 경유, 중유, 윤활유, 아스팔트 등으로 분류된다.

석유는 초기에는 조명용이나 윤활용으로 사용되었으나, 석유의 증산에 따라 석유가 액체이며 석탄보다 취급이 용이하고 열효율이 높다는 장점으로 사용이 증가하게 되었다. 미국에서도 1921년에는 증기기관차의 연료 중 90%가 석탄이었으나, 점차 석유가 노 (furnace), 보일러, 공장, 기관차, 기선의 연료로 사용되었고, 경질유는 자동차, 항공기, 석유화학공업에 사용되게 되었다. 현재는 플라스틱, 합성섬유, 살충제, 약품에 이르기까지 많은 제품을 만드는 데 석유가 사용되고 있다. 그림 5-4는 연도 · 지역별 세계 석유와 액화가스 생산량 현황 및 2004 시나리오를 나타내는 그래프로, 2010년 이후로 그 생산량이 감소될 것으로 예측되고 있다. 현재 석유의 매장량은 전 세계적으로 1,373억 배럴로 추정되며, 2007년 말 기준으로 가채년수가 약 43년인 것으로 분석된다. 중동이 894억 배럴 (65.4%), 북미가 120억 배럴 (8.7%), 중남미가 112억 배럴 (7.8%), 아프리카가 83억 배럴 (6.2%), 비 OECD(Organization for Economic Co-Operation and Development, 경제협력개발기

그림 5-4 연도 · 지역별 석유 및 액화가스 생산량 현황 및 2004 시나리오

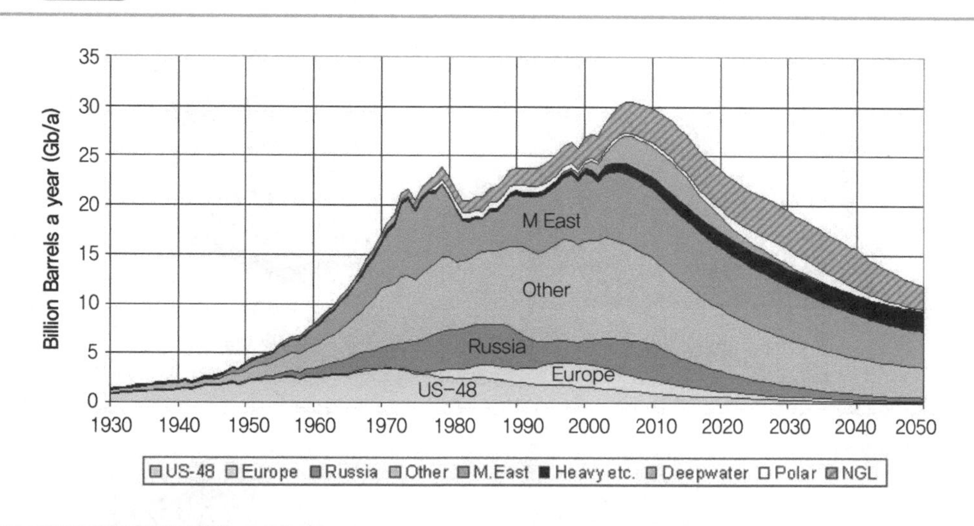

구) 유럽국가가 81억 배럴 (5.9%), 아시아 및 대양주가 61억 배럴 (4.4%), OECD 유럽국가가 22억 배럴 (1.6%)의 매장량 분포를 갖고 있다. 표준 석유뿐 아니라 중유, 심해유, 극유, 가스전 또는 가스발전소로부터의 액화천연가스도 함께 고려하여 생산량을 예측하였다. (주, 단위 : 1 배럴(barrel)=42 갤런(gallon), 1갤런=4.546 ℓ)

1.3 천연가스(Natural Gas)

천연가스는 인공적인 과정을 거치는 석유(휘발유, 경유)와는 다르게 자연적으로 발생하여 지하에 매장된 혼합기체상태의 화석연료로, 주요 성분은 80~90%가 메탄(CH4)가스이고, 나머지는 에탄(C_2H_6), 프로판(C_3H_8) 등의 불활성기체로 구성된다. 가스전에서 천연적으로 직접 채취한 상태에서 바로 사용할 수 있는 가스에너지로, 생성과정은 석탄이나 석유와 유사하여 땅속에 퇴적한 유기물이 변동되어 생긴 화학연료이다. 천연가스는 석유가 생산될 때 함께 섞여서 생산되기도 하나 대체로 별도로 생산되며, 석유를 채굴하는 것과 마찬가지로 시추공을 바다 밑이나 땅 속 깊이 박아 채굴한다. 천연가스는 연소 시 공해물질을 거의 발생하지 않는 무공해 청정연료인 에너지원으로 이용가치가 높다. 그러나 천연가스는 기체 상태이기 때문에 저장문제와 운송문제가 수반되지만, 천연가스 액화기술이 개발되어 대량저장과 원거리 대량수송이 가능하게 되었다. **액화천연가스(LNG; Liquified Natural Gas)**는 천연가스가 생성될 때 포함된 수분, 분진, 황, 질소 같은 불순물을 제거한 후, −162°C의 저온에서 액화시킨 상태로 필요한 곳에 수송한 후 다시 기화시켜서 사용한

그림 5-5 천연가스 이용분야

(a) 열병합 발전

(b) 가스냉방

(c) 천연가스차량

(d) 보일러, 가스버너

다. 우리나라에서는 1986년 처음 도입하기 시작하여 현재 사용량이 증가하는 추세이다. 액화천연가스는 공해요인이 거의 없는 청정에너지로 최근 들어 각광을 받는 에너지원의 하나이다. 특히 정제된 천연가스는 발열량이 높고, 황 성분을 거의 함유하지 않은 무독성이며, 폭발범위가 좁고 가스비중이 작아 확산되기 쉬우므로 위험성이 적은 특징이 있어, 도시가스 용으로 가장 알맞으며 그 이용분야가 다양하다. LNG는 도시가스로 가정용 연료나, 발전용 또는 산업용 가스보일러의 연료, LNG 수입기지에서 재기화할 때 흡수하는 열인 냉열로 이용된다. LNG 냉열을 이용하여 발전을 하거나 공기를 액화시켜 액체산소, 액체질소, 액체 드라이아이스를 만들기도 하며, 식품의 냉동 및 냉장, 고무, 플라스틱, 금속을 저온 분쇄하여 가공처리 시에 이용되기도 한다. LNG 이외의 천연가스 종류로는, 천연가스를 200~250배로 압축하여 압력용기에 저장한 가스인 압축천연가스(compressed natural gas)와 천연가스를 산지로부터 파이프로 공급받아 사용하는 가스인 PNG(pipe natural gas) 등이 있다. 그림 5-5는 천연가스 이용분야인 열병합 발전, 가스냉방, 천연가스차량, 보일러, 가스버너를 각각 나타낸다.

거대한 양의 천연가스(주로 메탄)가 **가스 하이드레이트(gas hydrates)**의 형태로 영구

그림 5-6 가스 하이드레이트

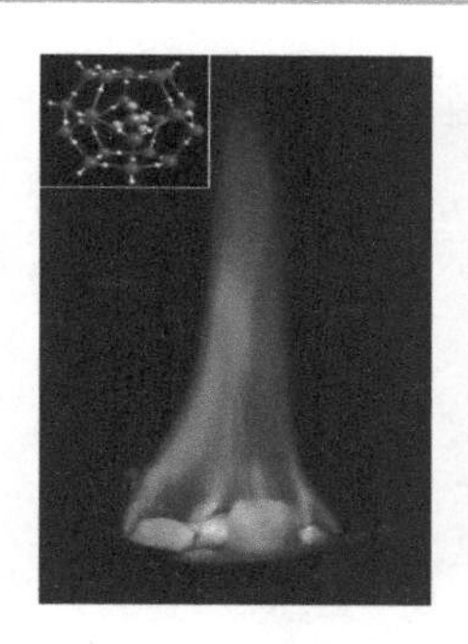

(a) 연소 모습

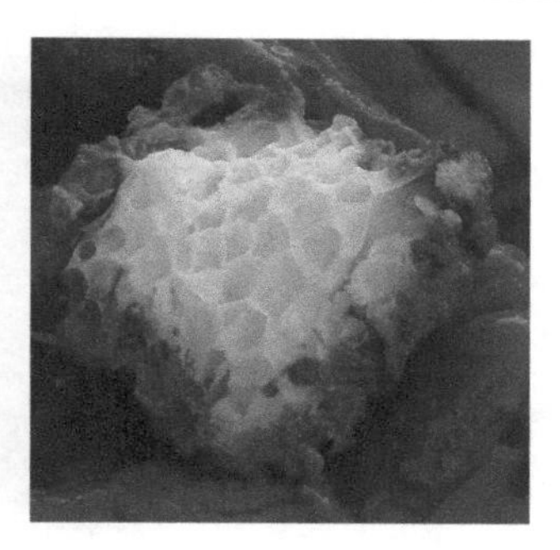

(b) 구조

동토층에 위치한 시베리아와 같은 북극 대륙과 심해에 퇴적물로 존재한다. 가스 하이드레이트는 천연가스가 저온, 고압상태에서 물과 함께 얼어붙은 덩어리로 "불타는 얼음"이라 불리는 차세대 에너지원이며, 드라이 아이스와 비슷한 모양으로 상온에서 불이 붙는다. 연소 시, 이산화탄소 배출량이 석유의 24%에 불과하며, 부피 기준으로 하이드레이트 1 L에는 천연가스가 약 200 L 압축되어 있어 효율이 매우 높다. 2010년 현재의 기술을 적용하면, 가스 하이드레이트로부터 천연가스를 추출하는 비용이, 기존방식으로 천연가스를 생산하는 비용보다 약 100~200% 정도, 심해퇴적물로부터 생산할 때는 그 이상의 비용이 소요된다고 예상하며, 아직 경제적으로 천연가스를 생산할 수 있는 기술이 개발되지 않았다. 그림 5-6은 가스 하이드레이트의 연소 사진과 구조를 나타낸다.

1.4 원자력(Nuclear Energy)

원자력은 원자핵을 구성하고 있는 양자 및 중성자의 결합상태 변화에 따라 방출되는 에너지로 핵에너지라고도 하며, 특히 핵분열반응 또는 핵융합반응에 의해 많은 양의 에너지가 지속적으로 방출되는 경우를 원자력에너지 또는 원자력이라고 부른다. 우라늄의 핵분열에 의한 질량 감소분 만큼의 에너지를 이용하는 것으로, 원자 폭탄을 서서히 반응시키는 물리적인 현상이다. 원자력이 초기에는 원자폭탄, 원자력잠수함과 같이 군사용 또는 전략용으로 개발되었지만, 1953년 10월 8일 미국의 아이젠하워 대통령이 UN총회에서 원자력의 평화적 이용을 제창한 이래 선진국에서는 연구개발에 힘을 써서 인류의 번영과 발전에 크게 이바지해 왔다. 우라늄 원자의 핵분열에서 발생하는 반응열로 증기를 만든 후, 터빈을 회전시켜 전기를 생산하는 원자력발전, 원자로의 열을 동력으로 생산하는 원자력선, 열을 직접 이용하는 원자력 제철, 지역난방, 해수의 담수화 등이 열에너지 이용의 범주에 들어간

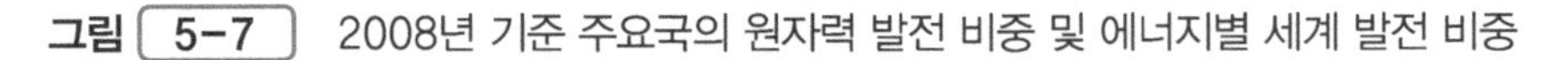
그림 5-7 2008년 기준 주요국의 원자력 발전 비중 및 에너지별 세계 발전 비중

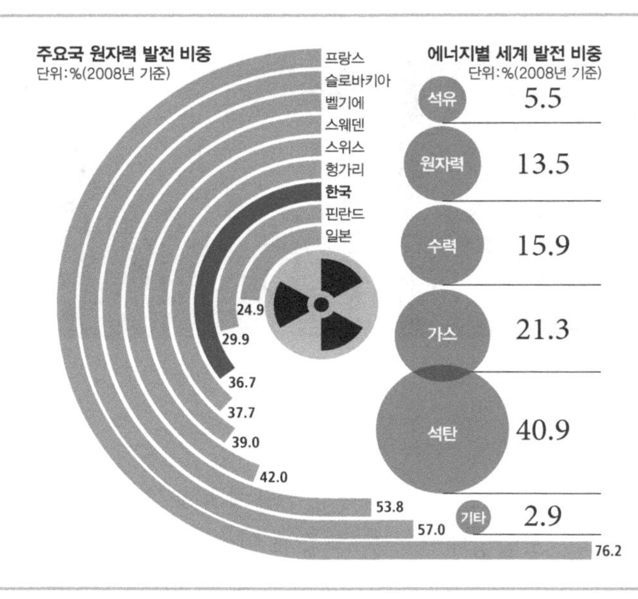

다. 인류가 필요로 하는 에너지를 생산하기 위해서 이산화탄소 발생량이 많은 석탄화력발전소와 LNG복합화력발전소보다 환경에 영향을 덜 미치며 저렴한 비용으로 전기를 생산하는 원자력발전이 유일한 대안 역할을 하고 있다. 그림 5-7은 2008년 기준 주요국의 원자력 발전 비중을 도식적으로 나타낸 것으로, 에너지별 세계 발전 비중의 13.5%를 차지하고 있다. 원자력에너지의 이용이 폭 넓게 발전되고 있으나, 1976년 미국의 Pennsylvania주 TMI(Three mile island) 원전 사고 이후, 1986년 러시아의 체르노빌 원전 폭발, 2011년 일본 후쿠시마 원전 폭발 등의 사고가 끊임없이 일어나 유사 시 대처할 수 있는 능력 및 안전에 대한 문제가 대두되고 있다. 현재 경주에 핵폐기물 처리장 시설이 건설되고 있지만, 안전 문제로 인하여 2004년 부안사태와 같은 지역 내에 심각한 갈등을 빚기도 한다. 상대적으로 저렴한 원전 비용에는 사용 후 핵연료와 폐기물을 보관하는 핵폐기물 처리장 설치비, 또 사고 시 안전 및 수습에 필요한 비용 등이 전혀 계산되지 않아서 경제적 발전비용 측면의 적정성에 의문이 든다.

신재생에너지(Renewable Energy)

신 · 재생에너지 (New & Renewable Energy)는 해, 바람, 비, 조류 등과 같이 고갈되지 않는 다양한 자연에너지의 특성과 이용기술을 활용하여 화석연료(석탄, 석유, 천연가스)와 원자력을 사용하는 기존 에너지를 대체하는 재생가능한 에너지이다. 지구상에서 사용가능한 가장 청정한 에너지이며 그 양이 풍부하다. 최근에는 각 국가들의 에너지 분류방법에 따라 신 · 재생에너지, **신에너지**, **미래에너지**, **미활용에너지** 등의 새로운 용어로 중복되거나 혼용되어 사용하고 있다. 그림 5-8, 5-9, 5-10, 5-11은 **국제에너지기구(IEA; International Energy Agency)**, 미국, 유럽연합(EU), 일본의 재생에너지 또는 신에너지 분류체계를 각각 나타낸다. 신 · 재생에너지에 대한 우리나라 분류체계는 "신에너지 및 재생에너지 개발 · 이용 · 보급 촉진법 제 2 조"의 정의에 따라 다음과 같이 서술한다. 신 · 재생에너지는 기존의 화석연료를 변환시켜 이용하거나 햇빛 · 물 · 지열 · 강수 · 생물유기체 등을 포함하는 재생가능한 에너지를 변환시켜 이용하는 에너지라고 정의하고, 석유, 석탄, 원자력, 천연가스가 아닌 11개 분야의 에너지로 지정하였다. 신 · 재생에너지는 태양열, 태양광발전, 바이오매스, 풍력, 소수력, 지열, 해양에너지, 폐기물에너지를 포함하는

그림 5-8 IEA의 재생에너지 분류체계

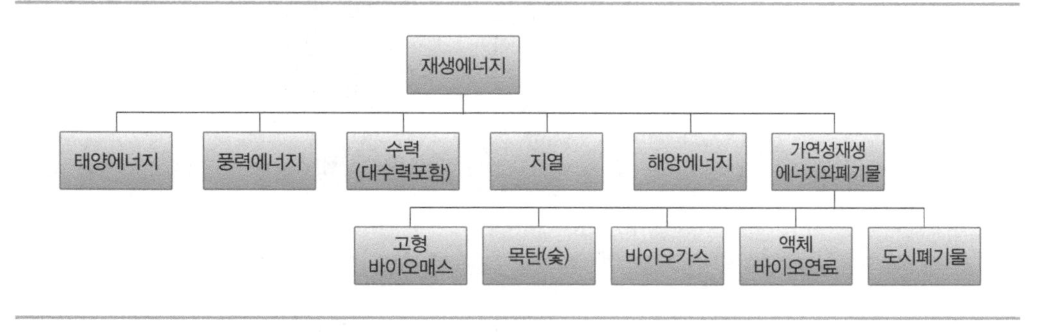

그림 5-9 미국의 재생에너지 분류체계

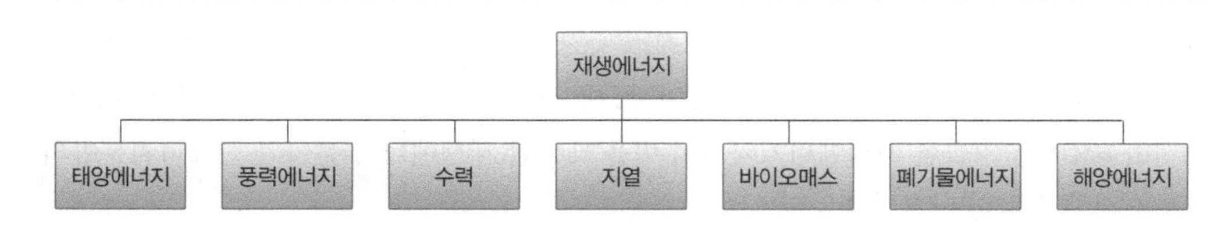

그림 5-10 유럽연합(EU)의 재생에너지 분류체계

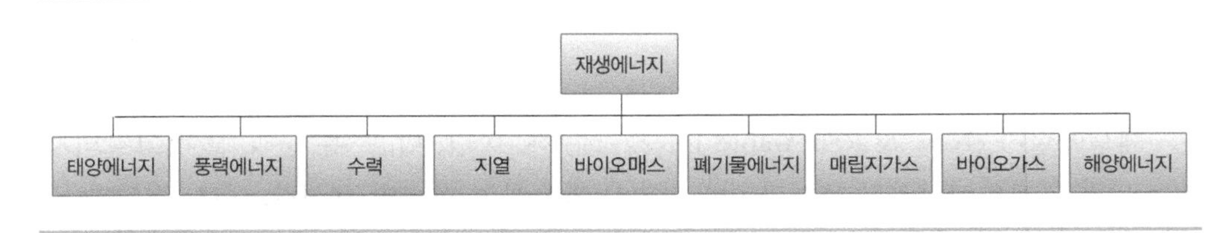

그림 5-11 일본의 신에너지 분류체계

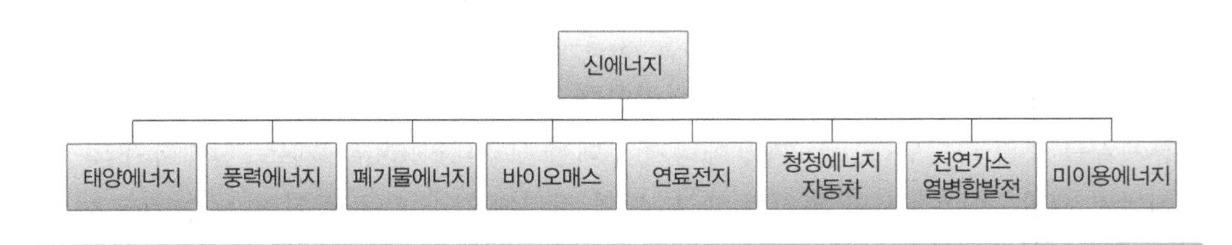

그림 5-12 우리나라의 신재생에너지 분류체계

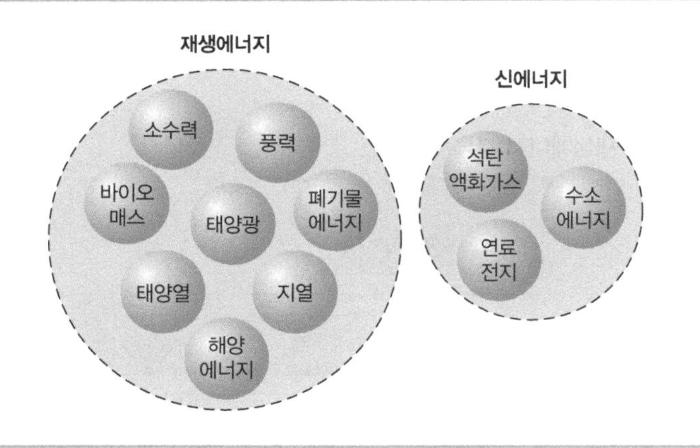

재생에너지 8개 분야와 연료전지, 석탄액화 · 가스화, 수소에너지를 포함하는 신에너지 3개 분야로 구성된다. 그림 5-12는 우리나라의 신재생에너지 분류체계를 나타낸다.

그림 5-13은 지속적으로 채워지며 고갈되지 않는 재생에너지를 나타낸 그림으로, 태양에너지, 풍력, 소수력, 지열, 해양, 바이오매스 등으로 구성된다. 본 교과서의 6장에서는 제로에너지하우스를 위한 재생에너지인 태양광, 태양열 발전, 지열에너지를 다루었으며, 7장에서는 6장에서 기술한 재생에너지와 소수력을 제외한 재생에너지 분야와 신에너지분야의 연료전지를 간략히 다루었다.

그림 5-13 재생에너지

대부분의 **재생에너지**는 태양에너지에 직접 또는 간접적으로 연관된다. **태양광발전**은 태양전지에 입사되는 태양광을 직접 전기에너지로 변환시키는 태양전지 · 발전시스템 기술로서, 태양전지 셀로 구성된 모듈과 축전지 및 전력 변환장치로 구성된다. **태양열** 이용기술은 태양으로부터 방사되는 복사에너지를 직접 획득하여 필요한 곳에 이용하는 것으로, 태양열의 흡수 · 저장 · 열 변환 등을 통해 건물의 조명, 냉 · 난방 및 급탕, 산업 공정열, 농수산분야, 전기발전 등에 활용한다. 태양열은 공해가 없는 청정에너지로, 우리나라의 입지조건은 연평균 수평면 일사량이 3,042 kcal/(m^2 · day) 정도로, 태양열 이용이 활발히 추진되고 있는 일본(2,800 kcal/(m^2 · day)), 독일(2,170 kcal/(m^2 · day)), 네덜란드(2,450 kcal/(m^2 · day)) 등에 비해 좋은 여건을 가지고 있다. 또한 태양열은 바람을 움직이게 하며, 바람에너지는 풍력터빈에 의해 획득된다. **풍력에너지**는 풍향, 풍속의 변동에 따라 안정된 에너지 공급에 어려움이 있지만, 잠재적으로 풍력자원이 광범위하게 존재하는 청정한 에너지이다. 풍력은 국제적 환경규제에 대응할 수 있는 발전기술로서, 선진국에서는 일반 상용전원의 발전원가와 경쟁이 가능한 수준으로 가격이 하락하여, 시장이 급격히 확대되고 있다. 국내에서는, 산간이나 해안오지 및 방조제 등의 부지를 활용함으로써 국토이용의 효율을 높일 수 있다. 바람과 태양열은 물을 증발하게 하여, 이 수증기가 비나 눈으로 변환되어 강이나 시냇가에 흘러내린다. 이 에너지는 수력발전소의 터빈을 구동시켜 전기로 이용된다. 비와 눈과 함께 햇빛은 광합성을 통하여 식물을 성장하게 한다. 이러한 식물들로 이루어진 유기물질인 **바이오매스**는 전기, 차량용 연료, 화학약품을 생산하는 데 사용될 수 있다. 위의 목적들로 사용되는 바이오매스를 바이오매스 에너지라고 한다. 많은 유기화합물에서 수소와 물을 찾을 수 있으며, 지구상에서 가장 풍부한 구성 요소이다. 천연상태에서 가스로 존재할 수 없으며, 물을 만들기 위하여 산소 같은 다른 성분들과 항상 결합되어 있다. 한번 다른 성분으로부터 분리되면, 수소는 연료로 연소되거나 전기로 변환될 수 있다. **연료전지**는 수소와 산소를 반응시켜 전기 및 열로 직접 변환시키는 장치로, 기존 발전기술(연료의 연소 → 증기발생 → 터빈구동 → 전기발전)과는 달리 연소과정이나 구동장치가 없다. 따라서 효율이 높으며, 대기오염, 소음, 진동 등의 환경문제를 유발하지 않는 발전기술이다. 모든 재생에너지가 태양으로부터 오는 것은 아니다. 지구내부의 암석과 마그마에 저장된 지열을 이용하는 **지열에너지**는, 심층의 고온 지열유체를 추출하거나 물을 인위적으로 주입하여 고온의 물이나 수증기를 생산한 후, 그 열에너지를 전기에너지로 변환하는 지열발전과 건물 내의 열을 지중으로 방출하고, 지중의 열을 공급하는 **지열 냉난방 시스템**으로 적용된다. 해양의 조류는 지구와 관련된 달과 태양의 만유인력에 기인하며, 해양의 파도는 조수와 바람에 의해 발생된다. 또한 태양은 적도 근처에서 심해보다 표층수를 가열하기 때문에, 에너지원으로 사용 가능한 온도 차이를 발생시킨다. 에너지양이 거대한 모든 해양에너지는 전기를 생산하는 데 사용할 수 있지만, 기술과 경제성 문제로 그 이용이 지연되고 있다.

재생에너지의 중요성

3.1 환경적 장점

재생에너지 기술은 화석연료에 의존하는 기존의 에너지 기술보다 환경에 더욱 친화적이다. 화석연료는 현재 우리가 직면한 온실가스, 공해, 물과 토양오염 등과 같은 환경적인 문제를 현저히 유발하지만, 재생에너지원은 환경문제가 아주 작거나 거의 없다. 이산화탄소, 메탄, 질소산화물, 탄화수소, 프레온과 같은 **온실가스**는 투명한 열 담요(thermal blanket) 같이 지구의 대기를 둘러싸서 햇빛의 유입은 허용하고 지구 표면에 근접된 열은 포획한다. 이러한 자연적인 온실 영향은 평균 지구표면 온도를 약 15~33°C로 유지시킨다. 그러나 화석연료 사용이 증가함에 따라 특별히 이산화탄소인 온실가스 배출이 증가하여 지구온난화로 알려진 온실가스 효과가 증대된다. **미국환경보호청(EPA; Environmental Protection Agency)**에 의하면 이산화탄소는 지구온난화에 1/2 또는 2/3 정도 기여한다고 한다. 그러나 재생에너지 기술은 이산화탄소 배기가스가 아주 적거나 거의 없이 열과 전기를 생산할 수 있다. 또한 화석연료로부터 나오는 에너지의 사용은 공기, 물과 토양오염의 주요한 근원이다. 일산화탄소, 이산화황, 이산화질소, 입자상물질(PM; Particulate Matter), 납과 같은 공해물질은 극적으로 환경에 피해를 준다. 반면에 대부분의 재생에너지 기술은 공해가 적거나 거의 없다. 미국폐학회(American Lung Association)에 의하면 공해는 천식, 폐암, 호흡기관의 감염 등을 포함하는 폐의 질병을 일으켜서 매해 미국에서 335,000명이 이러한 질병으로 죽는다고 한다. 지구온난화와 연관된 오랜 기간 동안의 영향은 인간과 자연을 더 황폐화시킬 수 있다. 극한 기후에 의한 사망이 증가하고 온도 상승에 따라 질병이 번성할 잠재성이 있다. 궁극적으로 재생에너지 기술은 환경의 질을 향상시키기 위하여 기존의 에너지 사용 경향을 바꾸도록 도움을 줄 수 있다.

3.2 지속적인 에너지

국제에너지기구(IEA; International Energy Agency)는 세계 전기 생산용량이 2000년에 330만 MW에서, 2020년에 580만 MW로 증가할 것이라고 예측한다. 석유산업의 낙관적인 분석에 의하면, 현재 전력생산의 주요 원천인 화석연료의 세계적인 공급량은 2020년과 2060년 사이에 고갈이 시작될 것이라고 한다. 이렇게 필요한 전력량을 만족하기 위한 최적의 답은 재생에너지이다. Shell International은 재생에너지가 2060년에 세계 에너지의 60% 정도를 공급할 수 있게 될 것이라고 예측한다. 세계은행은 태양광의 세계적인 시장이 약 30년 안에 4조 달러 규모에 도달할 것이라고 평가한다. 또한 바이오매스 연료가 가솔린을 대체할 수 있을 것이며, 미국에서 유용한 바이오매스 자원을 이용하는 에탄올의 생산량이 연간 1,900억 갤런에 도달할 것이다. 화석연료와는 달리 재생에너지 원천은 지속될 것이고, 고갈되지 않을 것이다. 세계 환경개발위원회에 의하면 **지속성(sustainability)**이란 "자체 수요를 충족하기 위하여 향후 생산 능력의 손상이 없이 현재의 수요"를 충족하는 개념이다. 재생에너지 기술을 사용하는 현재 활동이 현재에도 유익할 뿐 아니라 다음 세대에도 유리하게 될 것이다.

3.3 직업과 경제

대부분의 비산유국은 원유나 천연가스와 같은 화석연료를 수입하여 전기, 난방, 연료로 제공하며, 이러한 화석연료의 비용은 국가재정에 상당한 부담이 된다. 에너지 수입에 들어가는 비용은 지역경제의 손실분이지만, 재생에너지원은 지역적으로 개발되기 때문에, 이 에너지에 소비되는 비용은 그 나라에 남아 더 많은 직업을 창출하며 경제성장을 촉진한다. 재생에너지 기술은 노동 집약적이기 때문에, 이와 관련된 직접적인 직업은 재생에너지의 설계, 제작, 시공, 보수, 영업 등으로 진화된다. 재생에너지 회사에 공급하는 가공하지 않은 재료, 수송, 장비, 회계와 관련된 간접적인 사업도 상승하게 될 것이다. 따라서 이러한 직업으로부터 발생되는 임금과 급여가 지역경제의 부가적인 수입을 제공하며, 재생에너지 회사도 기존 에너지원보다 지역적으로 더 많은 세금을 납부하게 될 것이다. 또한 재생에너지의 경제적인 장점은 지역경제를 초월하여 국가 전체까지 확장할 수 있다는 것이다. 2001년에 미국은 원유공급을 위하여 다른 나라에 약 1,030억불을 지출했다. 그러나 미국은 재생에너지의 세계 선도제작국 중의 하나로서, 재생에너지의 사용이 증가함에 따라 수입이 더 많아질 것이다. 예를 들면, 현재 미국은 세계 태양전지 시스템의 2/3를 생산하고, 그 중 약 70%를 개발도상국에 수출하여 연간 3억불 이상의 매출을 달성한다.

3.4 에너지 안보

국가에너지 안보(security)는 화석연료의 의존성에 의해 계속해서 위협받고 있다. 이러한 기존의 에너지원은 정치적인 불안정, 무역 분쟁, 무역제한 정책, 기타 분쟁 등에 노출되어 있다. 미국 국내 원유 생산은 1970년 이래로 감소하고 있다. 1973년에 미국은 원유의 약 34%를 수입했으나, 현재에는 53% 이상을 수입하며, 2010년에는 약 75%까지 증가하였다. 세계의 최대 원유 매장지역은 중동으로, 세계원유 가격이 지난 네 차례(1974년의 아랍원유 무역제한, 1979년의 이란 원유 무역제한, 1990년의 페르시안만 전쟁, 2003년 이라크 전쟁) 급격한 상승으로 인하여 경제에 많은 영향을 미쳤다. 그 결과 같은 기간 동안에 마이너스 경제성장과 무역적자가 급증했다. 재생에너지를 사용하면, 외국 원유 수입 의존도가 감소될 수 있다. 미국 DOE에 의하면, 운송용 연료의 약 10% 정도를 유기물질로부터 만들어지는 바이오연료로 대체하면 10년 동안 150억 불을 절약하고, 20%의 대체는 약 500억 불을 절약할 수 있는 것으로 예측한다. 이것은 경제적 안전, 국가적 안전뿐 아니라 에너지 안보도 강하게 해 준다.

연/습/문/제

01 석탄은 매장량이 풍부하지만 석유의 대량생산에 의하여 주요한 에너지로의 가치를 상실하였다. 이를 극복하기 위한 기술에는 무엇이 있는지 쓰시오.

02 석유는 현대사회에서 가장 많이 사용되는 주요한 에너지원이다. 석유제품의 용도에 따라 어떻게 분류되는지 쓰시오.

03 자연적으로 발생하여 지하에 매장된 혼합기체상태의 화석연료로, 메탄가스와 에탄, 프로판 등의 불활성기체로 구성되는 것은 무엇인가?

04 원자력에너지 또는 원자력이라고 불리는 에너지원의 정의를 쓰시오.

05 신재생에너지의 정의를 쓰시오.

06 대부분의 재생에너지에 직접 또는 간접적으로 연관되는 중요한 에너지원은 무엇인가?

07 우리나라에서 분류하고 있는 재생에너지와 신에너지를 쓰시오.

08 재생에너지의 중요성 4가지를 쓰시오.

Introduction to **ZERO ENERGY HOUSE**

06 신재생에너지(I)

태양광

1.1 태양으로부터의 에너지

재생에너지원의 근원인 태양의 외부온도는 6000°C, 중심부의 온도는 1500만°C 이상, 흑점온도는 4000°C이다. 수소 핵융합반응으로 생성된 태양에너지는 전자파인 복사에너지의 형태로 약 1억 5천만 km의 거리에 떨어져 있는 지구표면에 전달된다. 그림 6-1은 태양이 방출하는 에너지 총량에 대해 지구표면에 도달하는 양을 도식화한 것이다. 태양에서 방출하는 에너지를 100%라고 하면, 그 중 30%는 우주공간으로 반사되고, 20%는 구름과 대기에서 흡수되며, 나머지 50%가 지표면에 도달하여 우리가 이용할 수 있는 에너지원이 된다. 지구대기권 상부에 도달하는 태양에너지 입사량은 약 1,360 W/m^{2}로, **태양상수(solar constant)**라 하며, 시간에 따라서 약간 변동된다. 또, 지구표면의 특정한 위치에 따라 획득할 수 있는 태양에너지의 입사량은 위도, 계절, 하루 동안의 태양시간, 구름의 정도에 따라 0~1,050 W/m^2 사이에서 변화한다.

태양에너지의 대부분은 파장이 0.2~0.4 μm 영역에 존재하며, 최대에너지를 갖는 부분은 가시광선, 자외선, 적외선 영역으로 구분된다. 태양 복사에너지는 대기의 구름, 먼지, 공기 등에 의해 흡수되거나 산란된다. 자외선은 대기 상층부의 산소분자나 오존에 의

그림 6-1 태양이 방출하는 에너지가 지표면에 도달하는 양

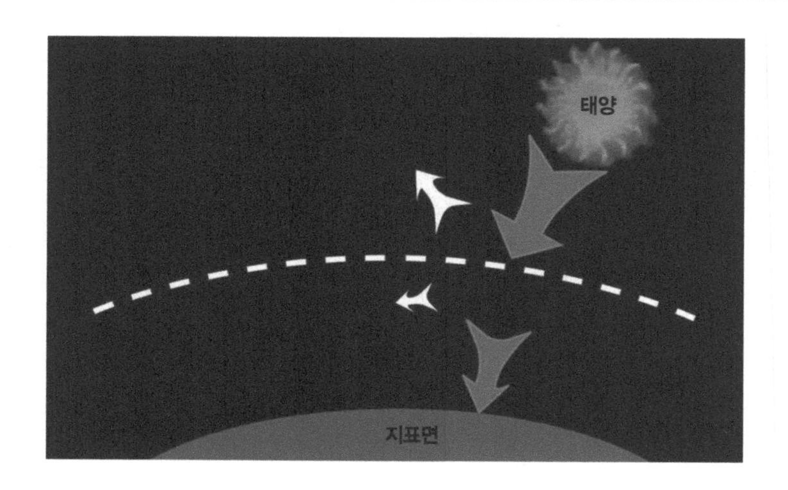

그림 6-2 태양광 발전

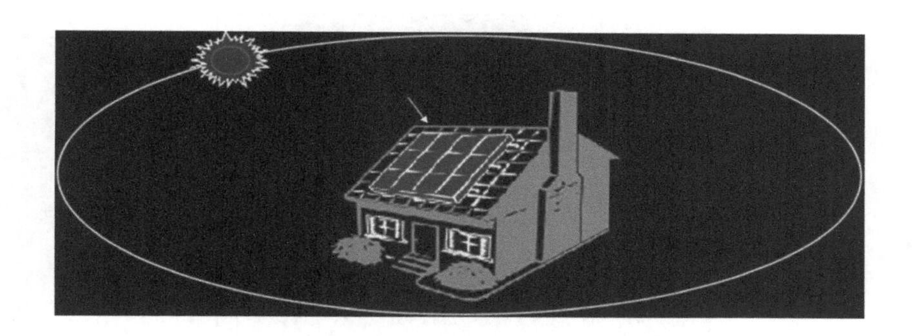

해 흡수되고, 적외선은 대기 중의 수증기 및 이산화탄소 등에 의해 흡수되며, 가시광선은 대기에 의한 흡수는 거의 일어나지 않고 대부분이 지표면에 도달한다. 태양에너지는 그 양이 거대하여 고갈되지 않으며, 환경 오염물질의 배출이 없는 등, 다른 에너지원에 비하여 우수한 특징을 갖고 있다. 그러나 에너지 밀도가 아주 낮아서 집적하여 이용하려면 비용이 상승하며, 자연조건에 따라 출력이 변동하는 단점이 있다. 태양에너지의 집적효율은 현재 20% 이하로 낮아서 집적효율을 높이기 위한 기술개발이 필요하다. 태양에너지는 이용 방식에 따라 크게 태양광 발전과 태양열 발전으로 구분된다. 본 절에서는 태양에너지를 직접 전기에너지로 변환시키는 태양광발전(그림 6-2)에 관하여 서술하며, 6.2절에서는 태양 복사에너지를 흡수하여 열에너지로 변환시켜 이용하는 태양열 발전에 관하여 설명한다.

일사량은 특별한 지정학적 위치에 입사하는 실제 햇빛의 양으로 정의되며, 때때로 특정지역의 일사량 값은 구하기가 어렵다. 태양복사량을 측정하는 기상청은 특정지역에서 멀리 떨어져 있어서 그 지역 일사량 데이터가 없을 수 있고, 획득 가능한 정보는 수평면에 대한 평균 복사량이다. 햇빛이 지구에 도달할 때, 모든 지역에 골고루 분포되지 않는다. 지구의 적도 근처는 다른 지역에 비해 더 많은 태양 복사를 받는다. 기울어진 지구의 공전축으로 계절이 변화함에 따라 햇빛이 있는 낮이 길어지기도 하고 짧아지기도 한다. 지구에 도달하는 태양 복사 에너지의 양은 지역, 계절, 하루의 때, 기후(특히 햇빛을 산란시키는 구름의 정도), 공기 오염에 따라 변동한다. 이러한 기후적인 요인들은 태양전지 시스템에 필요한 태양에너지 양에 영향을 준다. 그림 6-3은 대한민국의 전국 봄철 일평균 **법선면 직달 일사량 자원 분포도**를 나타낸다. 춘천분지 일원과, 진주, 광주, 전주, 대전, 청주, 영주, 포항 지역 일원을 잇는 분지지대가 일사량이 높은 지역이며, 해안지역인 목포일원이 전국에서 가장 낮은 지역임을 알 수 있다.

그림 6-3 전국 봄철 일평균 법선면 직달일사량 자원 분포도(단위 : kWh/m^2)

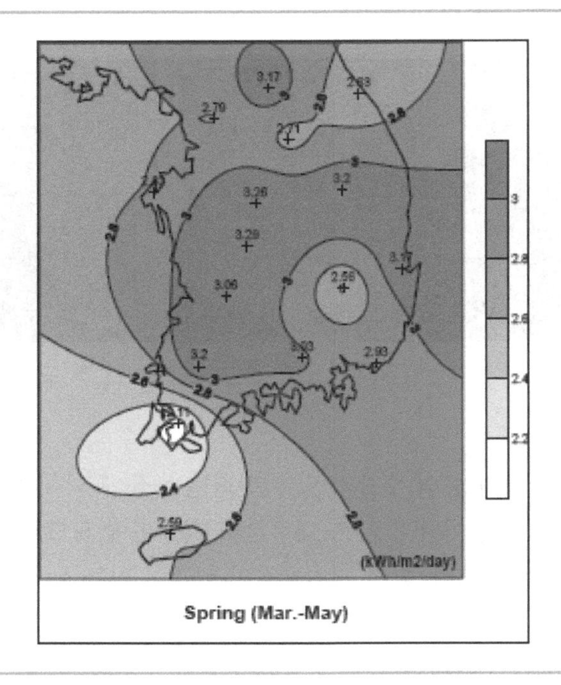

1.2 태양전지(PV; photovoltaics 또는 solar cell)

태양전지는 빛을 전기로 변환시키는 장치로, “photo”는 빛(light)이고, “volt”는 전기 연구의 개척자인 Alessandro Volta(1745−1827)의 이름에서 유래한다. 이미 우리생활에 중요한 부분이 된 PV는 문자적으로 빛으로부터 전기를 생산한다는 것을 의미하며, 일반적으로 태양전지(solar cell)라고 한다. 빛에너지를 전기에너지로 변환하는 태양전지 재료와 장치는 1839년에 프랑스 물리학자인 Edmond Becquerel에 의해 최초로 발견되었다. 과학이 발전함에 따라 20세기 전반부에 이르러서야 태양전지 가격이 감소되어 현대 에너지 생산 방식의 주류가 될 수 있었으며, 기술의 발전에 힘입어 태양전지 변환효율이 향상되기 시작하였다. 매일 사용하는 휴대용 계산기와 손목시계의 전원은 태양전지를 이용하는 가장 단순한 시스템이며, 복잡한 시스템으로는 물을 양수하거나, 통신장비, 가정집의 전등과 가전제품에 전원 등을 공급한다. 현재 사용하는 태양전지 시스템은 햇빛을 전기로 변환하는 효율이 7~17% 정도이고, 신뢰성이 높아서 수명이 20년 또는 그 이상이 된다. 태양전지로 생산되는 전기의 가격은 15~20배 정도 감소했으며, 태양전지 모듈은 W당 약 $6 수준으로 kWh당 25~50 ¢ 정도의 비용으로 전기를 생산한다.

그림 6-4 태양전지의 작동원리

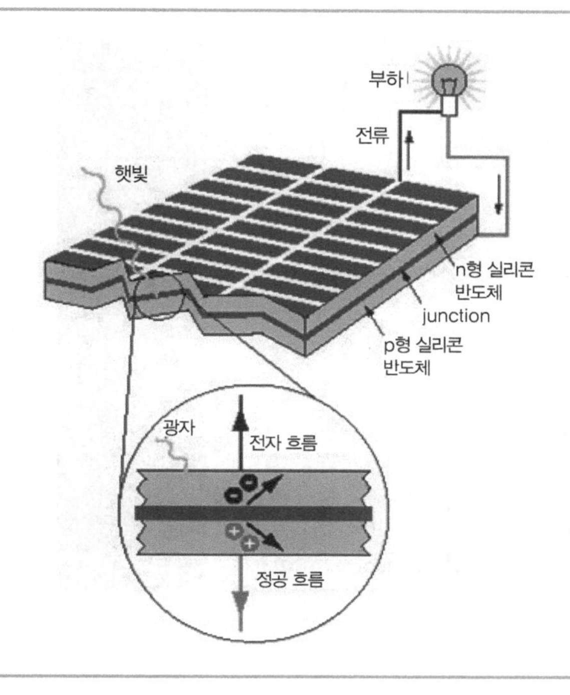

1.2.1 작동원리

햇빛을 전기로 변환하는 "**광전효과**"는 햇빛이 태양전지를 통과하며 발생하는 물리적 과정으로, 햇빛은 광자, 또는 태양에너지의 입자들로 구성된다. 광자들은 태양 스펙트럼에 걸쳐서 분포하며, 다양한 에너지 수준을 갖는 파장으로 나타난다. 그림 6-4는 태양전지의 작동원리를 도식적으로 나타내며, 태양전지는 반도체(주로 실리콘)로 구성된다. 태양전지에 햇빛(광자)이 입사되면 반사, 흡수 또는 통과되며, 그 중 흡수된 광자는 반도체를 구성하는 물질들과 상호작용을 한다. 광자에너지는 반도체의 원자 주변 전자에 전달되고, 전기회로에서 전류의 일부가 되는 원자와 결합된 전자는 자기위치로부터 탈출이 가능하게 된다. 전자가 자기위치를 이탈함에 따라 "**정공**(hole; 전자가 빠져 나간 것)"이 형성되며, 이러한 태양전지의 전기물성으로 인하여 외부부하에 전류를 흐를 수 있게 한다.

태양전지 내부의 전기장을 형성하기 위하여 2개의 분리된 반도체를 적층하여, 접촉면에서 p/n junction을 만든다. 그림 6-5는 p층과 n층을 나타내며, 두 층은 전기적으로 중성이다. n형 실리콘은 과도한 전자를, p형 실리콘은 과도한 정공을 갖기 때문에, 음극(−)과 양극(+)의 극성을 갖는다. p형과 n형 반도체가 적층될 때, n형 재료의 과도한 전자는 p형으로 흐르고, 이러한 과정 동안 정공은 n형으로 흐른다(정공 이동의 개념은 액체의 기포와

그림 6-5 n층과 p층의 반도체를 적층한 태양전지 내부

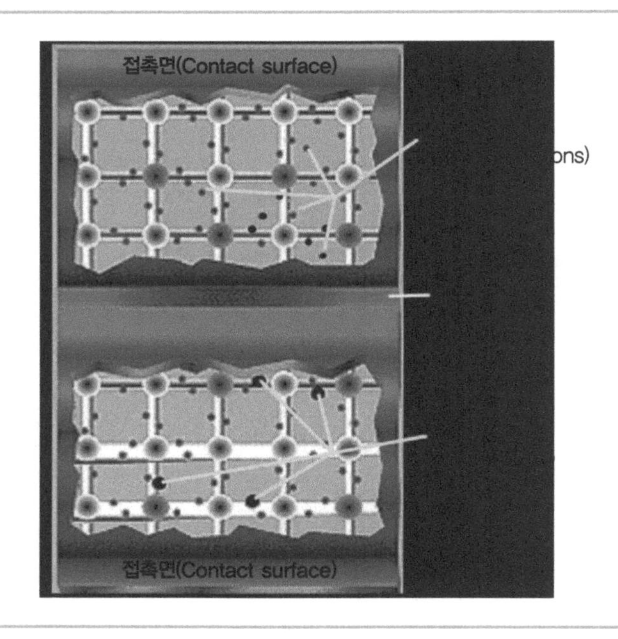

같다. 실제로 이동하는 것은 액체이지만, 반대방향으로 이동하는 것과 같이 기포의 이동을 표현하는 것이 더 쉽다). 전자와 정공의 흐름으로 2개의 반도체는 junction의 표면에서 만나 전기장을 형성하며, 이러한 전기장은 전자를 반도체로부터 표면으로 연결시켜 전기회로가 가능하도록 한다. 동시에 정공은 유입 전자들을 기다리는 양극 표면을 향하여 반대방향으로 움직인다.

1.2.2 셀(cell)과 배열(array)

그림 6-6은 태양전지 시스템의 단위를 나타내며, 셀, 모듈, 배열을 각각 표시한다. 태양전지 셀은 태양전지 시스템의 기본단위로, 대규모 용도의 충분한 전원공급이 어렵다. 셀 한 개의 크기는 1~10 cm 정도로, 1개의 셀은 1~2 W의 전력을 생산한다. 여러 개의 셀을 연결하여 구성된 **모듈(module)**은 출력을 증가시킬 수 있다. 비정질실리콘(amorphous silicon)과 카드뮴 텔루라이드(cadmium telluride; CdTe)와 같은 얇은 박막 물질은 직접적으로 모듈로 제작 가능하며 태양전지 셀보다 효과적이다. 이들 2개의 실리콘 모듈은 각각 50 W의 전력을 생산할 수 있으며, 12 V 밧데리 저장장치를 사용하여 가로등의 전원을 공급한다. 모듈은 여러 개로 서로 연결되어 더 큰 unit인 배열을 만들어 대규모의 전원을 생산할 수 있으며, 배열은 수 MW의 전기를 공급하는 데 사용된다. 이러한 방법으로 필요한 전력양에 따라 태양전지 시스템을 구성할 수 있다. 모듈 또는 배열 그 자체로는 태양전지 시스

그림 6-6 셀, 모듈, 배열

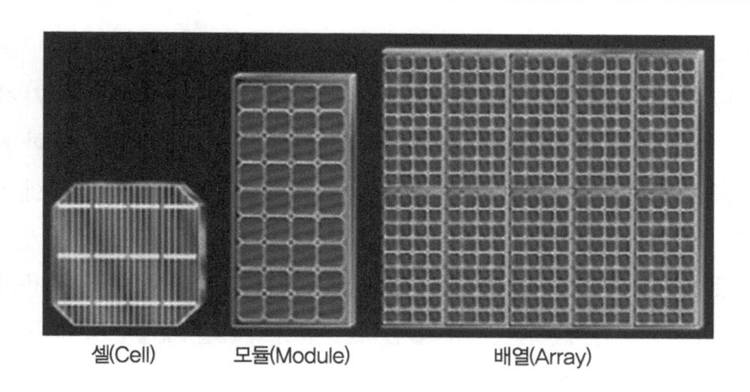

템을 구성할 수 없다. 햇빛을 향하여 지지할 수 있는 구조물과 특별한 용도에 적용 가능하도록 모듈 또는 배열에 의해 생산된 직류전기를 송배전할 수 있는 부품 등이 필요하다. 이러한 구조물과 부품들은 6장 1.4절에서 설명할 것이다.

1.3 태양전지 시스템

1.3.1 평판시스템(flat-plate system)

평판집광기(flat-plate collector)는 일반적으로 강체의 평면에 장착된 많은 셀의 단면적을 사용한다. 이러한 셀은 햇빛이 통과하며 주위 환경으로부터 보호될 수 있도록 투명한 덮개

그림 6-7 일반적인 평판 모듈 설계

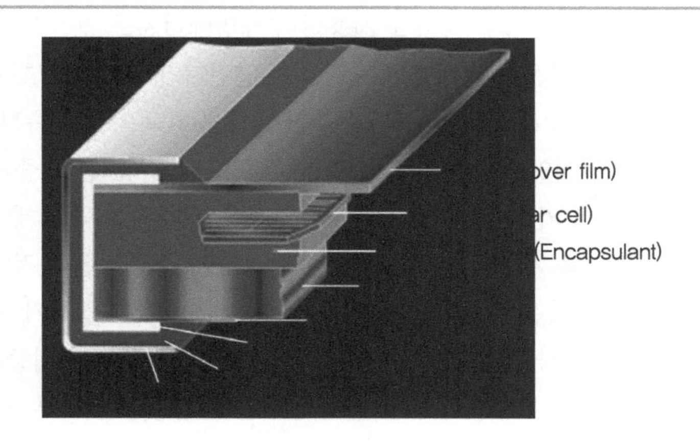

에 의해 싸여 있다. 그림 6-7은 일반적인 평판 모듈의 구성을 나타내며, 후면에 구조적인 지지가 가능한 금속기판, 유리, 또는 플라스틱의 기질 ; 셀 보호를 위하여 캡슐 안에 든 물질 ; 플라스틱 또는 유리를 채택한 투명한 덮개를 사용한다.

평판집광기는 **집중형집광기(concentrator collector)**와 비교하여 여러 가지 장점이 있다. 설계와 제작이 간단하며, 특별한 광학장치나 특별히 설계된 집광기, 또한 태양을 정확하게 추적할 장착 구조물 등이 필요하지 않다. 일반적으로 강체와 평판 표면에 설치되어 있는 대량의 셀을 포함하는 평판집광기는 직접광과 구름, 지표면, 물체로부터 반사되는 확산광 등의 모든 햇빛에 사용 가능하다. 평판시스템의 단점은 대량의 셀을 사용하기 때문에, 작은 집중형집광기가 생산하는 같은 양의 전력을 생산하려면 태양전지 재료 면적이 넓어야 한다. 태양전지 시스템의 셀은 고가의 부품이므로 경제적이지 못하며, 특히 소규모 적용 시 상대적으로 대형인 평판집전장치가 필요하기 때문에 경제적으로 가치가 없다.

1.3.2 집중형 시스템(concentrator system)

태양전지 배열의 성능은 여러 가지 방법으로 향상시킬 수 있다. 한 방법은 돋보기를 사용하는 것과 유사하게, 햇빛을 렌즈로 모아 집중시키는 광학을 채택하여 태양전지 소자에 입사하는 햇빛의 강도(intensity)를 증가시키는 것이다. 그림 6-8은 일반적인 기본 집중형 unit으로, 빛을 집중하는 렌즈, cell 부품, 하우징 단위, cell에 입사 중심을 비켜난 빛 광선을 반사시키는 2차 집중기(concentrator), 집중된 햇빛에 의해 생성된 과도한 열을 소산시키는 메커니즘, 다양한 접촉과 접착제 등으로 구성된다. 그림의 모듈은 2×6 matrix에 12개의 cell unit을 사용한다. 이러한 기본적인 unit은 필요한 모듈을 생산하기 위하여 다른 형상과도 조합되어 사용될 수 있다.

집중형을 선택하는 주된 이유는 태양전지가 단면적 기준으로 시스템에서 가장 고가이므로, 태양전지 재료의 면적을 감소시키려는 것이다. 집중기는 플라스틱 렌즈, 금속 하우징 등과 같은 상대적으로 비싸지 않은 재료를 사용하여 태양에너지를 넓은 면적에 걸쳐 획득한 후, 태양전지가 위치한 작은 면적에 집중시킨다. 태양전지가 획득하는 햇빛 양의 집중도로 정의되는 집중비(concentration ratio)는 이러한 방법을 효과적으로 측정할 수 있게 한다. 전력을 증가시키면서 태양전지 셀의 크기 또는 개수를 감소시키는 집중기는 집중된 빛 하에서 셀의 효율을 증가시키는 부차적인 장점이 있다. 셀 효율은 셀의 설계와 재료에 따라 크게 의존된다. 넓은 면적을 가지며 고효율의 셀을 생산하는 것은 적은 면적의 셀을 생산하는 것보다 어렵기 때문에, 작은 개개의 셀을 사용할 수 있다는 것이 집중기의 또 다른 장점이 된다. 반면에, 집중기를 사용하는 단점들도 있다. 예를 들면, 필요한 집중형 광학장치는 평판 모듈의 단순한 덮개보다 상당히 고가이며, 대부분의 집중기는 하루 종일, 또는 연중

그림 6-8 일반적인 기본 집중형 unit

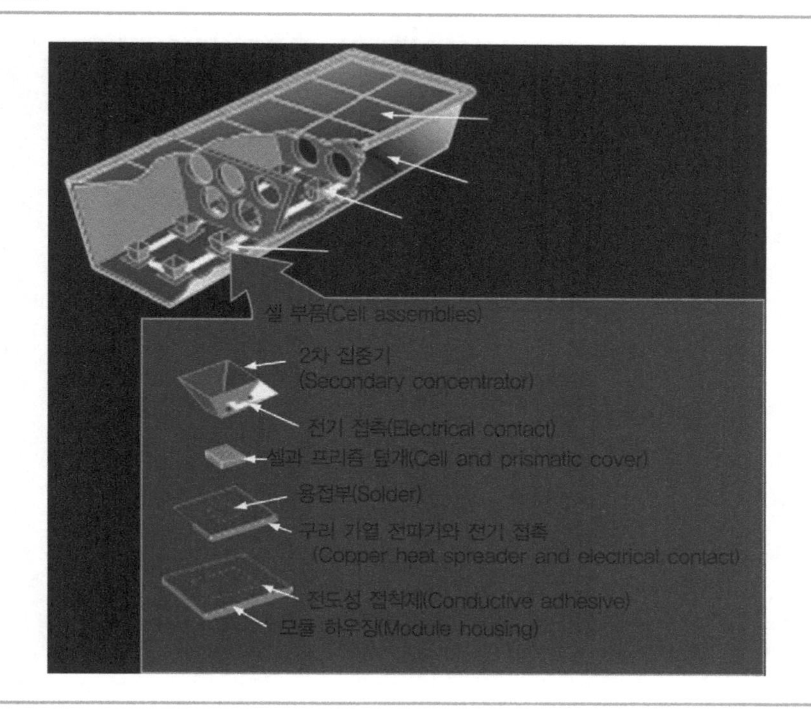

효과적으로 태양을 추적해야 한다. 따라서 높은 집중비는 고가의 추적 메커니즘과 고정용 구조물의 평판시스템보다 더 엄밀한 제어장치를 요구한다. 과도한 복사가 집중되어 열을 발생시킬 때 셀의 작동온도는 증가하기 때문에, 높은 집중비는 특별한 문제가 된다. 온도가 증가함에 따라 셀의 효율은 감소하고, 높은 온도는 태양전지 소자의 안정성을 위협한다. 따라서 태양전지 소자는 온도가 낮게 유지되어야 한다.

1.4 태양전지 시스템의 구조물과 부품들

완벽한 태양전지 시스템은 3개의 부 시스템으로 구성되며, 햇빛을 직류로 변환하는 태양전지 장치(전지, 모듈, 배열 등), 부하가 있거나 광전을 사용하기 위한 적용, 광전을 부하에 적절히 적용할 수 있도록 제3의 부 시스템이 필요하다. 이러한 제3의 부 시스템을 일반적으로 **BOS(balance of system)**라고 한다. 그림 6-9는 태양전지 시스템에 의해 생성된 전기를 최종부하에 연결한 결선도를 나타내며, **독립전원형**과 **계통연계형**으로 구분된다. 독립전원형은 밧데리 저장장치를 이용하여 밤낮으로 직류를 공급하고, 계통연계형의 가정에서 태양전지는 낮 동안 전기를 생산하여 인버터를 통하여 교류로 변환시킨다. 이러한 계통연

그림 6-9 태양전지 시스템으로 생산한 전기를 최종부하에 연결한 결선도 (a) 독립전원형 (b) 계통연계형

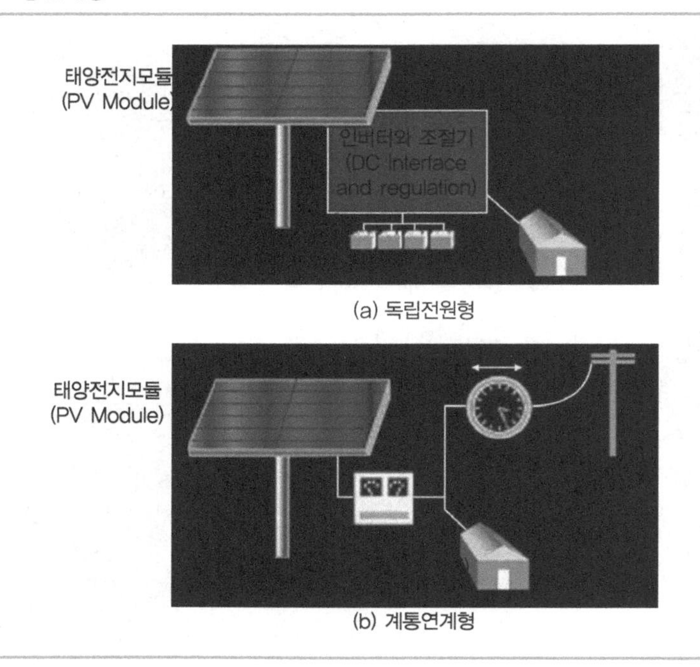

(a) 독립전원형

(b) 계통연계형

계형은 낮 동안 잉여전기를 전력망을 통하여 전력회사에 판매할 수 있으며, 밤이나 흐린 날에는 전력망을 통하여 전기를 공급 받을 수 있다.

일반적으로 BOS는 태양전지 배열 또는 모듈을 지지하는 구조물과 직류를 필요한 교류부하에 적절한 형태나 크기로 변환하거나 조절하는 전력조절기로 구성된다. 필요한 경우, BOS는 태양전지로 생산된 전기를 구름이 있는 날이나 밤에 사용하기 위하여 밧데리 같은 저장장치를 포함한다.

1.4.1 장착구조물

태양전지 배열은 바람, 비, 우박, 기타 기상악화 조건에 대해 견딜 수 있도록 안정되고 내구성이 있는 구조물로 장착되며, 장착 구조물은 태양을 추적할 수 있도록 설계된다. 고정용 구조물은 보통 평판시스템(flat-plate system)에 사용되며, 태양전지 배열을 장소의 위도, 부하의 요구조건과 햇빛의 유용성 조건에 따라 결정되는 고정각(fixed angle)에 맞추어 기울여서 설치한다. 그림 6-10은 고정용 장착 구조물의 선택 사양 중에 장착된 랙을 나타내며, 다용도이고 상대적으로 단순한 구조물과 설비가 요구됨으로 지상 또는 경사진 지붕에 쉽게 설치 가능하다.

그림 6-10 고정용 장착 구조물의 선택 사양 중에 장착된 랙

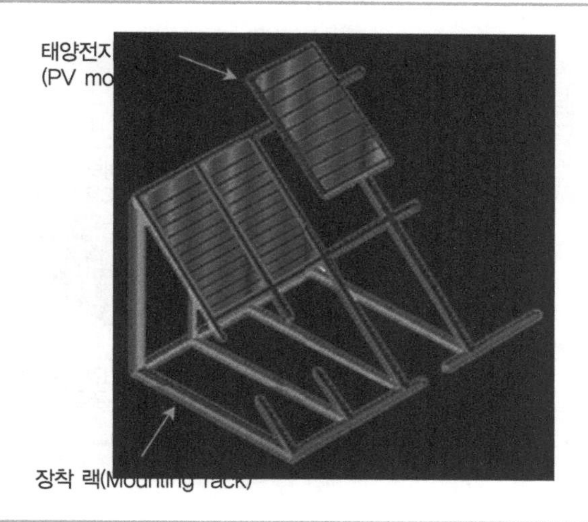

1.4.2 추적 구조물(tracking structure)

일반적으로 2가지 종류의 추적 구조물은 일축과 이축으로 구분된다. 일축 추적장치는 낮 동안 태양이 동쪽에서 서쪽으로 움직이는 것을 추적하며, 평판시스템과 일부의 집중형 시스템에 사용한다. 이축 장치는 주로 태양전지 집중형 시스템에 사용하며, 태양의 낮 동안 진로와 북반구와 남반구 사이의 계절 진로도 추적한다. 복잡한 시스템은 고가이며 더 많은 유지 · 보수가 필요하다. 그림 6-11의 집중형 시스템은 집중인자를 높게 하여 태양을 추적하는 메커니즘이 필요하며, 이러한 특별한 시스템은 강화 콘크리트 다리, 시스템의 중간부에 위치하는 태양 센서, 이축으로 추적할 수 있는 구동 메커니즘으로 구성된다.

그림 6-11 이축 추적 구조물

그림 6-12 전력조절기를 사용하는 PV 시스템

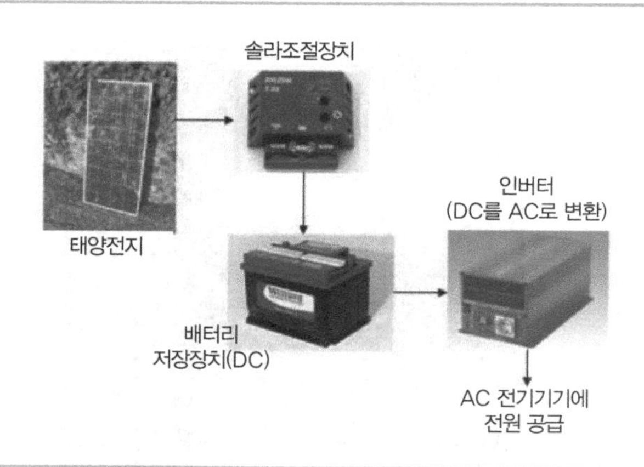

1.4.3 전력조절기(power conditioner)

그림 6-12의 전력조절기는 PV 시스템으로 생산한 전기를 특별한 부하 요구조건에 만족하도록 조절하는 장치로, 이러한 장치들은 대부분 표준형이지만 부하의 특성과 성능을 조화시키기 위해 중요하다. 전력조절기는 전기출력을 최대화하기 위하여 전류와 전압을 제한하고, 직류를 교류로 변환한 후, 변환된 교류전류를 기존 전력망에 송전한다. 또 보수나 점검 시, 안전을 위하여 기존 전력망과 수리하는 사람을 보호하는 기능들을 수행해야 한다. 전력조절기의 요구조건은 일반적으로 시스템의 적용과 조합에 의존한다. 직류적용은 전력조절기가 출력을 최대화하도록, 전류와 전압의 일정수준에서 출력을 제어하는 조절장치(regulator)에 의해 수행된다. 교류적용 시 전력조절기는 태양전지 배열에 의해 발전된 직류를 교류로 변환하는 인버터를 포함한다.

1.4.4 저장장치

태양전지 시스템이 완전하려면 햇빛이 있는 낮뿐만 아니라, 야간이나 흐린 날에도 전기가 필요하다. 따라서 기존 전력망과 연결이 없으면 밧데리 보조 시스템과 같은 저장장치가 필요하다. 밧데리는 재생 시 약 80% 정도만 에너지변환이 가능하기 때문에 태양전지 시스템의 효율을 감소시키는 단점이 있다. 또, 전체 시스템의 비용을 상승시키며 매 5년에서 10년마다 교체해야 한다. 따라서 밧데리 설치 공간의 필요, 안전 문제, 주기적인 보수가 요구된다. 태양전지와 같이 밧데리는 직류장치로, 직접적인 직류부하에 적합하지만, 밧데리는 전력조절기로서도 사용되므로 태양전지 배열이 최적의 전기 출력에서 작동되도록 한다.

1.4.5 충전 제어장치

인버터는 태양전지 시스템이 생산한 직류전기를 교류전기로 변환하고, 충전 제어장치는 과충전이나 과도한 방전으로부터 전기 저장장치인 밧데리를 보호한다. 대부분의 밧데리는 전해질의 손실을 야기하거나 밧데리 극판에 피해를 주는 과충전과 과도한 방전으로부터 보호되어야 한다. 보호 장치로는 대개 시스템의 전압을 유지하는 충전제어기를 사용하고, 대부분의 충전제어기는 야간에 밧데리 팩으로부터 흐르는 전류를 차단하는 메커니즘을 갖는다.

1.5 태양전지의 장점

태양전지발전은 디젤발전기, 밧데리, 기존의 전력원보다 장점들이 있다. 다음과 같은 장점들로 인하여 태양전지가 일상생활의 전원으로 선정되는 경우가 점진적으로 늘어나고 있다.

- 보수가 필요 없는 오랜 시간 동안 유지보수 문제없이 작동되기 때문에 신뢰도가 높다.
- 햇빛으로 전기를 만들기 때문에 연료는 공짜이며 이동부가 없어서 유지비가 거의 필요 없다.
- 환경을 오염시키는 배기가스와 유해물질이 발생하지 않고 소음이 없어, 환경 친화적인 청정에너지이다.
- 에너지 요구조건에 따라 다양한 크기로 시공될 수 있으며, 에너지 수요가 변함에 따라 확대하거나 이동할 수 있는 모듈화의 장점이 있다.
- 전기를 소비하는 장소에 설치할 수 있어, 시공비용이 적게 들며, 시공기간도 짧다.

02 태양열

태양 복사에너지를 흡수하여 열에너지로 변화시켜 이용하거나, 복사광선을 고밀도로 집광해서 열발전장치를 통해 전기를 발생하는 **태양열 발전시스템**은 집열온도에 따라 중고온 또는 저온으로 사용한다. 저온분야는 상업용 또는 주거용 건물에 냉난방 및 급탕에 이용되며, 중고온분야는 산업공정열 및 열발전 등에 이용된다. 햇빛이 물체에 닿으면 분자운동이 활발하게 일어나 열에너지로 변환되며, 태양에너지 밀도는 상당히 낮기 때문에 중고온의 열에너지로 이용하려면 집중을 시켜 에너지 밀도를 높여야 한다. 집중된 빛은 집열기에

그림 6-13 전국 연평균 1일 법선면 직달일사량 자원분포도

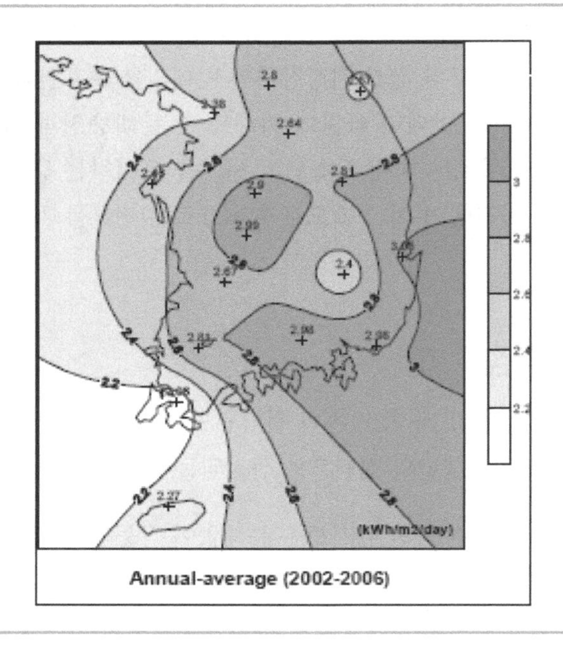

서 열에너지로 변환되고, 이 열에너지로 고압의 증기를 발생시켜 터빈을 구동하여 전기발전기로부터 전기를 생산하는 방식을 태양열발전이라고 한다. 그림 6-13은 우리나라의 전국 연평균 1일 **법선면 직달일사량 자원분포도**로, 전국이 하루에 2.67 kWh/m^2 정도의 법선면 직달일사를 받는 것으로 나타났다. 포항분지 일원이 일사량이 매우 높으며(3.0 kWh/m^2 이상), 진주분지, 김해평야, 청주, 대전, 영주분지, 광주지역 등이 평균 이상의 비교적 일사량이 높은 지역(2.8∼3.0 kWh/m^2)으로 분류된다.

2.1 태양열 난방(Solar Heating)

태양열 에너지의 저온적용 분야에는 온수, 급탕, 공간의 냉·난방을 포함한다. 건물은 햇볕의 장점을 획득하도록 설계되며, 건물의 태양열 난방 등으로 투자비를 회수할 수 있다. 태양열 난방은 건물의 설계 시에 고려되기도 하고, 기존 건물의 개량에도 적용된다. 건물의 공간난방을 위하여 공기를 가열하거나 온수를 공급하는 데 사용되는 태양열 난방은 단순히 대형 유리창을 사용하여 더 많은 빛과 열을 유입시키는 수동적인 방법과, 송풍기와 같은 기계장치가 햇빛으로부터 얻는 열을 증가시키는 능동적인 방법으로 구분한다. 그림 6-14는 태양열 시스템으로 가열된 온수를 사용하는 주택을, 그림 6-15는 기존 전력망과 전기료가 필요 없는 태양전지(열) 주택을 각각 보여준다. 이 태양열 주택은 능동적 태양열 시스

그림 6-14 태양열 시스템으로 가열된 온수를 사용하는 주택
(Source: Industrial Solar Technology, NREL/PIX 12964)

템(14개의 태양전지 패널, 24 V의 전기가 충전제어기를 통해 밧데리 저장소에 공급, 20개의 6V 220 Ah 밧데리가 직렬로 4개, 병렬로 5개 연결되어 1,100 Ah로 공급, 변환센터가 밧데리 저장소에 연결, 프로판 보조 발전기 작동)과 수동적 태양열 시스템(12개의 6 평방 feet 남측면 유리창, 22개의 1×2 feet 개폐가능 유리창, 보조열원으로 장작난로, 절전용 초소형 형광등)을 사용한다.

태양열 냉난방 시스템은 집열기로 얻은 태양열을 냉방기의 구동열원으로 사용하거나 직접적인 난방 또는 온수 · 급탕에 사용한다. 그림 6-16은 태양열 난방 시스템 개요를 나타내며, 집열, 저장, 분배, 운송, 제어, 보조열원 등이 주요 구성요소이다.

그림 6-15 기존 전력망과 전기료가 필요 없는 태양전지(열) 주택

그림 6-16 태양열 난방 시스템 개요

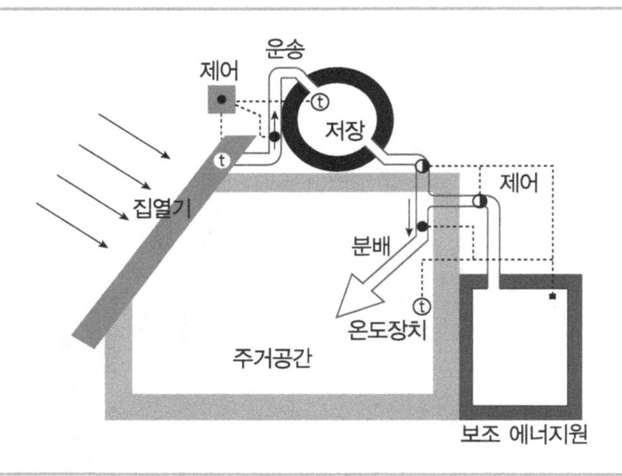

입사되는 일사를 **집열기(collector)** 표면에 흡수시켜 열에너지로 변환시키는 역할을 하는 집열기는, 집열 전에 태양에너지를 모으는 방식에 따라 집광형과 비집광형으로 나눈다. 그림 6-17은 집열기의 일종인 평판집열기의 구조와 열전달을 도식적으로 나타내며, 집열기는 일반적으로 덮개, 흡수체, 에너지 순환장치, 절연체로 구성된다. 투명한 유리나 플라스틱을 사용하는 덮개는 열흡수면의 복사와 대류에 의한 열손실을 최소화한다. 유리나 플라스틱은 단파장인 태양복사선에 대해 높은 투과율을 가지며, 장파장인 지구복사에 대해서는 높은 흡수율을 갖기 때문에 태양열을 감금하는 역할을 한다. 집열기는 태양광선에 수직인 경우 가장 효율적으로, 햇볕이 집열기에 입사하는 각도가 30° 보다 작을 때 반사에 의한 손실이 집열되는 열보다 많다. **흡수체**는 일사 흡수율이 높고 방사율이 낮은 재료를 사용한다. 열매체로 가스나 액체를 사용하는 경우에는 열전도율이 큰 것을 사용한다. 현재는 흡수표면의 열흡수율을 높이기 위해 페인트나 선택 흡수막 코팅을 한다. 낮 동안에 남는 열을 저장하는 **축열장치**는 벽돌, 온수 저장탱크, 화학 상변화물질, 밧데리 등으로 다양하다. **분배장치**는 집열기 및 축열장치로부터 공급된 열을 주택 내 각 소비처에 분배하는 장치로, 덕트나 배관으로 온풍이나 온수를 공급한다. 집열기와 축열장치로부터 열을 운반하는 액체순환시스템을 갖춘 **운송장치**는 집열기와 축열장치 사이를 흐르는 열매체의 조절 기능도 갖고 있다. 액체 · 가스 시스템에서는 덕트, 펌프, 밸브, 배관, 송풍기 등으로 구성된다. **제어장치**는 시스템이 효율적으로 잘 작동될 수 있도록 작동상태를 감지, 평가, 제어함으로 시스템을 보호한다. 즉 각 부분에서 온도를 감지한 후, 밸브를 ON/OFF 제어하여 적정한 온도를 유지한다. 태양열 시스템의 고장이나 기후적으로 작동시킬 수 없는 상황에도 주택의 에너지를 공급하기 위하여 **보조열원**이 필요하다. 풍력시스템, 가스공급설비, 디젤엔진 등의 보조열원이 태양열 시스템과 연계되어 사용된다.

그림 6-17 평판형 집열기의 구조와 열전달

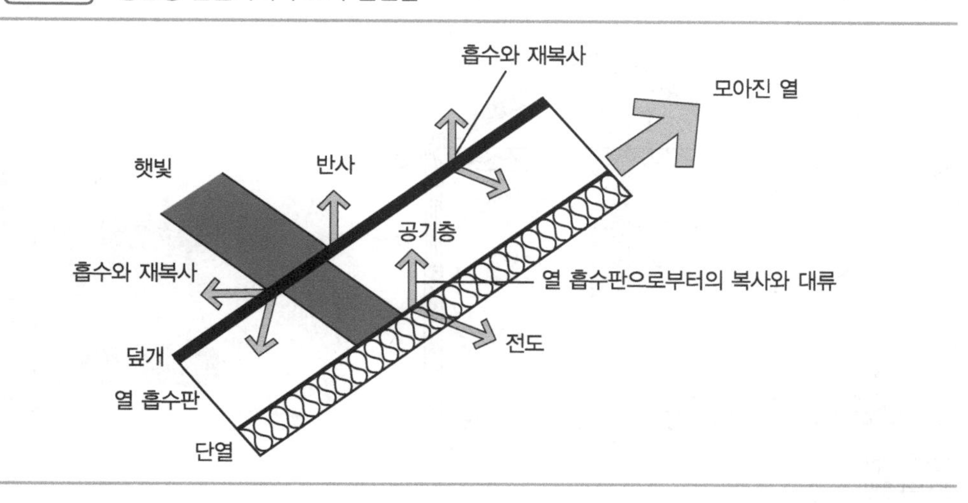

2.2 수동적 태양열 난방(Passive Solar Heating)

수동적 태양열 난방은 부가적으로 다른 기계적인 보조 없이, 태양이 모든 일을 하는 방식이다. 공간 난방 시, 수동적 태양열 난방 설계는 태양으로부터 따뜻한 기운을 얻기 위하여 남측면 유리창과 마루 또는 벽의 재료를 가능한 큰 것을 사용하여 낮 동안 열기를 흡수하고, 열이 필요한 밤에는 그 열기를 방출한다. 건물의 남쪽은 햇빛의 많은 부분을 받기 때문에 대형 유리창을 많이 사용하는 수동적 태양열 난방형으로 설계되며, 난방비용의 50% 정도를 감소시킬 수 있다. 지역기후와 상관없이 그 방향은 남쪽을 향하지만, 기후에 따라 방법은 다르다. 추운 지역에서 남측 유리창은 태양열이 추위에 대해 단열되도록 설계하고, 열대 또는 온대 기후에서는 열이 잘 배출되도록 한다. 수동적 태양열 설계방법에는 직접획득(direct gain), 간접획득(indirect gain), 고립획득(isolated gain) 등이 있다. 가장 단순한 직접획득은 햇볕이 직접 건물로 입사하여 타일이나 콘크리트 같은 재료를 덥히고 열에너지를 저장한 후 천천히 방출한다. 간접획득은 열을 유지, 저장, 방출하는 재료가 태양과 거주공간 사이에 위치하는 것을 제외하고 직접획득과 비슷한 개념을 사용한다. 주요 거주 공간으로부터 고립되어 있는 고립획득은 썬룸(sunroom)이 집에 부착되어 있다. 일광욕실로부터 더운 공기가 집의 다른 부분까지 자연적으로 흐른다.

2.2.1 직접획득형

직접획득은 태양열을 간섭 없이 사용하며 같은 공간에서 열을 획득, 저장, 분배한다. 햇빛은 유리창을 통과하며, 통과한 열은 실내에서 바닥이나 내벽에 저장된다. 겨울에는 햇볕에 직접 노출되었을 때 바닥이나 내벽이 태양열을 흡수하고 찬 밤에는 공간으로 열을 복사한

그림 6-18 직접획득형 태양열 시스템과 주택

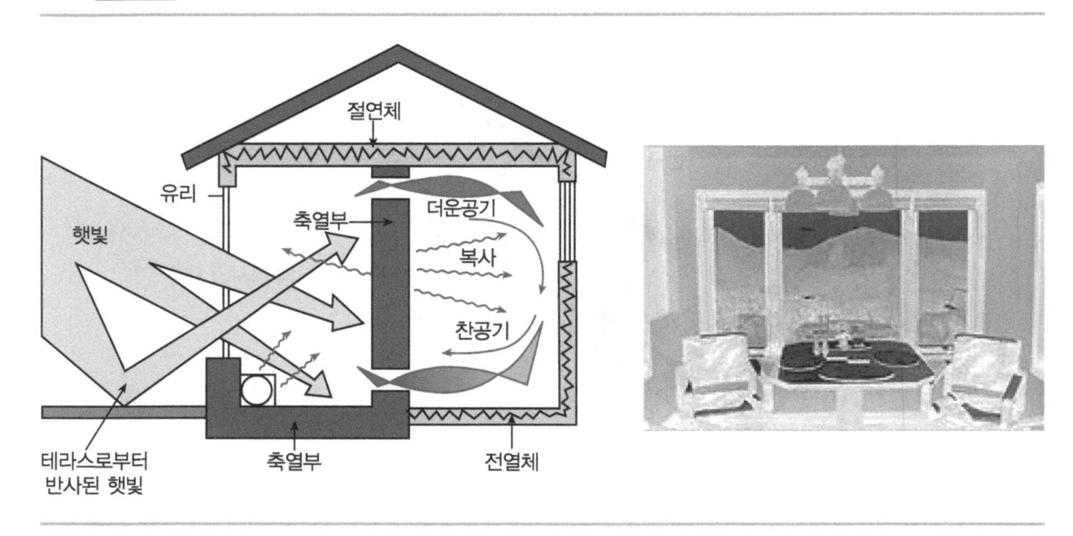

다. 여름에는 그 반대로 작동한다. 바닥이나 내벽은 햇볕을 직접 받지 않고 실내에서 열을 흡수하고 실내온도를 차게 유지하도록 돕는다. 가장 효율적인 **축열부(thermal mass)**는 직접적인 햇빛이 없을 때 열을 보유할 수 있도록 촘촘하고 무거운 물질로 구성되며, 거주공간의 구조체를 축열체로 이용한다. 축열부는 특별히 평평하고 어두운 색이 칠해져 있는 콘크리트, 돌, 벽돌로 만들어진 내벽 또는 실내 바닥, 어두운 색을 갖는 원통, 탱크, 물이 차 있는 드럼, 바위 용기 등이 될 수 있다. 여름에는 태양열 차단을 위하여 적정길이의 차양을 설치함으로 냉방을 구현할 수 있다. 그림 6-18은 직접획득형 태양열 주택을 도식적으로 설명하며 이 방식을 채택한 Colorado 주 산속주택의 사진을 나타낸다.

2.2.2 간접획득형

간접획득은 직접획득 시스템과 같은 재료와 설계원리를 사용하지만, 태양과 난방 공간 사이에 바위나 액체를 담은 축열부를 포함한다. 태양열은 유리창을 통과한 후 획득되어 유리창과 두꺼운 벽돌 벽 사이의 좁은 공간에 위치하며, 이렇게 가열된 공기는 상승하여 벽의 상부에 위치한 통기구를 통하여 실내로 분배된다. 찬 공기는 벽의 하부에 위치한 통기구로 이동하며, 가열된 공기는 대류에 의해 실내로 순환된다. 축열부는 계속해서 열을 흡수하고 일몰 후 실내로 열을 복사하기 위해 저장한다. 밤에 따뜻한 공기가 빠져나가지 못하도록 통기구에 통풍조절장치를 설치할 수 있으며, 하절기에는 이러한 과정이 역으로 작동한다. 축열부는 실내에서 열을 흡수하는 동안 온도를 차게 유지시키도록 직접 햇빛 받는 것을 방해한다. 이러한 간접획득 시스템은 일반적으로 능동적 태양 시스템과 연계된 평판형 집열기(flat-plate collector)

그림 6-19 간접획득형 태양열 시스템

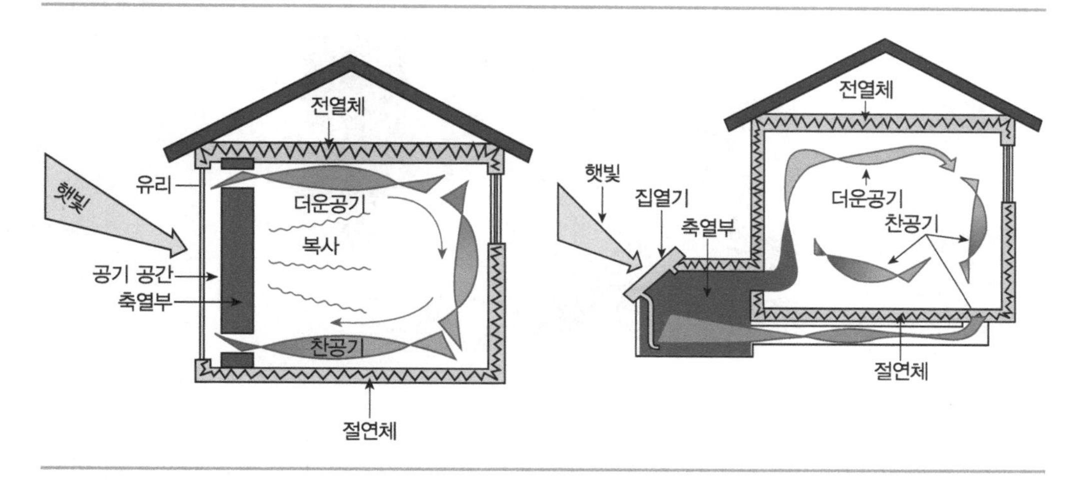

를 사용할 수 있다. 집열기는 열의 자연대류(따뜻한 공기는 상승하며 차가운 공기는 하강)를 이용하기 위해 항상 축열부 저장탱크 또는 용기 아래에 설치된다. 햇빛은 집열기에 의해 흡수되고 열은 축열부로 전달된다. 집열기와 축열부의 공기가 따뜻해지면 공기는 상승하고 배관과 통기구를 통하여 거주공간으로 유입되고, 공기가 차가워지면 다시 가열되기 위하여 회수관으로 돌아간다. 이러한 시스템을 **열사이폰(thermosiphon)**이라 한다. **축열벽형(Trombe wall)**도 1956년 건축가인 Jacques Michel과 과학자인 Felix Trombe에 의해 개발된 간접획득 시스템이다. 축열벽형은 30~40 cm 두께를 갖는 검정색 면의 벽돌 또는 남측면의 콘크리트 벽을 태양열 집열기로 작동시킨다. 모든 간접획득 시스템과 같이 벽은 공기가 있는 공간에 의해 판유리로부터 분리되어 있다. 하루 종일 실내에 따뜻한 공기를 유지하고, 열이 축열부를 통하여 완전히 지나가려면 6~8 시간 걸리기 때문에, 벽의 복사열은 밤에도 실내를 따뜻하게 한다. 그림 6-19는 간접획득형 태양열 시스템을 도식적으로 나타낸다.

2.2.3 고립획득형

직접획득과 간접획득이 조합된 시스템인 고립획득형 또는 부착온실형**(attached greenhouse)**은 햇빛이 비치는 공간에서 다른 근접한 방으로 열이 이동되는 대류에 주로 의존한다. 햇빛으로 직접 난방하는 공간은 집의 다른 부분으로부터 분리되어 있다. 19세기에는 이런 공간을 보통 가옥에 부속된 온실로, 후에 일광욕실(solarium)로 알려져 있으며, 현재에는 부착온실 또는 썬룸으로 부른다. 이러한 공간의 기원은 로마시대로 거슬러 올라가며 겨울에 황제의 채소를 경작하는 데 사용했다고 한다. 썬룸은 고립획득형 태양열 시스템의 용도로 많이 사용하며, 새로운 집의 일부분으로 또는 기존 집의 부속공간으로 시공될 수 있

그림 6-20 열 저장 벽돌축열부를 사용하는 부착온실형 주택의 내부사진

다. 썬룸은 유리창이 많기 때문에 높은 열획득과 열손실을 가지며, 열손실과 열획득에 의한 온도변화는 축열부와 낮은 방사 유리창으로 보완될 수 있다. 축열부는 벽돌마루, 벽돌 벽, 물탱크 등으로 구성되고, 집으로 열의 분배는 천장, 마루의 통기구, 유리창, 문, 팬을 통하여 이루어진다. 대부분의 집주인이나 건축업자는 썬룸의 온도변화에 과도하게 영향을 받지 않고 집안이 쾌적하도록 문 또는 유리창으로 썬룸을 격리한다. 썬룸은 온실과 비슷하지만, 온실은 식물을 재배하기 위하여 설계되고, 썬룸은 가정에 난방과 미적인 환경을 제공하기 위하여 설계된다. 부착온실은 건물의 다른 부분보다 온도가 높기 때문에, 집 난방을 위한 대류 공기의 흐름이 따뜻한 공기를 순환시킨다. 온실에서는 여름동안 과도한 열을 배출시키기 위하여 작동 가능한 유리창 또는 통기구가 필요하다. 부착온실의 종류와 유리창의 개수, 크기에 따라 내부차양이 필요하기도 하다. 부착온실은 집의 난방을 보조하기 위하여 사용될 수 있으나, 소규모 보조열원이 여전히 필요하다. 단순하고 신뢰성 있는 썬룸의 설계는 천장유리가 없는 공간에 수직 창을 설치하는 것으로, 식물재배를 위하여 천장과 경사유리 등의 온실설계 요소들은 효율적인 썬룸에 역효과를 낳는다. 온실 경작을 위하여 동반되는 습기가 포함된 몰드, 곰팡이, 곤충, 먼지는 쾌적한 거실공간과 상충된다. 과열을 피하려고 적절한 크기의 돌출부(overhang)가 수직 창에 그늘을 만들 수는 있지만, 경사유리에 차양을 만들기는 어렵다. 그림 6-20은 열을 저장한 후에 필요 시 열을 방출하기 위하여 열 저장 벽돌축열부를 사용하는 부착온실형 주택의 내부사진을 보여준다.

2.3 능동적 태양열 난방(Active Solar Heating)

능동적 태양열 난방시스템은 수동적 태양열 난방시스템의 개념과 유사하지만, 태양동력을 증대하는 면에서 다르다. 송풍기나 펌프와 같은 기계적 장치를 사용하는 능동적 태양열

난방시스템은 수동적 태양열 난방시스템 단독보다 공간 난방을 더 많이 할 수 있다. 능동적 태양열 난방시스템에서, 가열된 물은 펌프를 통하여 시스템 전체로 이동함으로 시스템의 효율을 증가시키거나, 가열된 공기는 송풍기로 태양열을 전달, 분배한다. 능동적 시스템은 일반적으로 햇볕이 없을 때 열을 공급하기 위한 에너지 저장장치를 갖는다. 태양열 집열기는 능동적 태양에너지 시스템의 중심으로, 집열기가 햇빛 에너지를 흡수하여 열에너지로 변환시킨다. 이러한 열에너지는 주거용 또는 상업용으로 온수를 공급하거나 공간의 냉난방, 화석연료를 사용하는 다른 곳에도 적용된다. 능동적 태양난방 시스템은 태양열 집열기의 열전달 매체가 공기 또는 액체에 따라 다음과 같은 기본적인 형태로 구분된다. 액체시스템은 수냉(hydronic) 집열기 내의 물 또는 부동액을 가열하고, 공기시스템은 공기집열기 내의 공기를 가열한다. 두 시스템 모두 태양복사를 획득하고 흡수하여 분배될 태양열을 내부 공간 또는 저장장치로 직접 전달한다. 시스템이 적절한 공간난방을 제공할 수 없을 때, 보조 또는 대체시스템이 추가적인 열을 공급한다. 저장장치가 포함된 액체시스템이 공기시스템보다 주로 사용된다. 능동적 태양열 시스템의 다양한 형태를 살펴보면 다음과 같다.

중온 태양열 집열기(medium-temperature solar collector)는 공간난방에 사용되며 간접 태양열 난방과 같은 방법으로 작동되지만, 넓은 집열기 면적과 대형 저장장치가 요구되며 복잡한 제어시스템이 필요하다. 이 집열기는 태양열 난방을 공급하기 위하여 배치되고 일반적으로 주거용 난방 또는 복합 난방과 온수 요구조건에 30~70% 정도를 공급한다. 능동적 공간 난방 시스템은 더 복잡한 설계, 시공, 유지, 보수가 필요하다.

태양열 공정 난방시스템(solar process heating system)은 상업용, 산업용, 공공단체의 건물에 다량의 온수와 공간난방의 요구를 만족시키기 위하여 설계된다. 일반적인 시스템은 수천 평방미터 면적으로 지상에 설치된 집열기, 펌프, 열교환기, 제어장치, 대형 저장탱크 등으로 구성된다. 태양열 공정 난방시스템은 목욕, 요리, 세탁, 공간 난방의 용도로 학교, 군부대, 사무실, 감옥과 같은 시설을 운영하는 연방정부와 주정부의 틈새시장에 성공적으로 적용되고 있다.

능동적 태양열 냉방시스템을 사용하는 **냉방과 냉동**은 집열된 태양열을 일년 내내 사용할 수 있다. 따라서 태양열 설치로 인한 비용의 효율성과 에너지 기여를 증가시킨다. 이러한 시스템은 건물 냉방부하의 30~60%를 담당하는 크기로 만들어진다. 그림 6-21의 **태양열 구동 흡수식 냉방시스템(solar absorption cooling system)**은 능동적 냉각기술 사양을 채택하며, 현재 잠재력이 큰 것처럼 보인다. 흡수제인 이중 혼합물(LiBr 수용액, LiCl 수용액 또는 NH3 수용액 등)의 냉매를 분리하기 위하여 태양열 집열기에서 획득한 열에너지를 사용한다. 냉매는 사이클을 계속해서 수행하도록 재흡수된 후에 냉각효과를 얻기 위하여 응축, 교축, 증발된다. 흡수식 시스템은 전기로 압축기를 구동하는 증기압축식 냉동사이클과는 달리 저온의 저

그림 6-21 태양열 흡수식 사이클

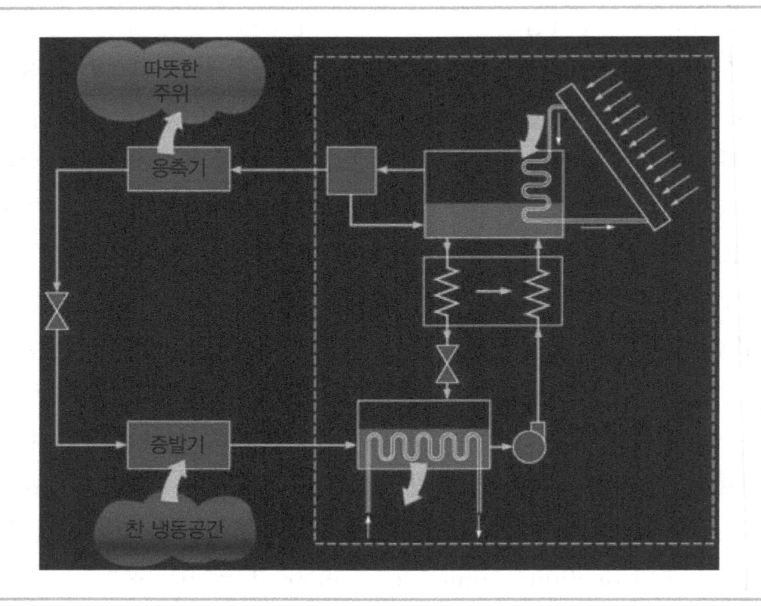

렴한 열에너지를 이용하기 때문에, 태양열 에너지뿐 아니라 지열에너지, 열병합발전소 또는 공정플랜트의 폐열 등 다양한 종류의 열원을 사용할 수 있다. 흡수식 냉각시스템의 높은 온도 요구조건 때문에 진공관(evacuated-tube) 또는 집광형 집열기가 사용된다.

2.4 주거용과 상업용 온수 (residential and commercial water heating)

건물에 재생에너지 기술을 적용하는 가장 효과적인 방법 중의 하나는 태양열 온수를 사용하는 것이다. 태양열 온수의 일반적인 시스템은 기존 온수 필요량의 2/3 정도를 감소할 수 있고, 물을 가열하기 위한 화석연료 또는 전기 비용을 최소화하여 관련된 환경 영향을 감축할 수 있다. 건물용 태양열 온수 시스템은 태양열 집열기와 저장탱크의 2가지 주요 부분으로 구성되어 있다. 태양열 온수 시스템에 사용하는 가장 일반적인 집열기는 평판 집열기로, 햇볕으로 집열기 내부의 물이나 열전달 유체를 가열한다. 가열된 물은 필요할 때 사용될 수 있도록 저장탱크에 저장되고, 기존 시스템은 추가의 열을 공급할 수 있도록 함께 사용된다. 저장탱크로는 표준 온수기가 될 수 있고, 일반적으로 크며 단열이 잘되어야 한다. 물 이외의 다른 유체를 사용하는 시스템은 보통 탱크 내의 배관 코일을 통과시켜 물을 가열하며, 배관은 고온의 열전달 유체로 채워져 있다. 그림 6-22는 태양열 온수 펌프와 탱크를 사용하는 곳의 예를 나타낸다. 태양열 온수 시스템은 능동적 또는 수동적으로 사용 가능하지만,

그림 6-22 태양열 온수 펌프와 탱크

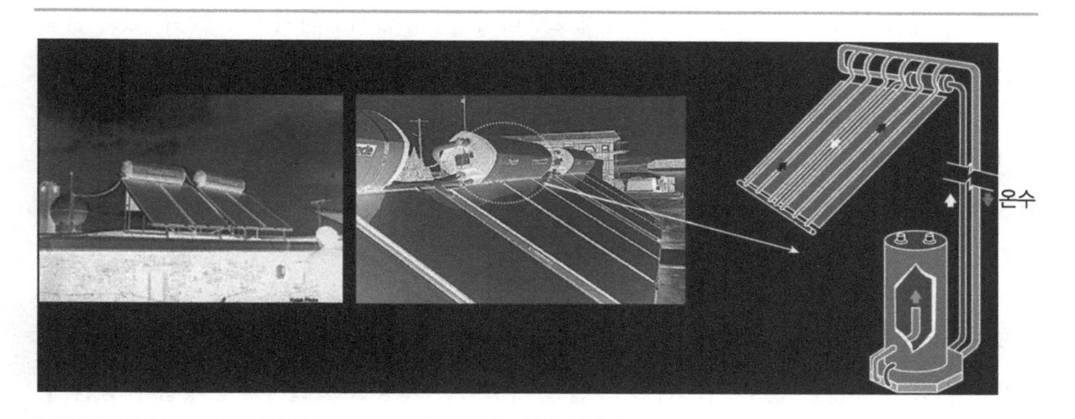

가장 일반적인 것은 능동적 시스템이다.

2.4.1 능동적 시스템(Active System)

능동적 시스템은 집열기를 통과하는 물 또는 다른 열전달 유체를 순환하기 위하여 전기펌프, 밸브, 제어기를 사용한다. 능동적 시스템은 다음과 같은 3가지 종류가 있다.

직접 시스템(direct system)은 집열기를 통과하는 물을 순환시키기 위하여 펌프를 사용한다. 이러한 시스템은 오랜 기간 동안 동결되지 않아야 하고, 경질 또는 산성물이 없는 지역에 적절하다.

그림 6-23 능동적이며 간접시스템인 밀폐회로 태양열 온수기 구조

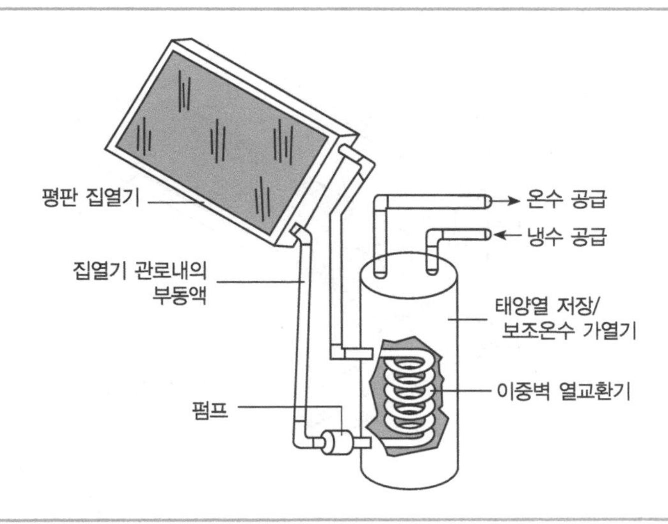

간접 시스템(indirect system)은 집열기를 통과하는 글리콜과 부동액의 혼합물과 같은 열전달 유체를 양수한다. 열교환기는 유체로부터 탱크 내에 저장되어 이동할 수 있는 물로 열을 전달한다. 그림 6-23은 능동적, 간접시스템인 밀폐회로 태양열 온수기 구조를 나타내며, 동결온도의 기후에서 보통 사용한다.

배수 시스템(drainback system)은 간접 시스템의 종류로, 집열기를 통과하는 물을 순환시키기 위하여 펌프를 사용한다. 펌프가 정지하면 집열기 루프의 물을 저장탱크로 배출시키는 배수시스템은 추운 기후에 적절하다.

2.4.2 수동적 시스템(Passive System)

펌프를 사용하지 않는 온수 시스템으로, 물을 가열하는 태양열 집열기와 온수를 저장할 수 있는 저장 탱크로 구성된다. 수동적 태양열 시스템은 집열기로부터 태양열을 분배하기 위하여 팬이나 블로어 같은 기계적 장치를 사용하지 않으며, 중력과 물이 가열됨에 따라 자연적으로 순환되는 자연대류에 의존한다. 이러한 현상은 물 또는 열전달 유체가 시스템의 전체로 이동 가능하게 한다. 전기 부품을 사용하지 않기 때문에 수동적 시스템은 능동적 시스템보다 일반적으로 신뢰성이 높으며 유지 · 보수하기가 쉽고, 수명이 길다.

배치 태양열 히터(batch solar heater)

전체 집열 저장 집열기(integral collector storage collector) 또는 **breadbox 물 히터**라고도 불리는 배치 태양열 히터의 구조는 그림 6-24와 같으며, 집열기와 저장탱크가 태양면

그림 6-24 배치 태양열 히터

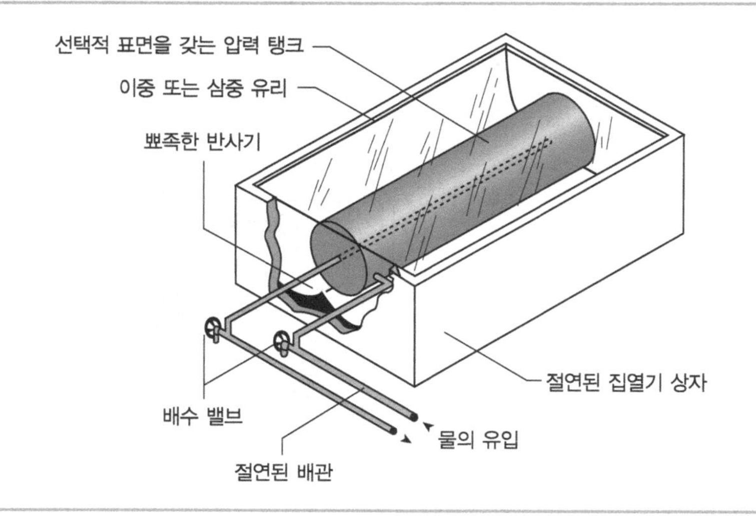

그림 6-25 열사이폰 태양열 시스템

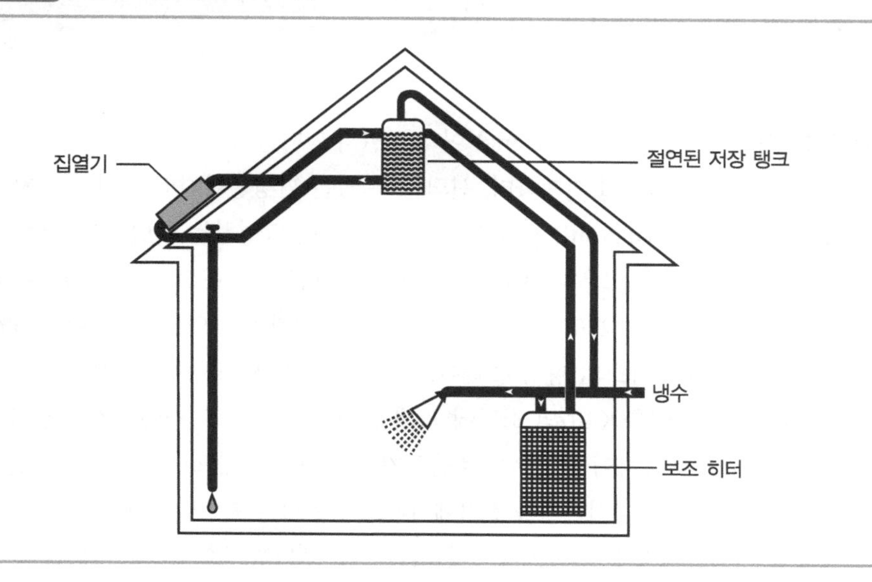

의 유리창을 갖는 절연박스 내에 위치한다. 집열기에 비추는 태양 볕은 저장탱크에 입사되어 물을 직접 가열한다. 추운 기후에서는 집열기의 동결 피해 방지를 위하여 이중 유리 또는 선택적 표면을 사용하거나, 물을 배출시킨다. 아주 춥지 않은 기후에서, 공급관과 회수관의 동결방지를 위하여 절연체의 시공과 유지·보수가 필요하다. 아울러 이러한 지역에서 가정용 온수 용도로 신뢰성이 있으며 경제적인 선택이 될 수 있다.

▌열사이폰 시스템(thermosiphon system)

그림 6-25는 열사이폰 태양열 시스템을 사용하는 집의 구조를 나타내며, 집열기, 단열 저장탱크, 보조히터로 구성된다. 열사이폰 시스템은 집열기를 통과한 물이 집열기 상부에 위치한 탱크로 이동되는, 즉 온수가 상승하여 순환되는 자연대류에 의존한다. 태양열 집열기에서 물이 가열되면 가벼워져 상승함에 따라 자연적으로 상부에 위치한 탱크에 도달한다. 반면에, 탱크 내의 찬물은 파이프를 통하여 집열기 하부로 하강하여 전체 시스템을 순환한다. 열사이폰 시스템은 특별히 새로 짓는 집에 경제적이고 신뢰성이 높다.

03 지열에너지(Geothermal Energy)

지열에너지는 “geo”라는 지구와 “thermal”이라는 열의 의미를 갖는 어원으로 지구의 열을 의미한다. 지열은 세계에서 제일 거대하며, 신뢰할 수 있는 환경친화적인 에너지 자원이다. 이러한 열에너지는 지각 판(tectonic plate), 화산, 지진들을 발생하는 원인이며, 열은 지각 판의 운동으로 인하여 지구의 고온 내부로부터 표면으로 흐른다. 지구의 온도는 깊이에 따라 점점 증가하며, 중심부에서는 4200°C 이상에 도달한다. 이러한 열들의 일부분은 약 45억 년 전 지구에서 인화하기 쉬운 가스의 형성 결과이고, 대부분은 방사성 동위원소인 우라늄(U238, U235), 토륨(Th232), 칼륨(K40)의 소멸에 의해 발생된 것이다. 지열에너지는 심층의 고온 지열에너지를 시추공을 통하여 지열수를 추출하거나 물을 인위적으로 주입하여 고온의 물이나 수증기를 생산한 후, 그 열에너지를 전기에너지로 변환하는 지열발전과 건물 내의 열을 지중으로 방출 또는 지중의 열을 건물 내로 공급하는 지열 냉난방시스템으로 이용한다.

3.1 지열원의 직접 이용

저온 또는 중온수(20~150°C) 지열원은 주거용, 산업용, 상업용으로 직접 열을 공급한다. 이러한 열원은 미국 내에 넓게 사용되고 있으며, 가정과 사무실, 상업용 온실, 양어장, 음식 제조시설, 금광산 작업공정, 다양한 적용에 사용된다. 가정과 상업용 운영에서 지열에너지의 직접사용은 전통적인 연료의 사용보다 그 비용이 싸며, 화석연료와 비교하여 80% 정도 절약할 수 있다. 또한 환경 친화적이며 화석연료를 연소시킬 때 발생하는 공해와 비교하면 아주 작은 양의 공해를 배출한다.

3.1.1 직접이용 열원

저온열원은 미국의 서부 주 전역에 걸쳐 존재하며 새로운 직접이용 적용에 큰 가능성을 갖고 있다. 서부 10개 주에 관한 최근 조사에 의하면 9000개 이상의 열 우물(well)과 온천, 900개 이상의 저온, 중온 지열원 지역, 수백 개의 직접 사용 지역이 존재한다고 한다. 이 조사결과에 의하면, 50°C 이상의 열원을 갖는 271개 지역의 8 km 이내에 도시들이 위치하며, 단기간 내에 직접이용이 가능하다는 것이다. 이러한 열원은 건물 난방에 사용되고 있으며, 이 도시들은 연간 1천8백만 배럴의 석유를 대체할 수 있는 잠재력을 갖고 있다.

3.1.2 자원 개발

직접이용 시스템은 그림 6-26과 같이 3개의 주요 부품으로 구성된다. 생산시설인 유입정

그림 6-26 직접이용 시스템의 주요 구성품

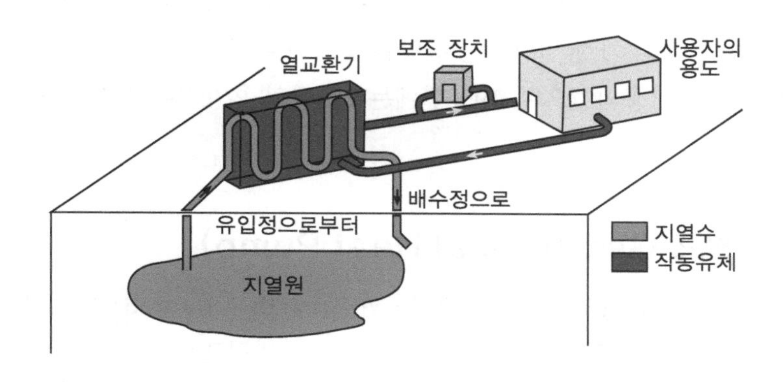

(production well)은 고온수를 표면에 위치한 기계시스템까지 이동시키고, 기계시스템인 배관, 열교환기, 제어장치는 열을 공간 또는 과정에 분배하며, 폐기시스템인 배수정(injection well) 또는 저장연못(storage pond)에 냉각된 지열수를 배출한다.

3.1.3 지역 및 공간 난방

저온지열원의 주요 사용처는 지역 및 공간 난방, 온실, 양어장이다. 1996년 조사에 의하면, 이러한 적용은 매해 58억 MJ의 지열에너지를 사용하는 것으로, 160만 배럴의 석유에 상당한다. 미국에서는 수백 개의 개별 시스템과 120개의 운영시설 이상에서 지열에너지를 지역 및 공간 난방에 사용한다. 지역시스템은 한 개 또는 그 이상의 지열 유입정으로부터 일련의 배관 배열을 통하여 여러 개의 개별 집과 빌딩, 빌딩블록에 지열수를 분배한다. 공간난방은 구조물 당 한 개의 유입정을 사용한다. 두 형태 모두 지열 유입정과 분배 배관이 전통적인 난방시스템의 화석연료 연소 열원을 대체한다. 지열 지역난방시스템은 소비자가 천연가스 비용의 30~50% 정도를 절약할 수 있다.

3.1.4 온실과 양어장 시설

온실과 양어장 시설은 지열에너지를 농촌 산업에 적용하는 두 가지의 주요 사례로, 미국 8개의 서부 주에서 수 에이커를 덮는 38개의 온실은 채소, 꽃, 실내분재용 나무와 나무 씨를 키우며, 28개의 양어장은 10개 주에서 운영 중이다. 대부분의 온실 운영자는 전통적인 에너지원에 비하여 지열원이 연료비의 80%를 절약하고, 이 비용은 전체 운영비의 5~8%에 해당한다고 평가한다. 지열원의 대부분이 상대적으로 시골에 위치함으로 깨끗한 대기, 적은 질병 문제, 깨끗한 물, 안정된 노동력, 낮은 세금 등의 장점을 갖는다.

3.1.5 산업용과 상업용

산업용도는 음식물 건조, 세탁소, 금광산, 우유살균, 온천 등으로, 그 중에 채소와 과일의 건조는 지열에너지의 가장 일반적인 산업용 용도이다. 초기에 지열에너지는 상업용도로 수영장과 온천에 사용되었으며, 1990년에는 218개의 휴양지에서 지열 고온수를 사용했다.

3.2 지열열펌프(Geothermal Heat Pump)

지구-교환(GeoExchange) 열펌프, 지구-연결(earth-coupled) 열펌프, 지하열원(ground-source) 열펌프, 또는 수열원(water-source) 열펌프로 알려진 지열열펌프는 고효율의 재생에너지 기술로, 1940년대 후반부터 주거용과 상업용 건물 분야에 넓게 적용되고 있다. 지열열펌프는 온수뿐만 아니라 공간의 냉난방에도 사용되며, 화석연료를 연소 시켜서 생성되는 열보다는 천연적으로 존재하는 열의 집중으로 작동한다는 장점이 있다. 지열열펌프는 외부의 공기온도 대신에 교환 매체로 지구의 일정한 온도를 사용한다. 추운 날에 공기열원 열펌프는 1.75~2.5의 성능계수(COP; Coefficient of Performance)를 나타내지만, 지열열펌프는 제일 추운 겨울철의 밤에는 상당히 고성능인 3~6을 달성할 수 있다.

많은 국가들이 지역에 따라 계절의 극한온도가 여름철에는 혹서로부터 겨울철에는 0°C 이하로 내려가지만, 지구 표면의 지하 수 m 깊이에는 상대적으로 일정한 온도가 유지된다. 위도와 관련되어, 지하온도의 범위는 7~21°C 사이에 존재한다. 지구 표면 아래의 지하는 상대적으로 연중 일정한 온도를 유지하기 때문에, 동굴과 비슷하게 겨울에는 지표위의 공기보다 따뜻하며 여름에는 차갑다. 지열열펌프는 겨울에는 지구 또는 지하수에 저장되어 있는 열을 건물로, 여름에는 건물의 열을 지하에 전달하는 장점이 있다. 지하는 겨울에 열원(heat source)이 되고 여름에 열 sink로 작용한다. 지열열펌프는 이러한 장점을 이용하여 지하 열교환기를 통하여 지구와 열을 교환한다. 다른 열펌프와 같이, 지열열펌프와 수열원 열펌프는 냉난방이 가능하며, 장치가 설치되어 있으면 가정에 온수공급이 가능하다. 지열시스템의 일부 모델은 2속 압축기(two-speed compressor)와 가변송풍기를 채택하여 쾌적성과 에너지 절약을 추구한다. 공기열원 열펌프와 비교하면, 상당히 조용하고, 수명이 길며, 유지 · 보수가 거의 필요 없으며, 외기온도에 의존하지 않는다. 이중열원(dual-source) 열펌프는 지열열펌프와 공기열원 열펌프를 결합한 것으로, 두 시스템을 최적으로 조합한 기기이다. 이중열원 열펌프는 공기열원 열펌프보다 고효율이지만, 지열열펌프 보다 효율적이지 않다. 이 시스템의 주요 장점으로는 단순 지열 유닛보다 시공비용이 적으며 잘 작동한다. 지열시스템의 설치비는 같은 냉난방 용량에서 공기열원 시스템보다 몇

배 비용이 더 들지만, 이런 부가적인 비용은 5~10 년 사이에 에너지 절약을 통하여 회수된다. 내부 부품들의 시스템 수명은 25년, 지하회로의 수명은 50년 이상으로 평가된다. 매해 미국에서 약 50,000개의 지열열펌프가 설치되고 있다.

3.2.1 지열열펌프의 구성

그림 6-27은 지열열펌프의 구성도를 나타내며, 이 시스템은 지열지구 연결 subsystem, 지열열펌프 subsystem, 지열 열분배 subsystem의 주요 요소로 구성되며, 각 subsystem의 설명은 다음과 같다.

▌지구 연결(earth connection)

열원과 sink로서 지구를 이용하는 일련의 배관을 회로(loop)라 하며, 공기조화가 필요한 건물 근처의 지하에 매장된다. 회로는 수직 또는 수평으로 시공되며 유체(물 또는 물과 부동액의 혼합물)를 순환시켜 주위 공기가 토양의 온도와 비교하여 따뜻하거나 차가움에 따라 열을 주위 토양으로부터 흡수하거나 배출시킨다.

그림 6-27 지열열펌프의 구성도

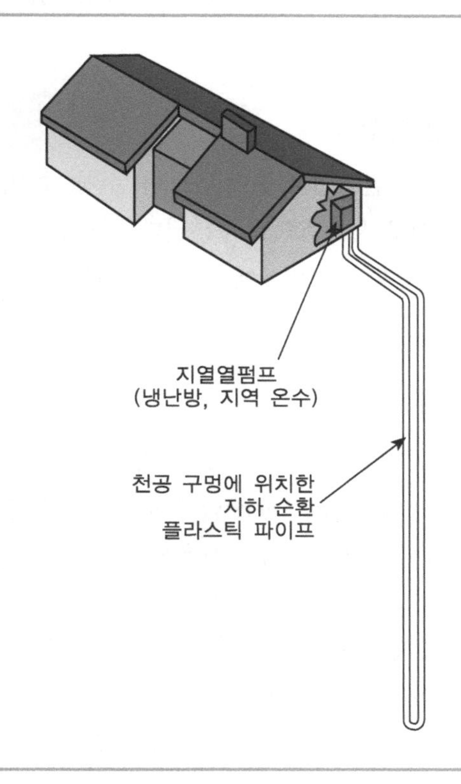

▌ 열펌프(heat pump)

난방을 위하여 열펌프는 지구연결에서 유체로부터 열을 흡수하여 집중시켜 건물로 전달하며, 냉방 시의 과정은 역으로 진행된다. 지구의 얕은 깊이에 위치한 상대적으로 일정한 온도를 이용하여 겨울에는 건물을 난방하고, 여름에는 냉방한다.(주, 1 RT ; 0℃ 물 1000 kg을 24시간 동안에 얼리는 데 필요한 열제거율, 1 RT = 13,898 kJ/h = 3.861 kW)

▌ 열분배(heat distribution)

일반적으로 기존의 배관이 건물 전체로 지열열펌프로부터 발생하는 열 또는 냉기를 분배하는 데 사용된다.

▌ 주거용 온수(residential hot water)

지열열펌프가 작동할 때, 지열열펌프는 공조 공간의 냉난방뿐만 아니라 가정의 온수 공급에도 사용된다. 많은 주거용 시스템은 지열열펌프 압축기의 과도한 열을 가정 온수탱크에 전달하는 과열방지기(desuperheater)를 함께 장착한다. 과열방지기는 지열열펌프가 작동하지 않는 봄과 가을에 온수를 공급하지 않지만, 지열열펌프는 다른 온수공급 수단보다 효율이 더 좋기 때문에 제작자들은 별도의 열교환기를 사용하여 가구의 온수 필요량을 충족하게 공급한다. 이러한 유닛은 경쟁시스템과 같이 온수를 빠르게 공급할 수 있기 때문에 그 가격도 효과적이다.

3.2.2 지열열펌프 시스템의 유형

지하 회로 시스템은 4가지의 기본적인 유형이 있으며, 수평, 수직, 연못 · 호수 형태의 3종류 밀폐회로 시스템과 개방회로 시스템으로 구분된다. 이러한 유형의 선정은 설치 지역의 기후, 토양조건, 사용가능한 토지, 설치비용에 의존한다. 4가지 방법 모두 주거용과 상업용 건물에 사용 가능하다.

3.2.3 지열열펌프의 장점

지열열펌프의 가장 큰 장점은 기존 냉난방 시스템보다 전기를 20~50% 덜 사용한다는 것이다. EPA(Environmental Protection Agency)에 의하면 지열열펌프는 공기열원 열펌프와 비교하면 44% 이상, 전기저항 가열과 함께 사용하는 표준 공조장비와 비교하면 72% 이상, 관련된 배기가스와 에너지 소비를 감소시킨다. 또한 지열열펌프는 내부의 50% 상대습도를 유지함으로 습기제어를 향상시키며, 습기가 많은 지역에 상당히 효과적이다. 지열열펌프 시스템은 설계가 유연하며, 새로운 환경이나 기존 환경 모두에 시공 가능하다. 본 장치의 필요 공간은 기존의 HVAC 시스템에서 필요한 공간보다 적기 때문에, 장비실의 크기는 줄일 수 있으며, 생산 목적의 여유 공간이 많아진다. 지열열펌프 시스템은 뛰어난 "영역" 공간 공조를 제공하며, 집의 공간별로 각각 다른 온도로 냉난방이 가능하다. 지열열펌프 시스템은 상대적으로 이동부가 적고, 이동부가 건물 내부에 숨겨져 있기 때문에 내구성과 높은 신뢰도를 갖고 있다. 보통 지하 배관은 25~50년 보증되며, 열펌프는 20년 이상 지속된다. 보통 외부 압축기가 없어서, 파괴되지 않는다. 반면에 거주공간에서 부품들은 쉽게 접근이 가능하여, 편의인자를 증가시키고 시간을 근거로 보존이 확실하다. 공조기 같이 외부의 응축기가 없어서 집 외부에서 소음 걱정이 없다. 이속 열펌프는 집 내부에서 조용하여 사용자가 작동여부를 파악하기 어렵다.

연/습/문/제

01 태양이 발출하는 에너지가 지표면에 도달하는 양을 우주공간, 대기권, 지표면으로 구분하여 쓰시오.

02 태양에너지를 이용하려면 비용이 상승하며, 자연조건에 따라 출력이 변동되는 단점이 있다. 비용이 상승하는 이유에는 무엇이 낮기 때문인가?

03 햇빛을 전기로 변환하는 '광전효과'에 대해 설명하시오.

04 태양전지 시스템 중 집중형 시스템에 대해 설명하시오.

05 태양열 냉난방 시스템은 집열기로 얻은 태양열을 냉방기의 구동열원으로 사용하거나 직접적인 난방 또는 온수, 급탕에 사용한다. 이러한 태양열 난방 시스템의 주요 구성요소를 쓰시오.

06 지열은 세계에서 제일 거대하며, 신뢰할 수 있는 환경친화적인 에너지 자원이다. 이러한 열에너지의 발생 원인을 3가지 쓰시오.

07 지열원의 직접 이용 사례를 쓰시오.

08 지열열펌프의 구성 요소 4가지를 쓰고, 설명하시오.

07

신재생에너지(II)

01 풍력에너지(Wind Power)
02 해양에너지(Ocean Energy)
03 연료전지(Fuel Cell)
04 바이오매스(Biomass)

풍력에너지(Wind Power)

태양에너지의 한 형태인 바람은, 태양에 의한 대기의 불균일한 가열, 지구표면의 불규칙성, 지구의 자전과 공전으로 인하여 발생한다. 또한 바람의 방향은 지형, 강이나 바다, 식물 등에 의해 변한다. 인류는 이러한 바람이나 운동에너지를 항해, 연날리기, 전기발전 등의 다양한 용도로 사용한다. 풍력에너지 또는 풍력발전은 바람으로 기계적인 동력 또는 전기를 생산하는 과정을 잘 표현한 것으로, 풍력터빈은 바람의 운동에너지를 기계적인 동력으로 변환한다. 이 기계적인 동력은 곡식의 제분, 물의 양수 같은 특별한 용도 또는 전기로 변환시키는 발전기에 사용된다. 즉, 공기의 흐름이 갖고 있는 운동에너지의 공기역학적인 특성을 이용하여 풍력터빈의 회전자(rotor)를 회전시켜 기계적 에너지로 변환시키고, 회전자는 발전기와 결합된 축을 회전시켜 전기를 생산한다. 풍력에 의해 생산된 유도전기는 전력망을 통하여 수요자인 가정, 사업장, 학교 등에 보내진다.

1.1 풍력터빈

1.1.1 풍력터빈의 종류

시스템의 형태에 따라 그림 7-1의 **수직축 풍력터빈(vertical axis wind turbine)**과 그림 7-2의 **수평축 풍력터빈(horizontal axis wind turbine)**으로 분류된다. 프랑스 발명가에 의해 고안된 헬리콥터 형태의 Darrieus 모델과 같은 수직축 풍력터빈은 회전자 축이 지면에 대해 수직으로 회전한다. 수직축 풍력터빈은 바람의 방향과 관계없이 운전되는 특성으로 인하여, 바람 추적 장치인 요잉 운동장치가 필요 없어 구조가 간단하고 시스템 가격이 저렴하다. 그러나 수직축 풍력터빈은 수평축 풍력터빈에 비해 에너지 변환 효율이 현저히 낮고 회전자의 진동문제도 크기 때문에, 1980년대 후반까지는 연구개발이 활발했지만 대형화에 실패하여 상용화된 대용량 시스템은 전무하다. 그림 7-1은 Canada Quebec주 Cap Chat에 위치한 로터 직경이 100 m인 4,200 kW급 수직축 Darrieus 풍력터빈으로, 세계에서 가장 큰 풍력터빈이었으나 더 이상 작동되지 않고 있다. 수평축 풍력터빈은 회전자 축이 지면에 대해 수평으로 회전하고, 바람에너지를 최대로 얻기 위한 바람 추적 장치 등이 필요하여 시스템 구성이 복잡하다. 그러나 1891년 이래 현재까지 지속적으로 발전하여 가장 안정적인 고효율 풍력터빈으로 인정되었으며, 세계 풍력발전 시장의 대부분을 차지하고 있다. 수평축 풍력터빈은 일반적으로 2개 (2엽) 또는 3개의 블레이드 (3엽)를 갖으며, **3엽 풍력터빈**은 블레이드가 바람에 직면하는 "upwind"로 작동하고, **2엽 풍력터빈**은 "down-

그림 7-1 로터 직경이 100 m인 4,200 kW급 수직축 Darrieus 풍력터빈

wind" 터빈이라고 한다. 미국 DOE의 연구는 현재 가장 많이 사용되는 수평축 풍력터빈의 개발에 초점을 맞추고 있다. 표 7-1은 수평축 풍력터빈과 수직축 풍력터빈의 장단점을 비교하여 정리한 것이다.

그림 7-2 수평축 풍력터빈

표 7-1 수평축 풍력터빈과 수직축 풍력터빈의 비교

	수평축	수직축
특징	회전자 축이 지면에 대해 수평으로 회전	회전자 축이 지면에 대해 수직으로 회전
장점	• 효율이 높음 • 중대형에 적합	• 풍향변화에 영향을 받지 않음 • 구조가 간단 • 시스템 가격이 낮음
단점	• 시스템 구성이 복잡 • 시스템 가격이 높음	• 효율이 낮음 • 회전자의 진동문제
종류	2엽식, 3엽식	항력타입, 양력타입

1.1.2 풍력터빈의 크기

전기발전용 풍력터빈은 그 크기가 50 kW에서 수 MW 규모로 소형부터 대형에 걸쳐 존재한다. 대형터빈은 무리를 져서 함께 풍력발전단지에 위치하며 대규모의 전력을 전력계통에 공급한다. 그림 7-3의 3.6 MW급 GE의 풍력터빈 모델인 3.6 sl은 건설된 풍력장치 중 가장 큰 장치 중의 하나로, 기술적인 자세한 사양은 표 7-2에 정리되어 있다. 대형 풍력터빈은 효율적이며 가격 경쟁력이 높다. 50 kW 이하의 단일 소형 터빈은 가정용, 원격 통신기지, 물의 양수 등에 사용되며, 때때로 디젤발전기, 밧데리, 태양전지 시스템과 함께 사용

그림 7-3 3.6 MW급 GE의 풍력터빈

표 7-2 3.6 MW급 GE 풍력터빈 3.6 sl의 기술적 사양

작동 데이타		로터	
정격용량	3,600 kW	로터 블레이드 개수	3엽
최소 정지 풍속	3.5 m/s	로터 직경	111 m
최대 정지 풍속	17 m/s	만곡 면적	9,677 m^2
정격 풍속	14 m/s	로터 속도(가변)	8.5~15.3 rpm

된다. 이러한 시스템을 **하이브리드 풍력시스템**이라 부르며, 전력계통과 멀리 떨어져 있어 상용 전기혜택이 불가능한 지역에 사용된다.

1.1.3 풍력터빈의 사용형태

풍력터빈은 운전형식에 따라 **독립전원형(stand alone type)**과 **계통연계형(grid connection type)**으로 구분한다. 그림 7-4는 독립전원형 풍력발전시스템의 전력공급 구성도를 나타낸 것으로, 생산된 전력을 사용자에게 직접 공급하는 방식이다. 또 저장장치인 축전지와 보조발전설비인 디젤발전기 또는 태양광 발전 등과 함께 복합적으로 사용되는 형태로, 기존 상용전력선이 없는 도서지역, 산간벽지의 전원공급과 등대나 통신장비의 전원용으로 활용된다.

풍력에너지 이용이 급속히 증가함에 따라 기존 상용전력선에 풍력터빈을 병렬로 연결하여 운전하는 계통연계 방식은 시스템의 대형화 및 단지화가 가능해져 대규모의 **풍력발전단지(wind farm 또는 wind park)**로 육성되고 있다. 풍력터빈 1기의 용량이 1,500 kW인 풍력발전기가 20기 설치된 30 MW급 풍력발전단지는 기존 화력발전소를 대체하는 발전소가 되고 있다. 계통연계형 풍력터빈은 연계되는 전력계통의 조건에 따라 저전압, 중전

그림 7-4 독립전원형 풍력발전시스템의 전력공급 구성도

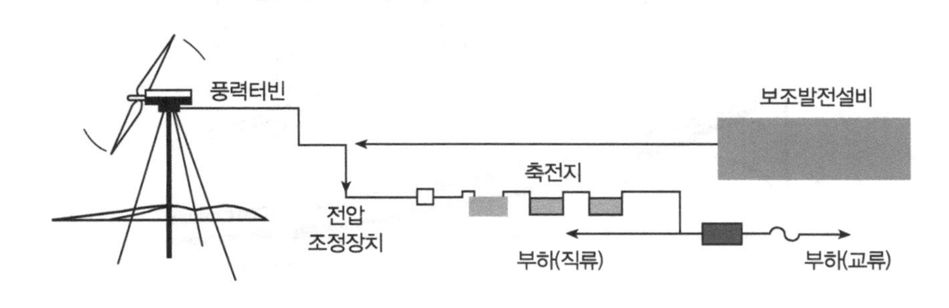

그림 7-5 계통연계형 풍력발전시스템의 전력공급 구성도

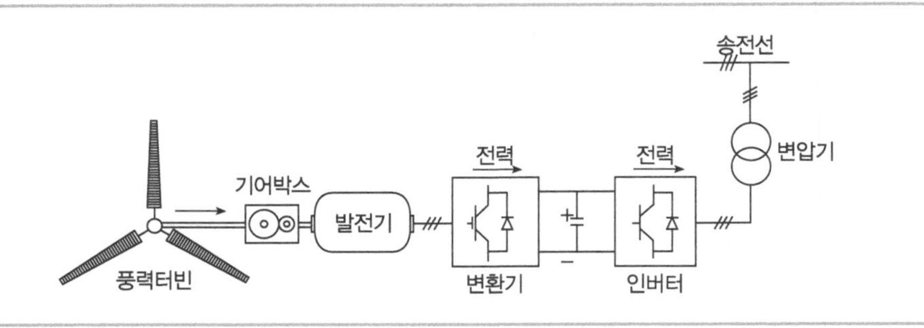

압, 고전압으로 나누어져서 기존의 전력선에 연계되기 때문에, 변압기(transformer), 계통연계장치 등이 부가적으로 필요하다. 그림 7-5는 계통연계형 풍력발전시스템의 전력공급 구성도를 나타낸다.

1.2 풍력에너지의 장단점

1.2.1 장점

풍력에너지는 바람을 사용하는 청정에너지원으로, 석탄 또는 천연가스 같은 화석연료를 사용하는 화력발전소처럼 공기를 오염시키지 않는다. 따라서 풍력터빈은 산성비의 원인이 되는 배기와 온실가스를 생성하지 않는다. 풍력에너지에 사용되는 바람은 고갈되지 않

그림 7-6 에너지별 발전비용(출처 : 미국 California 주 Energy Commission)

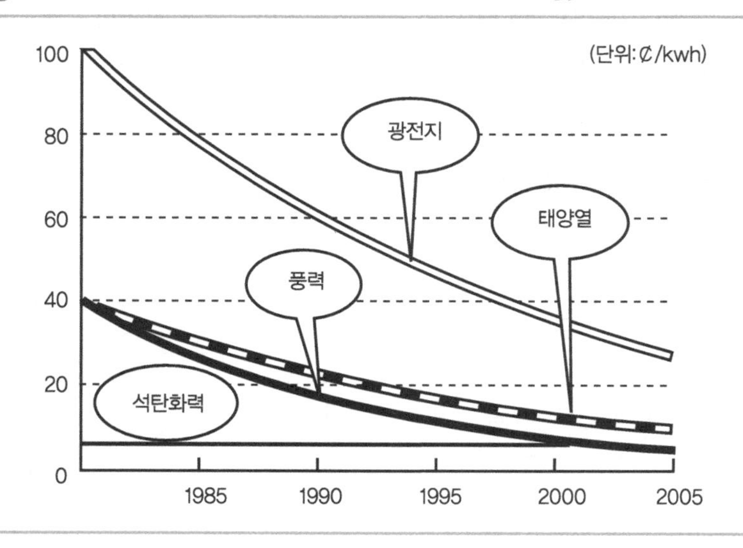

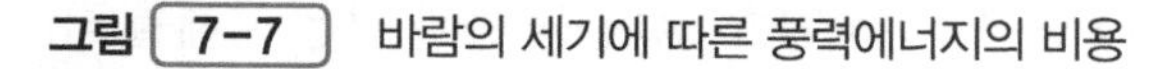
그림 7-7 바람의 세기에 따른 풍력에너지의 비용

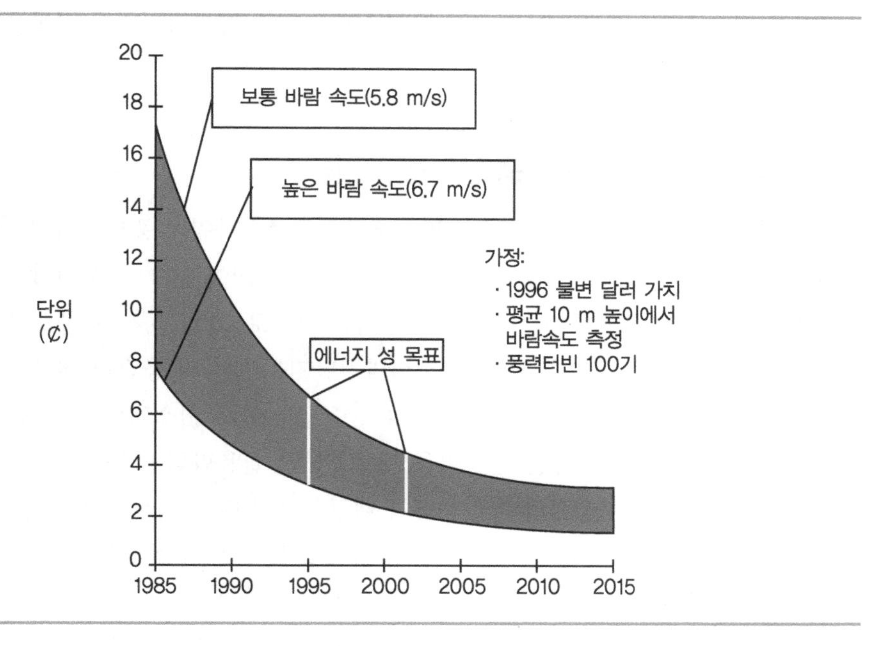

는 자원으로, 한 번 설치해 놓으면 유지 · 보수비용 외에는 별도의 비용이 발생하지 않는다. 또 풍력기술의 발달로 현재 발전단가는 석탄화력, 가스발전과 거의 비슷해졌다. 그림 7-6의 미국 California 주 에너지 위원회(energy commission)가 발간한 "에너지 현황보고서"에 의하면 kWh 당 생산단가는 풍력 4~6 ¢, 석탄 4.8~5.5 ¢, 가스 3.9~4.4 ¢, 원자력 11.1~14.5 ¢, 수력 5.1~11.6 ¢로 나타났다. 다른 재생에너지인 태양열이나 태양광보다는 최소한 절반 이상 싼 발전단가이다. 그림 7-7은 바람의 세기에 따른 풍력에너지의 비용을 나타낸 그래프로, 풍력에너지는 바람 자원과 정책자금에 따라 kWh당 4~6 ¢로, 현재 사용 가능한 저렴한 재생에너지 중의 하나이다.

1.2.2 단점

풍력은 기존 발전방식의 발전비용과 경쟁해야 한다. 바람이 풍부한 지역에 따라 풍력발전소는 가격 경쟁력이 있기도 하고 없기도 하다. 지난 10년 동안 풍력발전 비용은 급격히 감소하였지만, 화력발전소에 비하여 높은 초기투자비가 요구된다. 풍력발전의 약점으로는 연료인 바람이 간헐적이고 전기가 필요한 곳에 바람이 항상 불지 않는다는 것이다. 풍력은 밧데리를 사용하지 않으면 저장될 수 없으며 모든 바람이 전기가 필요한 때를 맞추어서 이용될 수 없다. 바람이 많은 지역은 주로 전기가 필요한 도시로부터 멀리 떨어져 위치한다. 풍력발전소는 다른 기존의 발전소에 비해 상대적으로 환경에 관한 충격이 거의 없지만, 회전자 블레이드가 발생하는 소음, 시야 (visual) 충격, 회전자의 조류충돌 등과 같은 문제를 극복해야 한다. 이러한 대부분의 문제들은 기술개발 또는 풍력발전소의 적절한 위치 선정을 통하여 해결되거나 감소되고 있다.

1.3 해상(Offshore) 풍력터빈 기술

유럽의 북해(North Sea)와 발틱해(Baltic Sea)에는 풍력자원이 풍부하며 바닷물의 깊이가 얕은 해양이 있다. 또한 그 지역 해안에는 인구가 집중되어 있으나, 풍력발전을 육지에 설치하기에는 적절한 입지가 제한되는 등, 이러한 이유로 2008년 기준, 해상 풍력발전 개발 분야에서 우위를 차지하고 있다. 해상풍력발전단지는 내륙의 공간적 제약에서 벗어나 해상의 우수한 풍력자원을 이용하며, 난류의 수준이 낮아서 시스템의 수명을 증대할 수 있다. 그러나 해상구조물의 높은 설치비용으로 그동안 실용화되지 못했지만, 대형풍력터빈의 개발로 인하여 단위 풍력터빈의 용량이 대형화함에 따라 발전단가의 경쟁성이 확보되고 있는 실정이다. Denmark 전력회사들의 경제성 분석에 의하면, 대당 1,500 kW 풍력터빈을 사용한 **Tuno 해상풍력발전단지**의 경우 발전원가가 kWh 당 6 ¢에서 3.8 ¢로 낮아질 것으로 전망되고 있다. 해외의 풍력터빈 제작사들은 해상풍력단지용 모델로 대형터빈을 개발 보급 중이며, Enercon, ABB, Lagerwey 사 등 많은 풍력터빈 제작사들이 해양풍력단지용 모델을 주력모델로 내세우고 있다. Denmark, Netherlands, 독일, 영국 등은 해안에서 수 km 떨어진, 수심이 5~20 m 바다 위에 풍력터빈을 설치하는 해상풍력발전단지를 설치하여 운영 중에 있다. 2010년 10월 현재, 해상풍력발전 용량은 3.16 GW에 이르

그림 7-8 2002년 완공된 덴마크의 Horns Rev 최대 해상풍력발전단지(Copyright : ELSAM A/S)

며, 주로 북유럽에서 작동 중이다. 그림 7-8은 2002년에 완공된 덴마크의 Horns Rev 최대 해상풍력발전단지의 전경을 나타내며, Jutland 해안에서 14~20 km 떨어진 북해에 위치한다. 2 MW 풍력터빈 80기가 모여 전체 풍력발전소의 용량 160 MW를 구성하며, 세계 최초 해상풍력발전소로, 덴마크의 150,000 가구에 전기를 공급한다. 2008년 10월 영국이 590 MW의 용량을 설치하기 전까지 해상풍력분야에서 선두를 지켜왔다. 영국은 2020년까지 더 많은 해양풍력발전소를 건설하려는 계획을 갖고 있다. 또한 세계의 대부분 인구들이 해안선을 따라 집중되어 거주하기 때문에 해상풍력발전원은 송전 비용을 감소할 수 있다.

대형 풍력터빈 부품(탑, 나셀, 블레이드 등)을 운반하는 것은 배와 바지선이 트럭이나 기차보다 대형 하중을 쉽게 취급할 수 있기 때문에 육지보다 해양이 더 용이하다. 육상에서 대형물건을 실은 차량은 도로 상의 한 지점에서 다른 지점으로 이동이 가능하도록 도로가 휘어지는 것을 걱정해야 하므로, 풍력터빈 블레이드의 최대길이를 고정해야 하지만, 해양에서는 이러한 제한은 없다. 해상풍력발전소의 건설 및 유지 · 보수 비용은 육상에 비해서는 고가이므로, 운영자가 대형으로 유용한 유닛을 설치하여 정해진 총 전력에 대하여 풍력터빈의 숫자를 감축해야 한다. 예로, 2008년 현재 건설 중인 Belgium의 Thorontonbank 풍력발전소는 당시 세계에서 가장 큰 풍력터빈인 REpower사의 5 MW의 풍력터빈을 갖추고 있다. 한국 지식경제부는 발전기와 증속기 등 핵심부품 국산화 및 보급화를 기본으로, 전남 영광 · 부안 지역 해상에 100 MW를 시작으로 2.5 GW **서남해 해상풍력단지**를 추진하고 있으며(그림 7-9), 한국전력기술의 제주해상풍력은 제주시 한립읍에 2013년 완공을 목표로 해상풍력사업을 추진 중에 있다.

그림 7-9 서남해 해상풍력단지 계획

해양에너지(Ocean Energy)

해양에너지는 파도(waves), 조석(tides), 조류(current) 등의 기계적 에너지와 온도 구배, 염수 농도 구배 등의 열에너지로 구분되는 다양한 재생에너지 형태로 존재한다. 지구표면의 75% 이상을 점유하는 해양은 세계에서 가장 거대한 태양집열기이다. 태양열은 심층수보다 표층수를 더 가열하기 때문에 온도 차이로 인한 열에너지가 생성되며, 해양에 획득된 열의 일부분만이 동력을 생산할 수 있다. 태양이 해양의 활동에 영향을 미치지만, 주로 달이 미치는 인력이 조류를 구동하며 바람이 해양의 파도를 움직인다. 해양에너지는 풍부하고 오염물이 없기 때문에, 과학자들은 화석연료 또는 원자력에너지와 경쟁 가능한 해양에너지에 관하여 연구하고 있다. 해양에너지를 이용하는 기술은 해양에 존재하는 물리적 에너지를 전기에너지로 변환하는 장치와 관련 해양구조물의 설계 및 성능평가, 공학적 기술, 실해역 설치 · 유지 보수 및 운용의 실용화 기술로 정의된다. 즉 해양에너지 이용기술은 조력발전, 조류발전, 파력발전, 해수온도차 기술로 크게 구분되며 복합발전 및 복합이용 기술도 포함하고 있다.

2.1 조력 및 조류발전(Tidal Power)

조류는 만유인력의 법칙에 따라 지구와 가까운 거리에 있는 달의 인력에 의해 주로 영향을 받고, 먼 거리에 있는 거대한 해의 영향은 덜 받는다. 따라서 해수 표면은 밀물과 썰물로 하루에 2번 변화를 하는데 이것을 이용하여 전기를 생산하는 방법이 조력발전이다. 또한 지구의 공전과 자전도 조류의 생성 인자이다. 조류의 원천은 해양에서 달과 해의 인력과 원심력의 영향에 기인한다. 달이 비추는 지구의 반대 면에서 인력의 효과는 지구에 의해 부분적으로 보호되어 상호작용으로 끝나며, 원심력 때문에 바다는 달로부터 멀리 떨어진 곳이 부풀어 나오는 반면에, 달과 지구의 상호작용은 바다에서 달 쪽으로 부풀어 나온다. 이것을 달 조류(lunar tide)라고 한다. 또, 태양 조류 (solar tide)는 해와 지구가 마주치는 면과 반대 면 사이에 해 쪽으로 부풀어 오르거나 멀리 떨어진 곳에서 부풀어 오르는 등 유사한 효과를 나타내며, 해의 인력 상호작용에 의해 복잡해진다. 해와 달은 천체 구면에서 고정된 위치가 없기 때문에 각각에 관하여 위치가 변화하고, 낮은 조류와 높은 조류의 차이인 조류 영역에도 영향을 준다.

해양에너지 기술 중 가장 오래되었으며, 현재 실용화단계에 있는 기술 중의 하나는 조력을 이용하는 것으로, 모든 해안선 영역에는 변함없이 24시간보다 약간 큰 주기로 2번의 밀물과 썰물이 교차한다. 그러나 이러한 조수간만의 차이를 이용하여 전기를 만들려면 밀

그림 7-10 수력발전소 형태의 조력발전소

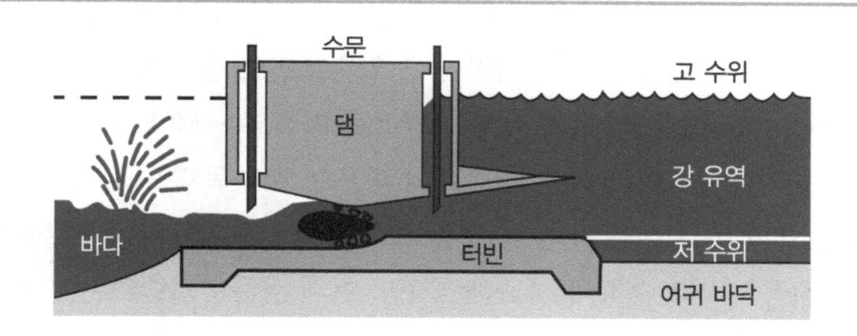

물과 썰물의 차이가 적어도 5 m 이상이어야 한다. 지구상에 이러한 크기의 조류 조건을 만족하는 곳은 40개 지역뿐이다. 조력발전 기술은 그림 7-10과 같이 수력발전소에서 사용하는 기술과 유사하다. 간만의 차가 크게 존재하는 강의 하구나 만을 방조제로 막아서 만조 시에 들어오는 해수를 댐 뒤의 저수원에 가둔다. 간조 시에는 댐의 반대쪽에 적절한 높이 차이가 만들어질 때, 수문(gate)을 열어 물이 터빈에 흐르게 하면 터빈이 전기발전기를 회전시켜 전기를 생산한다. 조력발전은 조수간만과 수위차를 이용하는 발전방식으로, 양방향 터빈을 사용하면 밀물과 썰물 시에 발전을 계속할 수 있게 된다.

한국수자원공사는 경기도 안산에 위치한 시화호의 수질을 개선하며 해양에너지 개발을 통하여 무공해전기를 생산하기 위하여 세계 최대규모 조력발전소를 건설하였다. 밀물 시 수위 차에 따라 바다 쪽에서 호수 쪽으로만 발전되는 단류식 창조발전(밀물 시 수위 차에 따라 바다 쪽에서 호수 쪽으로 발전)을 채택하였고, 2011년에 완공하여 현재 시험운전 중인 발전소의 발전용량은 252,000 kW이다. 한국의 경기만 일대는 세계적으로 드문 조력발전의 최적지로, 1932년 일제시대에 발전소 설계도를 작성한 기록도 있다. 1986년 영국의 공식조사 결과에 의하면, 가로림만에 조력발전소를 지으면, 시설용량이 40 MW, 연간발전량은 836 GWh 까지 가능한 것으로 판명되었다.

2.2 파력(Wave Power)

해양표면의 파도로 인하여 수면은 주기적으로 상하운동을 하며, 물입자는 전후로 움직임에 따라 에너지를 전달한다. 이러한 재생에너지원인 파력을 기계적인 회전운동 또는 축방향 운동으로 변환시킨 후, 전기에너지를 획득하거나 해수의 담수화 또는 저수지에 급수 등으로 유용한 일을 생산하는 것을 파력발전이라고 한다. 함께 혼합되어 있지만, 파력은 조력의 일상 플럭스나 해양조류(current)의 일정한 선회와는 구별된다. 세계의 해안선을 강타하는 파도의 전체동력은 약 2~3백만 MW 정도이며, 입지조건이 좋은 장소의 파도에너지 밀도는 해안선의 mile 당 평균 65 MW에 이른다. 그러나 파력은 모든 지역에서 이용 가능한 것은 아니다. 스코틀랜드의 서안, 북부 캐나다, 남아프리카, 호주, 미국의 북동과 북서 해안 등이 세계에서 파력이 풍부한 지역이다. 입지조건이 좋은 태평양 북서지역은 해안선의 길이가 1,000 mile 이상이 되며, 서부 해안선을 따라 40~50 kW/m의 파력 에너지를 생산할 수 있다. 해양에너지의 일부분인 바다의 파도로부터 동력을 얻는 파력장치는 표면 파도로부터 또는 표면 바로 아래의 압력 요동으로부터 에너지를 직접 추출한다. 파력발전은 1890년 이래 사용하려고 수차례 시도하였지만, 현재 상용화기술로는 넓게 사용되지 않고 있다. 파력은 해안에서 먼바다(offshore)와 연안(onshore) 시스템을 통하여 전기로 변환 가능하다. 이러한 장치로는 플로트(float) 장치, OWC(Oscillating Water Column), Tap-chan(tapered channel) 등이 있다.

2.2.1 Offshore 시스템

Offshore 시스템은 일반적으로 수심이 40 m 이상인 깊은 물에 적당하며, 그 중의 하나가 플로트 파력에너지 변환장치이다. 그림 7-11의 Salter Duck 파력에너지 변환 장치는 플로트 platform이나 해저에 고정된다. Duck 자체는 해변이나 해저에 고정된 장치가 아니고, 발전기를 구동하기 위하여 플로트의 흔들림 운동에 의존한다. 고정된 장치에서 물이나 공기가 터빈 블레이드를 급격히 통과하는 동안 터빈은 고정된다. 바다에 떠 있는 플로트 장치는 파도에 의해 까닥까닥 움직임에 따라 상대 운동성분에 의해 동력을 생산한다. 즉, 플로트 부분의 조화운동에 의해 전기를 생산한다.

그림 7-12와 같이 바다위에 솟아나온 형상을 갖는 Wave Dragon은 단일 유닛 또는

그림 7-11 Salter Duck 파력에너지 변환 장치

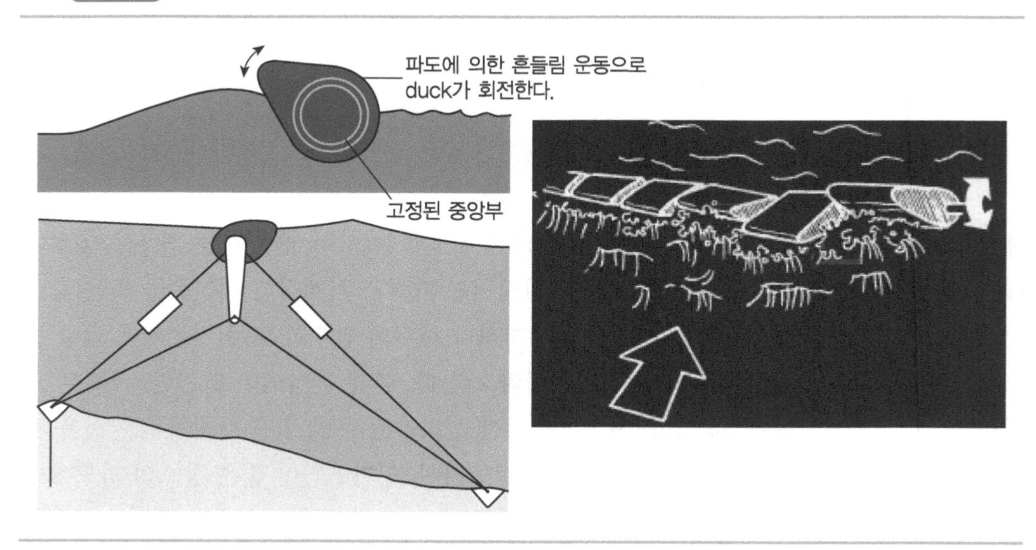

그림 7-12 Wave Dragon의 작동원리 및 1차 시제품

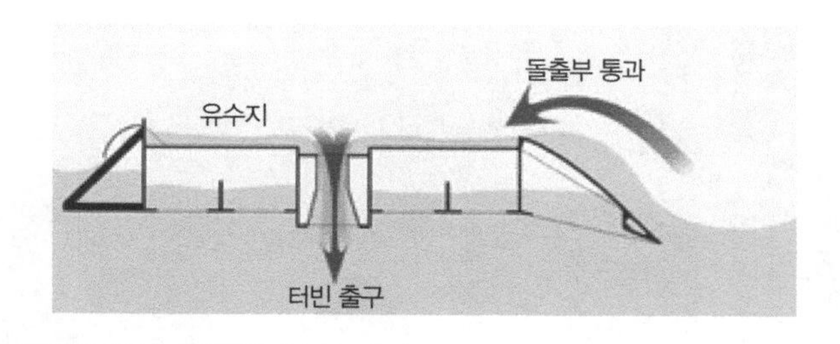

200개까지 배열로 배치할 수 있으며, 느슨하게 고정된 플로트 에너지 변환장치이다. 이러한 배열의 출력은 기존의 화석연료 발전소와 비교할 만한 용량을 갖출 수 있다. 이 장치의 기본 개념은 잘 알려져 있으며 이미 입증된 수력발전소의 원리를 사용하여 offshore 플로팅 플랫폼에 적용한 것이다. 바다 수면위의 유수지를 만들어서 경사면을 통하여 해양의 파도를 끌어들여 물을 감금한 후, 중력의 힘으로 해양에 다시 돌려보낸다. 이때 바닷물이 수력발전기를 통과하며 전기를 생산한다. 즉 3단계 에너지 변환은 다음과 같다.

- 돌출부에 흡수 → 유수지에 저장 → 저수두 수력터빈으로 동력생산

Offshore 파도 에너지를 획득할 수 있는 다른 방법은 특별히 항해에 알맞은 배를 건조함으로 가능하다. 바다에 뜨는 platform은 내부 터빈을 통과하는 파도에 의해 전기를 생산하고 파도를 바다로 다시 돌려보낸다. 일본 해양기술 센터(Japan Marine Technology Center)는 3대의 공기터빈 발전기를 운반하는 prototype 파력선(wave power vessel)을 개발하고 있다. 그림 7-13은 Mighty Whale이라 명명된 배의 사진을 나타내며, 세계에서 가장 큰 offshore 플로팅 파력에너지 장치이다.

그림 7-13 세계에서 가장 큰 offshore 플로팅 파력에너지 장치인 Mighty Whale

그림 7-14 Pelamis P-750

(a) 파도 농장의 그림

(b) 제3차 해상시험

영국의 Ocean Power Delivery Ltd. 사는 열대지역 바다에 사는 바닷뱀의 이름을 딴 Pelamis 파력발전장치를 개발하였다. Pelamis 파력발전장치는 물에 반쯤 잠겨 있으며, 원통형 단면으로 구성된 관절형 구조 부표로 힌지 조인트에 의해 연결된다. 파도가 유발하는 이러한 조인트의 운동은 수압펌프의 저항을 받으며, 이 펌프는 부드러운 완충장치를 경유하여 수력모터로 고압의 오일을 펌프한다. 수력모터는 전기를 생산하기 위하여 전기발전기를 구동한다. 모든 조인트로부터의 동력은 해저에 연결된 단일 도관구실을 하는 케이블로 전달되고, 여러 장치는 함께 연결되어 해저의 단일 케이블을 통하여 해안에 연결된다. 750 kW급의 대규모 시제품인 그림 7-14의 Pelamis P-750은 길이가 120 m, 직경이 3.5 m로, 각각의 출력이 250 kW인 3개의 에너지변환 모듈을 갖으며, 각 모듈은 완전한 전기-물 동력생산 시스템을 포함한다. 이상적으로 Pelamis는 해안에서 5~10 km 거리에 50~60 m 깊이로 바다에 계류된다. 이러한 위치는 큰 파도를 이용할 뿐 아니라 장거리 해저 케이블에 관련된 비용을 피할 수 있다. 세계 최초의 상용 파도농장(wave farm)인 Portugal의 Agucadora 파도공원(wave park)은 750 kW급 Pelamis 장치 3기로 구성되어 있다.

2.2.2 연안(onshore) 시스템

연안 파력시스템은 해안선을 강타하는 파도에서 에너지를 추출하기 위하여 해안선을 따라 건설된다. 연안 시스템 기술은 OWC(oscillating water column), 경사수로시스템(Tapchan; tapered channel system) 등이 있다.

그림 7-15는 OWC의 작동원리를 나타낸다. 부분적으로 수면 아래에 위치한 원통 모양의 콘크리트 또는 강철 구조물로 구성되며, 수면 아래 바다에 입구가 있다. 파도가 원통 모

그림 7-15 Oscillating Water Column의 작동 원리

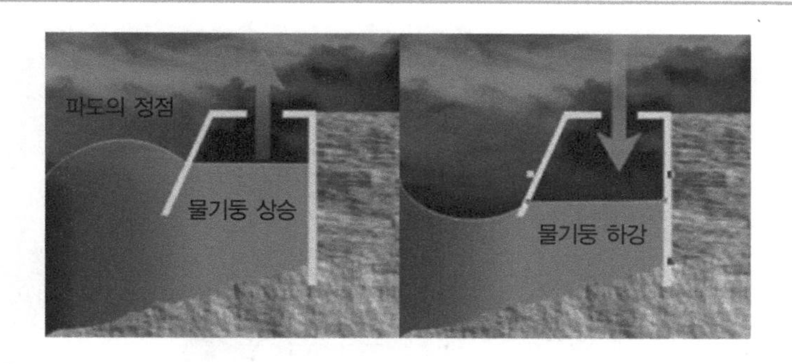

양의 구조물 내부에 유입됨에 따라 물기둥이 상승과 하강을 하고, 물기둥은 공기를 교대로 가압하고 감압한다. 이렇게 압축되거나 팽창된 공기는 공기터빈을 구동시켜 전기를 생산한다. 2000년 11월, 세계 최초의 상업용 파력 발전소인 Limpet이 스코틀랜드 섬 Islay의 서해안에서 운영 중이다(그림 7-16). Wavegen 사와 Queen's University가 공동으로 개발한 Limpet은 OWC 기술을 사용하여 500 kW를 생산한다.

연안 파력 발전장치의 하나인 Tapchan은 표준 수력발전소 방식을 적용한 것으로, 해안에 위치한 유로구조와 집중된 파도의 세기에 의존한다. 그림 7-17은 Tapchan 파력에너지 장치의 개념도를 나타내며, 시스템은 경사수로와 유수지(reservoir)로 구성된다. 해안에 집중된 파도는 경사수로를 통하여 해표면 위의 절벽에 위치한 유수지로 공급되며, 좁은 수로는 절벽을 향해 이동하는 파도의 높이를 증가시킨다. 파도는 경사유로의 벽을 넘어 유수지로 유입되고, 유수지에 저장된 물이 낙차에 의해 터빈으로 공급된다. 즉, 파도의 운동에너지를 위치에너지로 변환시킨 후, 파이프를 통하여 그 물을 바다로 유입시켜 발전기에 의해 전기에너지로 최종 변환된다. 작은 이동부와 발전시스템을 모두 포함하는 Tapchan 시스템은

그림 7-16 스코틀랜드 섬 Islay의 서안에서 운영 중인 세계 최초의 상업용 파력 발전소, Limpet

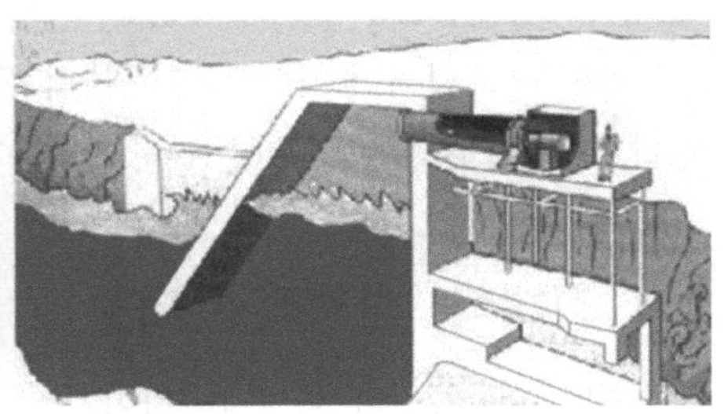

그림 7-17 Tapchan 파력에너지 장치

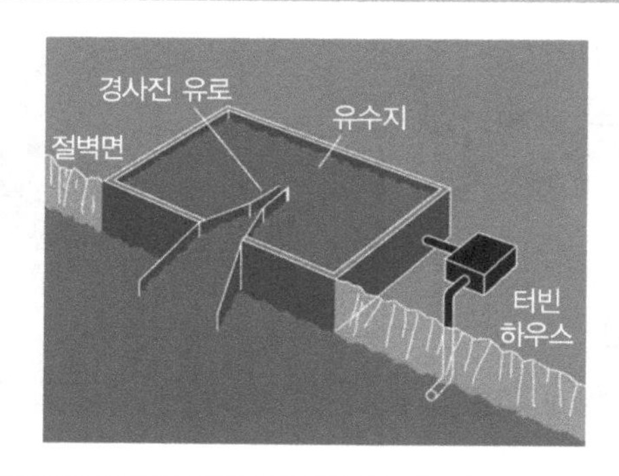

유지비용이 적으며 신뢰도가 높다. 또한 유수지는 에너지가 필요할 때까지 저장할 수 있기 때문에, 필요한 전력 문제를 극복할 수 있다. 하지만 Tapchan 시스템은 모든 해안선에 적당한 것은 아니다. 적절한 평균 파도 에너지와 조수 간만의 차가 1 m 이하가 되는 일정한 파도가 있어야 하고, 해안 근처에 깊은 물과 유수지를 포함하는 지형학적으로 적절한 해안선이 존재해야 한다. 이와 같은 입지조건 때문에, Tapchan 시스템은 상업용 목적으로 아직 건설되지 않고 있다. 하지만 실증용으로 1980년대에 Norway의 Toftesfallen에 설치되어, 1985년에 350 kW 정격출력으로 작동을 시작하였다. 이 장치는 1990년대 초까지 성공적으로 작동하였으며, 유지 · 보수 공사 중에 바다 폭풍이 강타하여 경사유로가 파괴되었다.

2.3 해양온도차 발전 (Ocean Thermal Energy Conversion; OTEC)

해양온도차 발전기술인 OTEC는 지구의 해양에 저장된 열에너지를 사용하여 전기를 생산하는 것이다. 햇빛은 태양과 가까운 해양의 표층면을 가열하여, 그 열이 점차적으로 하부인 심층부에 전달된다. OTEC는 해양의 더운 부분인 표층수와 찬 부분인 심층수의 온도차가 약 20°C 정도일 때 최적의 조건으로 작동한다. 그림 7-18은 바닷물 표층수와 심층수(1000 m)의 온도 차이를 나타낸 것으로, 20°C 정도의 차이가 나는 지역은 열대해역, 대략 남회귀선과 북회귀선 사이의 부근에서 존재한다. OTEC 시스템의 3가지 형태인 밀폐순환식(closed cycle), 개방순환식(open cycle), 하이브리드순환식(hybrid cycle)으로 구분된다.

2.4 경제적, 환경적 문제들

해양에너지는 청정한 재생에너지이지만, 환경적인 문제도 유발한다. 조력발전소는 댐의 어

그림 7-18 바닷물 표층수와 심층수(1000 m)의 온도차이

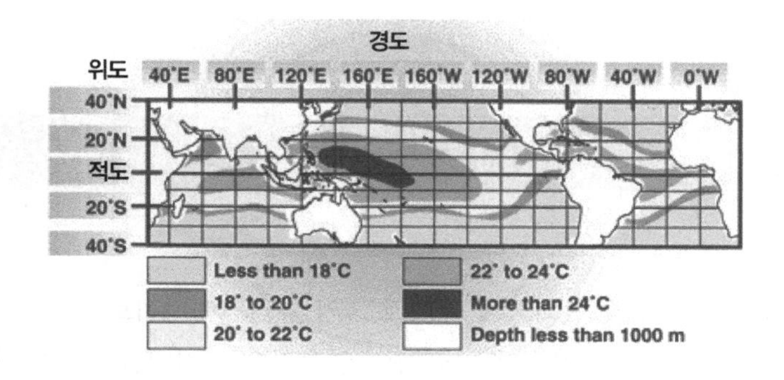

귀가 바다 생명체의 이동을 방해할 수 있고, 그러한 장치 배후에 틈새가 축적되어 지역 생태계에 충격을 줄 수 있다. 새롭게 개발된 조류터빈은 생명체의 이동 경로를 막지 않기 때문에 조력 기술의 환경적인 피해를 궁극적으로 줄일 수 있다. 일반적으로, 설치할 지역을 신중하게 선정하는 것이 OTEC와 파력시스템의 환경적 충격을 최소화하는 중요한 인자이다. OTEC 전문가들은 열대지방의 바다 곳곳에 발전소의 간격을 적절히 하면, OTEC 과정에서 발생하는 해양의 온도와 해양생명체에 미치는 부정적 피해를 제거할 수 있다고 생각한다. 또 파력시스템 계획자들은 경치 좋은 해안가를 보존하며 파력시스템이 해양 밑바닥의 퇴적물 흐름 경향을 중대하게 바꾸는 지역을 회피하여 위치를 선정할 수 있다. 해양에너지 시스템의 또 다른 문제는 경제성이다. 해양에너지 장치를 운영하는 것은 비용이 많이 소요되지 않지만, 건설비용은 대단히 고가이다. 예로, 조력발전소의 건설비용은 고가이고 비용 회수 기간은 장기간이다. 제안된 영국의 Seven River를 횡단하는 조력발전소의 비용은 약 120억불로 평가되며 제일 큰 화력발전소의 비용보다 훨씬 비싸다. 그 결과, 조력발전의 kWh 당 전기생산 단가는 화력발전소보다 값이 비싸며, 파력 시스템도 기존 발전원과 경제적으로 경쟁할 수 없다. 하지만, 파력에너지 생산 비용이 낮아지면, 일부 유럽 전문가들은 파력장치가 유리한 틈새시장을 찾을 것이라고 예상한다. 한번 건설되면 파력 시스템(다른 해양에너지 발전소 포함)은 사용하는 연료가 바닷물이어서 운영과 보수비용이 적게 든다. 조력발전소와 같이 OTEC 발전소는 현실적으로 초기 자본투자가 요구된다. OTEC 연구원들은 화석연료의 가격이 극적으로 증가하거나 국가정부가 재정적인 인센티브를 제공할 때까지는 민간부문의 회사가 대형규모의 발전소 건설에 필요한 막대한 초기투자를 원하지 않는다고 생각한다. OTEC의 상업화를 막고 있는 또 다른 요인은 OTEC 발전소가 설치되어 실현가능한 곳이 심해와 인접한 해안으로, 열대지방에 불과 수백 개 지역만 존재한다는 것이다. 기술의 진보로 이러한 문제들이 극복되면 해양에너지는 실현가능한 재생에너지의

대안으로 더 영향력을 얻게 될 것이다.

03 연료전지(Fuel Cell)

연료전지는 수소와 산소가 갖는 화학적 에너지를 직접 전기에너지로 변환시키는 전기화학 장치로, 수소와 산소를 양극과 음극에 공급하여 연속적으로 전기를 생산한다. 연료전지는 연료(수소)와 산소가 지속적으로 공급되는 한 연속적으로 전기를 생산할 수 있기 때문에 밧데리와는 구분된다. 연료가스와 공기 중의 산소로부터 전기와 열을 만들어 내며, 생성물이 물이기 때문에 환경오염이 적다. 따라서 연료전지는 지구온난화를 유발하는 온실가스양을 감소하며, 광화학 스모그와 건강문제를 야기하는 공해물질을 배출하지 않는다. 연료전지는 연소방식의 기술보다 더 효율적이며, 전기를 얻기 위하여 연료로 수소를 사용한다. 수소는 국내에서 이용 가능한 에너지원인 화석연료, 재생에너지, 원자력 등의 다양한 에너지원으로부터 생산할 수 있기 때문에, 외국에서 수입하는 원유 의존성을 감소시켜 국가에너지 위기를 개선할 수 있는 잠재력을 갖고 있다. 다양한 종류의 연료전지가 개발되고 있으며, 적용가능한 분야가 다양하다. 연료전지는 수송용, 상업용 건물, 가정, 또 노트북 컴퓨터와 같은 작은 장치의 전원공급용으로 개발 중이다. 그림 7-19는 2000년 말 현대자동차가 개발한 연료전지 자동차 산타페와 투싼으로, 현재 미국의 California 주와 Michigan 주에서 시범 운행 중에 있다. 그림 7-20은 Ballard Power System 사의 연료전지 모듈로, 대부분의 연료전지 자동차에 탑재하여 사용된다. 연료전지의 장점은 많지만, 소비자에게 성공

그림 7-19 현대자동차가 개발한 연료전지 자동차 산타페와 투싼

그림 7-20 Ballard Power System 사의 연료전지 모듈

적이며 경쟁력 있는 대체에너지가 되려면 가격, 내구성, 연료저장과 공급, 국민적 수용 등의 기술적, 경제적인 문제들을 극복해야 한다.

3.1 작동원리

연료전지는 화석연료 속의 수소와 공기 중 산소의 전기화학 반응에 의해 연료가 갖고 있는 화학에너지를 전기에너지로 연속하여 변환시켜 주는 전기화학 발전장치다. 그림 7-21은 연료전지의 작동원리를 나타내며, 이온전도성이 좋은 전해질(electrolyte)을 사이에 두고 2개의 다공성 전극으로 구성된다. 고체산화물 연료전지의 전기화학 반응을 살펴보면, 연료극에서 수소가 전자를 내어놓고 전해질을 통해 이동해온 산소이온과 만나 물과 열을 생성시킨다. 연료극에서 생성된 전자는 외부회로를 통해 직류전류를 만들면서 공기극으로 이동하며, 공기극에서 산소와 만나 산소이온이 되고 생성된 이온은 전해질을 통해 연료 극으로 이동하게 된다. 200°C 이하에서 작동하는 저온 연료전지의 경우 수소이온이 공기극 쪽으로 이동하여 공기극에서 물을 생성시키는 반응을 일으키나 기본적인 전극 반응은 동일하다. 수소를 연료로 사용할 때 발생하는 화학 반응식은 다음과 같다.

$$CH_4 + 2H_2O \rightarrow 4H_2 + CO_2 \tag{7.1}$$

또는

$$H_2O \rightarrow H_2 + \frac{1}{2}O_2 \tag{7.2}$$

그림 7-21 전지의 작동원리

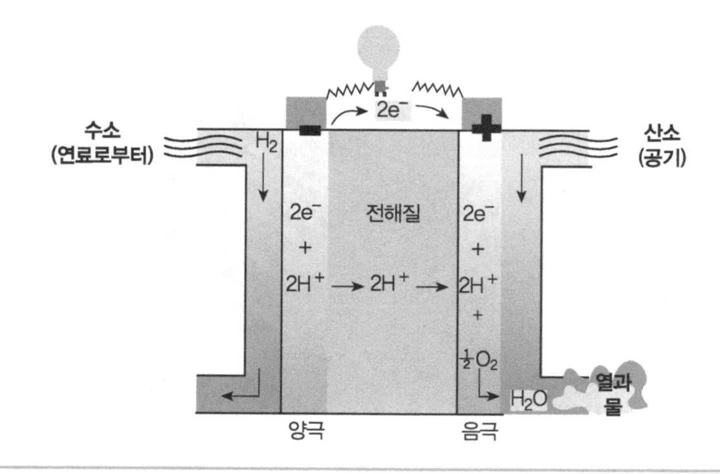

3.2 연료전지 부품과 기능

연료전지 시스템은 그림 7-22와 같이 연료개질장치(reformer), 연료전지 본체(fuel cell stack), 전력변환 장치(inverter), 열 회수시스템(heat recovery system)으로 구성된다. 연료개질장치는 수소를 함유한 탄화수소계 연료 (LPG, LNG, 메탄, 석탄화가스, 메탄올 등)로부터 연료전지가 필요로 하는 수소가 농후한 가스로 변환하며, 연료전지 본체는 연료개질장치를 통과하여 유입하는 수소와 공기 중의 산소가 반응하여 직류전기와 물, 부산물인

그림 7-22 연료전지 시스템의 주요 부품

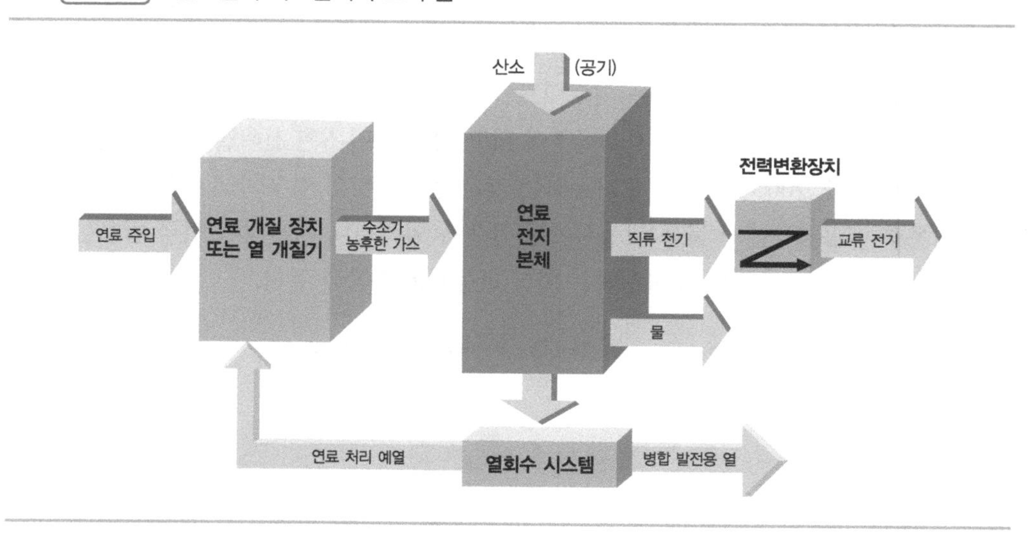

열을 발생시킨다. 그리고 전력변환장치는 연료전지에서 나오는 직류를 교류로 변환시키며, 열 회수시스템은 연료전지 본체에서 나오는 폐열을 회수하여 연료개질장치를 예열하거나 열병합발전 시스템에 열을 공급한다.

3.2.1 연료

대부분의 연료전지 시스템은 전기를 생산하기 위하여 순수한 수소나 메탄올, 가솔린, 디젤 또는 석탄화가스 등의 수소가 농후한 탄화수소계 연료를 사용한다. 이러한 연료들은 다음과 같은 장점과 단점을 갖는다.

▌순수한 수소

대부분의 연료전지 시스템은 순수한 수소가스를 연료로 사용하며, 수소는 압축가스상태로 차량에 탑재되어 저장된다. 수소가스는 에너지 밀도가 낮기 때문에 가솔린과 같은 기존 연료에 상당하는 출력을 생성하기 위하여 수소를 충분히 저장하기 어렵다. 연료전지 자동차가 가솔린 차량과 경쟁하려면 연료 재충전 주행거리가 300~400 mile 정도 필요하기 때문에 수소 저장이 중요한 문제로 대두된다. 대량의 수소가 탱크에 저장되어 승용차와 트럭에 사용되려면 저장장치가 충분히 작아야 한다. 따라서 고압탱크와 저장기술들이 개발 중에 있으며, 현재의 인프라 구조로는 소비자가 액체연료 형태로 수소가스를 공급받기가 어렵다는 것이 또 다른 문제이다. 인프라용의 새로운 설비와 공급 시스템은 적절한 시간과 자원이 요구되며, 그에 따른 수소 충전소 설치 비용이 뒷받침되어야 한다.

▌수소가 농후한 연료

연료전지 시스템은 메탄올, 천연가스, 가솔린, 석탄화가스 등과 같은 수소가 농후한 연료를 사용할 수 있다. 대부분의 연료전지 시스템은 이러한 연료들을 차량에 탑재된 연료개질기(reformer)를 통과시켜, 연료로부터 수소를 추출하여 사용한다. 차량에 탑재된 연료개질기를 사용하면 장점은 다음과 같다.

- 순수한 수소가스보다 높은 에너지 밀도를 갖는 메탄올, 천연가스, 가솔린 등의 연료 사용이 가능하다.
- 현재의 인프라를 사용하여 기존의 연료공급 시스템을 사용할 수 있다. (예로, 차량용 액체가스 펌프와 고정용 천연가스 공급관)

반면에 수소가 농후한 연료를 개질할 때 단점은 다음과 같다.

- 차량탑재 연료개질기는 연료전지 시스템에 복잡성, 비용, 유지 · 보수의 필요를 증가시킨다.

- 연료개질기가 일산화탄소를 허용하여 연료전지의 양극판에 도달하면, 셀의 성능이 점점 저하된다.
- 연료개질기가 일반적인 연소과정보다는 작은 양의 온실가스인 이산화탄소와 공해물질을 생성한다.

고온 연료전지 시스템은 차량탑재 연료개질기가 필요하지 않아서, 내부 개질이라 불리는 연료전지 그 자체 내에서 연료를 개질할 수 있다. 그러나 내부개질은 차량탑재 개질과 같이 이산화탄소를 배출하며, 가스화 연료의 불순물은 셀의 효율을 저하한다.

3.2.2 연료전지 시스템

연료전지 시스템의 설계는 대단히 복잡하며 연료전지의 종류와 적용에 따라 상당히 의존한다. 그러나 대부분의 연료전지 시스템은 다음과 같은 4가지의 기본부품으로 구성된다.

- 연료처리장치(fuel processor) 또는 연료개질기 또는 연료개질장치
- 에너지 변환장치(연료전지 또는 연료전지 본체)
- 전력변환장치(current converter)
- 열 회수시스템(heat recovery system) : 일반적으로 정치용 고온 연료전지에 사용

대부분의 연료전지 시스템은 연료전지의 습도, 온도, 가스압력, 폐수를 제어하는 부품과 부시스템(subsystem)으로 구성된다.

연료처리장치

연료개질기 또는 연료개질장치라고도 불리는 연료처리장치는 연료전지 시스템의 첫 번째 구성요소로, 연료를 연료전지에 사용 가능하도록 변환시킨다. 수소가 시스템에 공급되면, 연료처리장치는 필요하지 않은 수소가스의 불순물을 여과하는 데 사용된다. 메탄올, 가솔린, 디젤, 또는 석탄화가스와 같이 수소가 농후한 기존연료를 사용하는 시스템에서는 탄화수소를 개질(reformate)이라 부르는 가스혼합물과 탄소혼합물로 변환하기 위하여 일반적으로 개질기가 사용된다. 많은 경우 개질은 혼합가스를 연료전지 본체로 보내기 전에 탄화산화물 또는 황과 같은 불순물 제거를 위하여 반응기로 보낸다. 이러한 일련의 과정은 가스 내의 불순물이 연료전지 본체와 결합되는 것을 막는다. 불순물과 연료전지 본체가 결합하는 과정을 "피독 (poisoning)"이라고 하며, 이러한 피독현상은 연료전지의 효율과 기대수명을 감소시킨다. 용융탄산염 연료전지와 고체전해질형 연료전지는 연료전지 자체 내에서 개질이 충분히 가능한 고온에서 작동하며, 이러한 것을 내부개질이라고 한다. 내부개질을 사용하는 연료전지는 연료가스가 연료전지에 도달하기 전에 개질이 되지

않은 연료가스로부터 불순물을 제거하기 위하여 여과장치가 필요하다. 내부개질과 외부개질 모두 가솔린자동차의 내연기관에서 배출하는 양보다는 작지만 여전히 이산화탄소를 배출한다.

에너지 변환장치–연료전지 본체

연료전지 본체는 에너지 변환장치로, 연료전지에서 발생하는 화학작용으로부터 직류 전기를 생성한다. 그림 7–23은 연료전지와 연료전지 본체를 간단히 보여주며, 3.3절의 연료전지 종류에서 간단히 설명할 것이다.

전력변환장치

전력변환장치는 연료전지의 전기전류를 단순한 전기모터 또는 복잡한 기존 전력선 등의 적용에 필요한 요구사항에 맞추도록 변환시킨다. 직류를 생산하는 연료전지는 교류부하를 사용하는 가정이나 직장에서 사용 가능하도록 변환되어야 한다. 전력변환은 적용에 따른 요구조건을 만족시키도록 전류의 흐름, 전압, 주파수, 전류의 특성을 제어한다. 변환장치는 시스템의 효율을 약 2~6% 저하한다.

그림 7–23 연료전지와 연료전지 스택

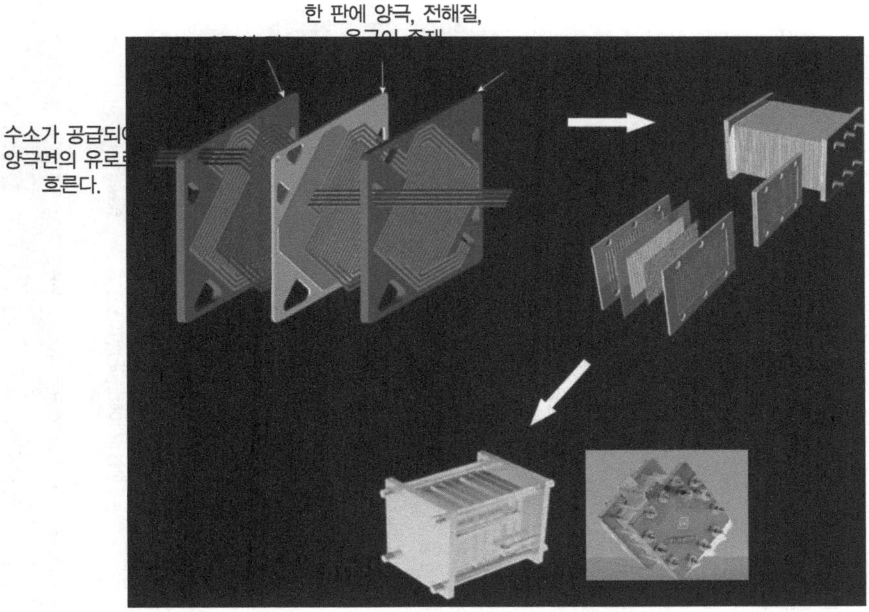

한 판에 양극, 전해질,

(c) 연료전지 모듈

표 7-3 이온화 전해질에 따른 연료전지의 종류

연료전지	전해질	시스템출력	발전효율 (%)	열병합발전 효율(%)	작동온도 (℃)	적용	장점	단점
고분자전해질 또는 양성자 교환박막형(PEMFC; PolymerElectrolyte Membrane or Proton Exchange Membrane)	고분자 이온 교환막	1~250 kW 이하	53~58 (수송용) 25~35 (정치형)	70~90 (저질폐열)	50~100	• 비상발전용 • 휴대용전원 • 소형 분산발전 • 수송용(자동차)	• 고체 전해질이 부식과 전해질 관리문제 저감 • 저온 • 빠른 시동	• 고가의 촉매 필요 • 연료 불순도에 따른 높은 민감성
알카라인형 AFC (Alkaline)	수산화칼륨의 수용액	10~100 kW	60	80 이상 (저질폐열)	90~100	• 군사용 • 우주용	• 고성능 • 다양한 촉매 사용가능	• 고가의 CO_2 제거장치 필요
인산형 PAFC (Phosphoric Acid)	액체인산	50 kW~1 MW (100 kW 모듈)	40 이상	85 이상	150~200	• 분산발전	• 전기와 열병합발전 시 고효율 • 연료로 불순정 H_2 무방	• 백금 촉매 • 저전류/저전력 • 대형/대 중량
용융탄산염 MCFC (Molten Carbonate)	용융탄산염 (리튬, 나트륨, 탄산칼륨의 수용액)	1 kW~1 MW 이하 (250 kW 모듈)	45~47	80 이상	600~700	• 대형 분산발전 • 전력계통 사업용	• 고효율 • 연료 유연성 • 다양한 촉매 사용가능 • 열병합발전에 적절	• 전지부품의 대형/대 중량
고체산화물 SOFC (Solid Oxide)	고체전해질 (지르코늄)	1 kW~3 MW 이하	50	90 이하	600~1000	• 보조전원 • 전력계통 사업용 • 대형 분산발전	• 고효율 • 연료 유연성 • 다양한 촉매 사용가능 • 열병합발전에 적절 • 고체 전해질이 부식과 전해질 관리문제 저감 • 하이브리드/GT 사이클	• 전지부품의 고온 부식과 파손 증가

▌ 열 회수시스템

연료전지 시스템은 열을 생성하는 것이 주요 목적은 아니다. 특별히, 용융탄산염 연료전지와 고체산화물 연료전지는 고온에서 작동하기 때문에, 연료전지가 생성하는 열은 상당히 많다. 이러한 과도한 열에너지는 증기나 고온수를 만들거나 가스터빈 또는 다른 기술에 의해 전기로 변환하는 데 사용된다. 이러한 방법에 의해 전체 시스템의 에너지 효율이 증가된다.

3.3 연료전지의 종류

연료전지는 사용하는 전해질의 종류에 따라 주로 분류되며, 전지에서 발생하는 화학작용의 종류, 필요한 촉매의 종류, 전지가 작동될 때 작동온도, 다른 인자 등으로 결정된다. 이러한 특성들은 연료전지의 적절한 적용에 영향을 준다. 현재 다양한 종류의 연료전지가 개발 중이며, 각각 장점과 한계, 잠재적인 적용을 갖고 있다. 표 7-3은 이온화 전해질의 종류에 따른 연료전지의 분류를 간략히 정리한 것으로, 고분자전해질 연료전지(PEMFC; Polymer Electrolyte Membrane or Proton Exchange Membrane), 인산형 연료전지(PAFC; Phosphoric Acid Fuel Cell), 알카리형 연료전지(AFC; Alkaline Fuel Cell), 용융탄산염 연료전지(MCFC; Molten Carbonate Fuel Cell), 고체산화물 연료전지(SOFC; Solid Oxide Fuel Cell) 등으로 구분된다. 작동온도도 다양하여 200°C 미만의 온도에서 작동하는 저온형 연료전지와 600°C 이상의 고온에서 동작하는 고온형 연료전지가 있다.

3.4 연료전지의 사용

연료전지는 소형 휴대용 전자기기로부터 자동차, 대형 전기발전장치에 이르기까지 넓은 영역에 걸쳐서 적용 가능한 기술이다. 연료전지 상용화를 위한 중대한 문제는 현존하며, 현재 사용하고 있는 대부분의 연료전지 발전시스템은 실제의 작동조건에서 성능을 평가하기 위한 실증 프로그램의 일부분이다. 연료전지의 적용은 승용차나 버스에 적용되는 수송용, 가정이나 상업용 건물의 전원을 제공하는 정치형, 휴대용 전화기에 전원을 공급하는 휴대용 등의 3가지로 분류된다.

3.4.1 수송용 전원

연료전지는 수송용의 추진력 또는 보조동력을 제공하기 위하여 사용된다. 일반적으로 우주선에는 알카라인형 연료전지를 탑재하여 사용하며, 그 이외의 수송용에는 고분자전해질 연료전지가 주로 사용된다. 그림 7-24는 Ford의 고분자전해질 연료전지차량인 Focus FCV를 나타낸다.

그림 7-24 Ford의 연료전지차량인 Focus FCV

3.4.2 정치형 전원

▌적용 가능성

정치형 전원은 연료전지의 적용 중 가장 성숙한 분야로, 예비전원, 원거리 지역의 전원, 마을이나 도시의 독립형 발전소, 건물의 분산발전, 전기생산에서 발생하는 과도한 열에너지를 열로 이용하는 열병합발전 등에 사용된다. 그림 7-25는 미국 Nebraska 주의 Omaha 시에 위치한 First National Bank of Omaha의 주 동력원으로 사용되는 UTC 연료전지 회사의 200 kW급 연료전지 발전소 4기를 보여준다. 연료전지의 열은 공간 난방용으로 사용되며, 연료전지 시스템 평균효율을 80% 이상으로 증가시킨다.

10 kW를 생산하는 600 개의 시스템 또는 현재 그 이상이 세계적으로 설치되어 운영되며, 주로 천연가스를 연료로 사용한다. 일반적으로 인산형 연료전지는 대형 규모에 적용되지만, 경쟁관계에 있는 용융탄산염 연료전지와 고체산화물 연료전지의 상용화가 가장 근

그림 7-25 First National Bank of Omaha의 주 동력원으로 사용되는 200 kW급 연료전지 발전소 4기

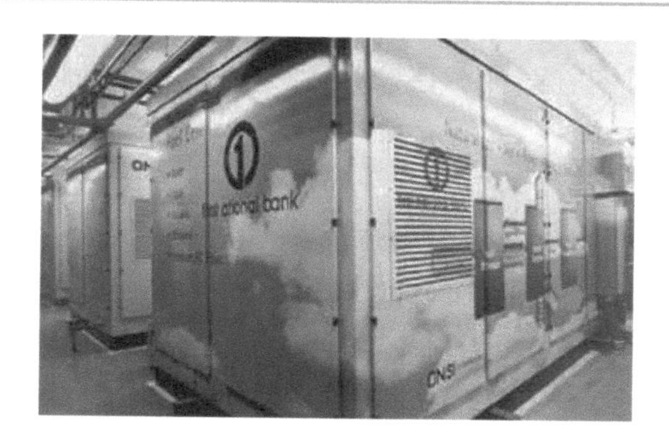

그림 7-26 UTC 사의 5 kW급 연료전지 발전장치

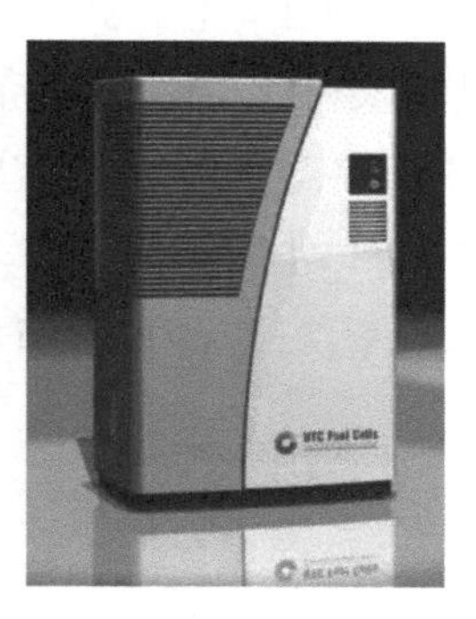

접해 있는 상황이다. 또한 10 kW 이하의 소형 정치형 연료전지가 1000개 이상 설치되어 가정에 전원과 예비전력 공급용으로 작동 중에 있다. UTC 연료전지 회사는 원격통신 탑의 보조전원이나, 소형 사업장의 전력용도로 사용하기 위하여 그림 7-26과 같은 5 kW급 연료전지발전장치를 개발하였다. 천연가스나 수소를 연료로 하는 고분자전해질 연료전지는 이러한 소형 시스템에 주로 사용된다.

3.4.3 휴대용 전원

연료전지는 전화나 라디오와 같은 휴대용 전자장치로부터 발전기와 같은 대형장비에 이르기까지 다양한 휴대용 장치의 전원을 공급하는 데 사용될 수 있다. 노트북 컴퓨터, PDA, 비디오카메라와 같이 기존에 밧데리를 사용하는 모든 장치에 대체 전원으로 적용 가능성이 있다. 이러한 연료전지는 연료충전 사이의 기간이 밧데리보다 3배 이상 더 길다. 연료전지는 소형 휴대용 장치에 전기를 공급하는 데 사용되는 휴대용발전기에서도 사용할 수 있

그림 7-27 Ballard 사의 휴대용 전원용도의 연료전지

다. 약 1,700개의 휴대용 연료전지가 전 세계적으로 개발되어 작동되고 있으며, 그 용량은 1~1.5 kW 급이다. 휴대용으로 적용을 위한 2가지 중요한 기술은 고분자전해질연료전지와 직접메탄올 연료전지의 설계에 관한 것이다. 대부분의 휴대용 연료전지 생산품은 여전히 개발과 실증 단계에 있다. 그러나 휴대용 전원발전기와 같은 휴대용 장치는 아주 제한적으로 상용화되어 있다. 차세대 발전기술로 성숙하려면 요소기술, 스택제작기술, 상용화를 위한 가격저감의 연구 등이 필요하다. 그림 7-27은 Ballard 사의 휴대용 전원 공급 용도의 연료전지를 보여준다.

3.5 연료전지의 문제점

연료전지의 잠재적인 장점은 중요하지만, 연료전지의 상용화가 성공하고, 소비자들이 선택할 수 있는 대안이 되려면, 기술적인 많은 문제들을 극복해야 한다. 가격과 내구성, 크기, 무게, 열과 물의 처리문제 등이 연료전지 기술의 상용화를 가로 막는 장애요소들이다. 수송용의 경우에는 이러한 기술들이 가격과 내구성에 엄격히 연관된다. 전력생산을 위한 정치용에서는 열과 전력이 함께 필요한 열병합발전이 요구되므로, 성능 향상을 위하여 작동온도를 상승시키는 고분자전해질 연료전지를 사용하는 것이 장점이 있다. 중요한 당면과제는 다음과 같다.

3.5.1 가격

가격은 연료전지의 개발과 적용을 위하여 가장 큰 문제이다. 어떤 연료전지는 극한 고온에 저항력 있는 비싼 재료가 필요한 반면에, 일부 연료전지는 값비싼 귀금속의 촉매가 필요하다. 또한 가격은 연료전지의 내구성, 작동 수명시간, 연료공급과 저장장치, 연료전지 사용의 각각 다른 관점에 관련된다. 연료전지 시스템의 가격은 기존의 기술과 경쟁하려면 낮추어야 한다. 현재 자동차 내연기관은 $25~$35/kW이어서, 수송용 연료전지 시스템은 $30/kW이어야만 경쟁이 가능하다. 정치용 시스템의 가격은 상승하여 초기가격이 $1000/kW이고 보급가격이 $400~$750/kW이면 적절하다.

3.5.2 내구성(durability)과 신뢰성(reliability)

연료전지 시스템의 내구성과 신뢰성은 아직 입증되지 않았다. 수송용의 연료전지 시스템은 현재 자동차엔진의 내구성과 신뢰성 수준인 5,000 시간 수명(150,000 miles)과 차량 작동온도(40~80 °C)의 영역에서 임무를 잘 수행하는 능력이 요구된다. 정치용으로 시장에서 채택되려면 −35~40 °C 온도에서 40,000 시간 이상 확실히 작동해야 하는 조건이 요구된다. 특별히, 고온 연료전지는 재료가 파손되거나 작동 수명시간을 줄이는 경향이 있다.

고분자전해질 연료전지는 신뢰적이고 경제적으로 운영하기 위하여 효율적인 물 관리 시스템(water management system)을 갖추어야 한다. 모든 연료전지는 온도에 변화하며 연료전지 성능과 수명을 감소시키는 촉매 독성에 노출되기 쉽다. 이러한 분야에 관한 연구가 진행 중이고, 새로운 부품과 설계의 내구성을 실험하기 위한 실증프로그램도 수행 중에 있다.

3.5.3 공기, 열, 물관리 시스템

연료전지의 공기관리 시스템은 수송용 연료전지 적용에 대한 현재의 압축기 기술이 아직 적합하지 않기 때문에 당면한 과제이다. 그리고 연료전지의 열과 물관리 시스템도 작동온도와 대기온도 사이의 작은 온도 차이로 인하여 대형 열교환기가 필요하므로 또한 문제이다.

3.5.4 개선된 열회수 시스템

저온에서 작동하는 고분자전해질 연료전지는 열병합발전(CHP; combined heat and power)에서 효과적으로 사용할 수 있는 열의 양에 한계가 있다. 고온에서 작동하거나 더 효율적으로 열을 회수하는 시스템 개발 기술들이 필요하며 개선된 시스템의 설계로 인하여 열병합 효율이 80% 이상이 되어야 한다. 또한 정치용 연료전지 시스템으로부터 저온의 열을 방출하며 냉각이 가능한 건조 냉각사이클(desicant cooling cycle)의 재생 건조와 같은 기술들도 평가할 필요가 있다.

3.5.5 연료문제

순수한 수소로부터 동력을 얻는 연료전지의 연료관련 문제들인 생산, 공급, 저장장치, 안전에 관하여 간략히 살펴보면 다음과 같다.

▌생산

현재 수소는 가솔린과 같은 기존연료보다 생산을 위한 가격이 가장 비싸며, 적절한 가격의 수소 생산방법은 온실가스를 생성한다.

▌공급

기존연료를 소비자에게 공급하는 현재의 시스템에서는 수소를 사용할 수 없기 때문에, 새로운 인프라를 개발하고 보급해야 한다. 개발단계에서 일부 잠재적인 기술이 발전하고 있어서 완전한 인프라의 요구조건이 아직 결정되지 않고 있다.

▌저장장치

수소는 단위 체적 당 에너지 밀도가 낮기 때문에 대부분의 적용에 가능하도록 합당한 크기의 공간에 충분한 양을 저장하기 어렵다. 즉, 작은 탱크 내에 수소를 저장해야 하는 수소연료 연료전지자동차의 특별한 문제이다. 현재 고압저장탱크가 개발 중이고 금속하이드라이드(metal hydrides)와 탄소나노구조(carbon nanostructure)와 같은 다른 저장기술의 사용도 연구되고 있다. 이러한 재료들은 고농도의 수소를 흡수하고 보유할 수 있다.

안전

가솔린이나 다른 연료와 같이 수소도 안전 위험이 있어서 조심스럽게 취급해야 한다. 가솔린은 상당히 친숙하지만, 수소의 취급은 모두에게 새롭다. 따라서 개발자들은 매일 사용하는 안전을 위하여 새로운 연료저장장치와 공급장치를 최적화해야 하고, 소비자들은 수소의 물성과 위험에 친숙해져야 할 것이다.

3.5.6 국민적 수용

연료전지의 장점은 많이 있지만, 소비자가 연료전지와 직접적으로 마주치는 수송용, 가정용, 휴대용에서 소비자에 의해 적극적으로 수용되어야 한다. 소비자가 새로 구입하는 최신 장치에 관심을 갖는 것과 같이, 소비자는 연료전지 동력장치의 신뢰성과 안전에 관심을 기울여야 한다.

04 바이오매스(Biomass)

바이오매스는 식물과 동물에서 만들어지는 유기물 재료로, 햇빛으로부터 저장된 에너지를 함유한다. 식물은 광합성 과정을 통하여 햇빛 에너지를 흡수하며, 식물의 화학에너지는 동물과 사람들이 먹을 수 있는 음식물로 전환된다. 바이오매스는 나무와 농작물로 성장하고 폐기물이 항상 존재하기 때문에 재생에너지이다. 그림 7-28은 광합성 과정을 설명한 것으로, 식물은 햇빛의 복사에너지를 포도당 또는 설탕의 형태인 화학적 에너지로 변환한다. 즉, 광합성과정은 물, 이산화탄소, 햇빛이 반응물로 화학작용을 일으켜 포도당과 산소의 생성물을 만든다. 이러한 변환과정을 화학식으로 표현하면 다음과 같다.

$$6H_2O + 6CO_2 + \text{복사에너지} \rightarrow C_6H_{12}O_6 + 6O_2 \quad (7.3)$$

연소가 일어나면, 바이오매스의 화학에너지는 열로 방출된다. 그림 7-29는 바이오매스 연료로 사용되는 가열용 목재 연소를 보여준다. 벽난로에서 연소되는 나무들은 바이오매스 연료로, 목재 폐기물과 쓰레기는 전기생산용 증기를 발생하는 데 사용되며, 수천 년

그림 7-28 광합성 과정

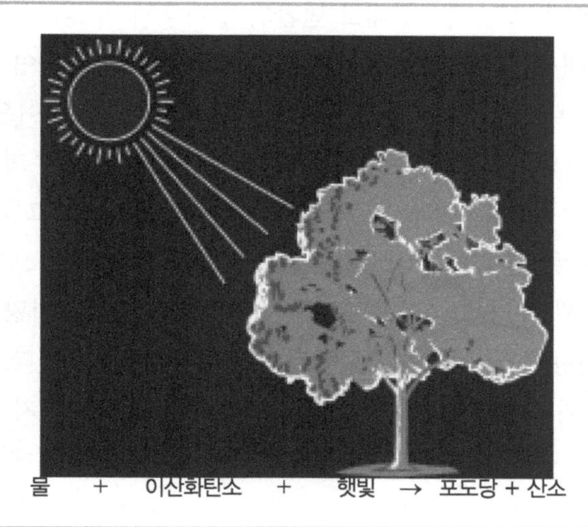

동안 주택과 건물의 난방용으로도 사용되었다. 사실 바이오매스는 개발도상국의 대부분에서 주요한 에너지원으로 계속 사용되고 있다. 나무, 식물, 농경 또는 임산물 찌꺼기, 도시와 산업용 쓰레기의 생물학적 부분들과 같은 다양한 바이오매스의 형태들이 있으며, 현재 에너지원으로 사용되고 있다. 오늘날 많은 바이오에너지 원은 바이오에너지 공급재료(bioenergy feedstock)라 불리는 빨리 성장하는 나무와 풀과 같은 에너지 작물의 경작으로 보충된다.

그림 7-29 바이오매스 연료로 단순히 사용되는 예

바이오에너지라고도 불리는 바이오매스는 전기생산, 열, 화학제품, 또는 자동차에 고체 연료로 사용되거나, 액체 또는 기체형태로 변환되어 이용되며, 정미(net) 온실가스를 발생시키지 않는다. 다른 재생에너지와는 달리 수송용에 사용하기 위하여 직접 액체로 변환될 수 있는 바이오매스를 바이오연료(biofuel)라고 하며, 에탄올과 바이오디젤 2가지로 분류된다. 알콜인 에탄올은 맥주 양조과정과 유사하게 옥수수 같은 탄수화물을 고도로 발효시켜 생산된다. 에탄올은 차량으로부터 배출되는 일산화탄소와 스모그를 유발하는 배기가스를 감소하기 위하여 보통 연료첨가제로 사용된다. 에스테르인 바이오디젤은 식용유, 동물의 지방, 해조류, 재생된 요리용 수지 등을 이용하여 만들어지며, 차량의 배기가스를 감소하는 디젤첨가제로 사용되거나 순수하게 차량연료로 사용될 수 있다. 바이오매스는 미국에서 재생에너지 생산량 중 수력 다음으로 많이 사용하며, 주요에너지 생산량의 약 4.5%를 점유한다. 현재 설치된 용량이 7,000 MW 이상인 바이오매스는 매해 370억 kWh의 전기를 생산하며, 이러한 전기량은 연간 Colorado 주 전체가 사용하는 양보다 더 많다. 따라서 이러한 양의 전기를 생산하려면 연간 약 6천만 톤의 바이오매스가 필요하다.

연료로 바이오매스를 사용하면 화학적 변환에 따라 열이 발생하며, 이 연료로 석유처럼 연소시켜 전기를 생산한다. 또한 바이오매스는 전기생산 또는 제작공정용 증기를 만들기 위하여 직접 연소된다. 증기발전소에서는 고온고압의 증기가 터빈을 통과하여 같은 축에 연결된 발전기를 구동함으로 전기를 생산한다. 목재와 제지산업에서 나무 찌꺼기들이 보일러로 공급되어 제작공정용 증기를 생산하거나 건물 난방용에 사용된다. 일부 석탄화력발전소는 배기가스를 효과적으로 감소하기 위하여 고효율 보일러의 보조에너지원으로 바이오매스를 사용한다. 또한, 바이오매스로부터 생산된 가스도 전기를 생산하는 데 사용된다. 가스화시스템은 고온을 사용하여 바이오매스를 수소, 일산화탄소, 메탄의 혼합물인 가스로 변환한다. 이 가스는 발전용 가스터빈엔진의 연료로 사용되어, 전기발전기를 구동한다. 또한 쓰레기 매립지에서 발생하는 부패된 바이오매스는 매립지가스인 메탄가스를 생산하며, 이 가스는 전기생산 또는 산업공정용 증기를 생산하기 위하여 보일러에서 연소된다. 현재 석유로 만들어지는 부동액, 플라스틱, 개인용품들과 같은 상품들에 대하여 바이오 근간의 새로운 기술을 이용하여 화학제품과 재료를 만들려는 연구가 진행되고 있다. 일부 경우에, 이러한 생산품들은 미생물에 의해 무해물질로 완전히 분해될 수 있다. 바이오 근간의 화학제품과 재료들을 시장에 출시 가능하게 하는 기술들은 아직 개발 중에 있으며, 이러한 제품의 잠재적인 장점은 상당히 많다.

4.1 바이오매스

바이오매스는 식물을 재배하는 동안 부차적으로 생산되는 재생에너지 원으로, 지구표면에

고루 분포되어 있으며, 비용이 저렴한 기술을 사용하여 개발할 수 있다. 또한 지역적, 국가적, 또는 세계 전체를 통하여 자급자족이 충분하며, 비재생에너지와 같은 부정적인 환경영향이 없다. 바이오매스는 광합성을 통하여 저장된 에너지를 함유하며, 이 에너지 함유량은 종이나 동물 폐기물 같이, 나무가 다른 재료로 가공될 때도 여전히 남아있게 된다. 즉, 바이오연료로 생성된 전기나 수송연료와 같이 매일 사용하는 에너지의 형태로 존재한다. 바이오매스 에너지 함유량은 가공되지 않은 재료를 사용 가능한 형태로 변환하는 것으로, 연소, 생화학적 또는 열화학적 과정을 통하여 획득된다.

4.1.1 바이오매스의 종류

그림 7-30은 바이오매스의 종류를 나타내며, 나무, 농작물, 쓰레기, 알콜연료, 쓰레기 매립지 가스 등으로 분류된다. 나무 부스러기와 목재생산 산업의 잔류물은 전기를 발전하기 위한 가장 경제적인 바이오매스 연료로 사용되고 있다. 많은 인구가 살고 있는 생산시설 근처에는 사용된 화물선적 팔레트와 정원에서 잘라낸 부스러기들이 저가의 바이오매스 근원이 된다. 에너지 농작물에는 벼 껍질, 사탕수수 · 사탕무의 찌꺼기로 연료나 펄프의 원료인 바가수, 빨리 성장하는 나무 등이 있다. 쓰레기에는 음식, 섬유 등의 유기부산물과 위험하지 않은 도시 고체폐기물 등으로 구성된다.

4.1.2 기술-바이오매스 전력

바이오매스 전력생산 기술은 화석연료를 사용하는 증기원동소(Rankine) 사이클 발전소와 유사한 장치를 이용하여 재생 바이오매스 연료를 열과 전기로 변환하는 것으로, 이미 입증

그림 7-30 바이오매스의 종류

된 기술이다. 미국에서 재생에너지 자원 중에 바이오매스로부터 생산되는 전기가 수력 다음으로 많으며, 설치된 용량은 10 GW에 달한다. 이러한 규모는 성숙된 직접 연소기술을 근본으로 한다. 일반적으로 재생에너지는 바람의 속도 또는 햇빛의 강도와 같은 환경조건에 따라 변화하지만, 바이오매스는 에너지의 수요가 있을 때까지 바이오매스 안에 저장될 수 있다. 이러한 특징을 수요에 따른 유용도라고 한다. 바이오매스의 직접 연소기술은 현재 개발도상국의 일부와 수십 년 전 미국에서 요리와 난방용도로 사용되었다. 기술이 개발됨에 따라 바이오매스 연료의 에너지로부터 전기를 생산할 수 있게 되었으며, 그 크기는 농장 또는 원격지의 마을에 사용 가능한 소규모로부터, 소도시에 전력을 공급하기 충분한 대규모까지 다양하게 존재한다. 향후 효율 개선을 통하여 기존의 석탄연소 보일러가 바이오매스의 공동연료로 대체될 것이며, 고효율 가스화 복합사이클 시스템의 도입도 포함될 것이다.

4.1.3 장점

현재 미국 에너지의 80%가 유한하며 재생할 수 없는 화석연료에 의해 공급된다. 재생에너지원으로서 바이오전력은 기존 에너지원의 대안으로, 환경문제, 시골지역의 경제성장, 국가에너지 안보 등의 장점이 있다. 화석연료의 연소는 이산화황, 질소산화물, 또 원하지 않는 배기가스를 생성하지만, 바이오전력은 연소과정을 통하여 기존 에너지원보다 적은 배기가스를 배출한다. 바이오매스는 화석연료의 사용과 관련된 배기가스의 상쇄로 인하여 실제로 환경의 질을 향상시키며, 쓰레기를 사용함으로 쓰레기 매립문제를 해결할 수 있다. 또한 바이오전력의 성장은 새로운 시장과 현재 경제적인 어려움에 직면한 농부들, 삼림노동자들의 고용을 창출할 수 있다. 따라서 시골사회에서 새로운 과정, 분배, 서비스 산업이 정착될 수 있다.

4.1.4 경제성

바이오매스로 전기를 생산하는 비용은 사용하는 기술의 종류, 발전소의 크기, 공급되는 바이오매스 연료 가격에 의존하여 변동한다. 지역적으로 유용한 바이오매스 원천의 한계는 일반적으로 100 MW 규모를 넘어서면 경제성이 없다는 것이다. 가스화 복합사이클인 진보된 바이오매스 전력시스템이 상용화되면, 대형발전 유닛이 적합하게 될 것이다. 현재 공동연료를 사용하면, 발전소 관리자가 상대적으로 저렴한 가격과 위험도가 낮은 방법으로 바이오매스 용량을 증대할 수 있으며, 단위 전력생산 용량 당 적은 자본투자만이 필요하다. 바이오매스가 발전소의 연료로 경제성을 가지려면, 바이오매스의 원천으로부터 발전소까지 수송거리가 최소화되어야 하기 때문에, 경제적으로 적절한 최대거리는 160 km 이내이어야 한다. 가장 경제적인 조건은 종이공장, 제재소, 설탕공장 등과 같은 바이오매스 잔류물이 생산되는 지역에 에너지의 사용처인 발전소가 위치할 때이다. 미국 에너지부와 산업체에 의해 개발 중인 모듈 바이오전력 발전 기술은 바이오매스 공급지역에 소규모 발전소를 위치시켜 연료 운송거리를 최소화할 것이다.

4.2 바이오연료

바이오연료는 살아있는 생물체 또는 상대적으로 최근까지 생명이 붙어 있던 물질로부터 얻어진 고체, 액체, 또는 가스 상태의 연료로 정의되며, 장기간 동안 죽어 있던 생명체로부터 얻어진 화석연료와는 다르다. 또한 다양한 농작물과 농작물에서 추출된 재료가 바이오연료 생산에 사용된다. 세계적으로 바이오연료는 수송용 차량, 주거용 난방과 요리에 가장 일반적으로 사용된다. 바이오연료 산업은 유럽, 아시아, 미국에서 확장 중에 있으며, Los Alamos 국립연구소에서 최근에 개발된 기술은 공해물질을 재생 바이오연료로 변환이 가능하다. 농작연료(agrofuel)는 매립지 가스나 재활용된 식물성 기름과 같은 폐기과정이 아닌 특별한 농작물로부터 생산되는 바이오연료이다. 액체나 가스 상태의 농작연료를 생산하는 일반적인 방법은 다음과 같은 2가지가 있다. 첫 번째 방법은 사탕수수, 사탕무와 같은 당분이 많이 함유된 농작물이나 전분을 함유한 옥수수를 재배하여 효모로 발효시켜 에탄올을 생산하는 것이다. 알콜인 에탄올은 차량의 일산화탄소와 다른 스모그를 유발하는 배기가스를 감소시키기 위하여 주로 연료첨가제로 사용되며, 가솔린과 85%의 에탄올 혼합물로 작동되는 적응 연료 차량(flexible-fuel vehicle; FFV)이 시판되고 있다. 두 번째 방법은 기니기름야자나무(oil palm), 콩, 해조류, 자트로파(jatropha)와 같은 식물성 기름을 많이 함유하는 농작물을 재배하는 것이다. 이러한 기름을 가열하면 점성이 작아져 디젤엔진에서 직접 연소될 수 있거나 바이오디젤(에테르)과 같은 연료를 생산하기 위하여 화학적 과정을 거치게 된다. 바이오디젤은 식용유, 동물성 지방, 또는 재활용된 요리용 기름과 대개 메탄올인 알콜로 구성된다. 차량 배기가스를 감축하기 위하여 첨가제로 사용되거나, 디젤엔진의 재생 대체연료로 사용된다. 또 다른 바이오연료로는 메탄올과 개질된 가솔린성분이 있으며, 나무나 그 부산물도 목질가스, 메탄올 또는 에탄올 연료로 변환될 수 있다. 나무알콜이라 불리는 메탄올은 현재 천연가스로부터 생산되며, 또한 바이오매스로부터 생산될 수 있다. 또한 먹을 수 없는 작물의 일부분으로부터 셀룰로오스 에탄올을 생산하는 것이 가능지만, 경제적인 관점에서는 아직도 해결해야 할 문제이다. 바이오매스를 메탄올로 변환하는 방법에는 여러 가지가 있으며, 가장 선호되는 방법으로는 가스화 방법이다. 가스화 방법은 바이오매스를 고온에서 증발시킨 후, 고온가스로부터 불순물을 제거하고 촉매를 통과시켜 메탄올로 변환시키는 것이다. 바이오매스로부터 생산되는 대부분의 개질된 가솔린 성분은 MTBE(methyl tertiary butyl ether) 또는 ETBE(ethyl tertiary butyl ether)와 같이 공해를 저감하는 연료첨가제이다.

그림 7-31 이산화탄소 사이클

다른 재생에너지와는 달리 바이오매스는 자동차, 트럭, 버스, 항공기, 기차 등의 수송용 차량에 사용되는 액체상태인 바이오연료로 직접 변환될 수 있다. 바이오연료는 석유보다 배기가스를 적게 배출하며 현재 사용하지 않는 폐기물을 사용하기 때문에 환경 친화적이다. 또 비재생 천연자원인 석유와는 달리, 바이오연료는 재생가능하며 없어지지 않는 연료원이다. 많은 연구원들이 석탄과 다른 화석연료의 연소를 줄이며 바이오매스를 더 많이 연소시키는 방법을 개발하기 위하여 노력하고 있다. 그림 7-31은 이산화탄소 사이클의 설명을 도식화한 것으로, 옥수수와 같은 농작물은 이산화탄소를 흡수하여 광합성 활동을 하면서 성장하고, 추수된 후에는 당분 요소로 분리되어 에탄올을 만들도록 정제된다. 에탄올은 차량에서 대체연료로 사용되며, 연소 후에는 온실가스인 이산화탄소를 배출한다. 이렇게 배출된 이산화탄소는 농작물에 의해 재흡수되어, 이산화탄소의 사이클이 완성된다.

4.2.1 바이오에탄올

현재 가장 많이 이용되는 바이오연료인 에탄올은 매해 미국에서 가솔린에 첨가되는 양이 15억 갤런 이상으로, 차량 성능을 향상시키고 대기오염을 감소시키기 위하여 사용되고 있다. 알콜인 에탄올은 전분(녹말) 농작물이 당분으로 변환되고, 당분이 에탄올로 발효된 후, 맥주 양조과정과 유사한 방법으로 증류되어 만들어진다. 에탄올 제조 원료인 녹말과 당분은 상대적으로 유용한 식물 재료에 많지 않으나, 당분 분자의 중합체인 섬유소는 대부분의 바이오매스에 대량으로 함유되어 있다. 기존의 공급재료인 전분 농작물 대신에 섬유소 바이오매스 재료로부터 만들어지는 에탄올을 바이오에탄올이라고 한다. 에탄올은 가솔린의 옥탄가를 증가하고 배기가스의 질을 향상시키기 위하여 사용된다.

4.2.2 재생디젤

재생디젤은 디젤엔진에 사용되는 연료로, 석유 디젤과 혼합되거나 식용유, 동물지방과 같은 재생 근원 또는 풀이나 나무와 같은 바이오매스의 다른 형태로부터 만들어진다. 바이오디젤은 현재 미국 전역에 걸쳐 사용되는 재생 디젤연료의 한 예이다. 바이오디젤은 모두가 다 재생 가능한 식용유, 동물지방, 재활용된 식당기름 등으로부터 제조된다. 차세대 재생 디젤연료인 E-디젤은 혼합물의 성능을 향상시키기 위하여 에탄올, 디젤연료, 다른 화학약품을 혼합한 것이다. E-디젤의 에탄올 부분은 옥수수와 같은 알곡으로 구성되기 때문에 재생가능하다. 또 다른 새로운 재생 디젤연료는 Fischer-Tropsch 디젤연료로, 현재는 석탄과 천연가스로 만들어지나, 미래에는 풀, 나무, 유기물로 만들어질 수 있을 것이다. 석유 디젤연료 대신에 사용될 수 있는 이러한 재생 디젤연료는 석유수입과 대기오염을 감소하며, 국가경제를 향상시킨다. 바이오디젤은 지방산 알킬 에스테르(fatty-acid alkyl ester)로 구성되는 재생 디젤연료이다. 지방산 알킬 에스테르는 실제 탄소분자들(12~22개의 탄소들)의 기다란 고리로, 고리의 한 끝단에 알콜분자가 부착되어 있다. 유기적으로 추출된 오일은 알콜(보통 메탄올)과 결합되어 있고 메틸 에스테르와 같은 지방 에스테르를 형성하기 위하여 화학적으로 변경될 수 있다. 바이오매스로부터 추출된 에스테르는 기존의 디젤연료와 혼합되거나 100% 바이오디젤로 사용된다. 동물의 지방이나 식용유로 만들어진 바이오디젤은 낮은 배기가스를 제외하고는 석유디젤과 유사하게 작동한다. 순수한 바이오디젤은 추운 기후에서 특별한 취급이 요구되나, 대부분의 최신트럭에서 변경없이 사용될 수 없다. 혼합수준은 연료의 가격과 원하는 장점에 의존하지만, 일반적으로 바이오디젤은 석유디젤과 20% 정도 혼합(B20)되어 연료첨가제로 사용된다. B20과 같이 혼합된 바이오디젤은 디젤엔진에서 작동되며, 혼합된 양에 따라 오염물질이 대략 비례적으로 감소한다. 또 바이오디젤과 석유디젤의 혼합은 석유디젤의 수입 필요량이나 미래에 더 많은 양의 석유디젤연료 생산량을 감소시킨다. 미국에서 바이오디젤의 사용은 2000년에 7백만 갤런에서 2011년에 11억 갤런으로 급격히 증가하고 있으며, 성장에 대비하여 추가적으로 생산용량이 증가하고 있다. 미국의 생산자들은 주로 콩기름과 재활용된 요리 기름을 사용한다. 바이오디젤인 B20은 연방정부, 주정부, 순환버스, 민간 트럭회사, 연락선(ferry), 관광 유람선, 대형보트, 기차, 발전장치, 가정의 난로 등에 사용된다. 바이오디젤에 대한 관심은 유해한 디젤배기 가스에 노출된 노동자들과 학교 학생들, 공항근처의 지역 배기가스를 조절해야 하는 비행기, 배기가스가 감축되지 않으면 사용이 제한될 발전장치와 기차 등을 중심으로

그림 7-32 연료로 가솔린 대신에 에탄올을 사용하는 버스

증가하고 있는 추세이다. 바이오디젤은 그 자체만으로 차량의 연료로 사용될 수 있으며, 디젤엔진 차량에서 발생하는 매연, 일산화탄소, 탄화수소, 공기 유해물의 수준을 낮추기 위하여 보통 석유 디젤의 첨가제로 사용된다. 그림 7-32는 연료로 가솔린 대신에 콩기름에서 추출한 에탄올을 사용하는 버스의 사진이다.

연/습/문/제

01 수평축 풍력터빈과 수직축 풍력터빈의 장단점을 비교 분석하시오.

02 풍력에너지의 장단점을 쓰시오.

03 해양에너지의 형태는 기계적 에너지와 열에너지 형태로 존재한다. 기계적 에너지와 열에너지의 종류를 각각 쓰시오.

04 청정 에너지인 해양에너지의 환경적인 문제를 쓰시오.

05 연료전지와 밧데리와의 차이점을 설명하시오.

06 연료전지의 문제점에 대해 설명하시오.

07 바이오매스는 식물과 동물에서 만들어지는 유기물 재료로, 햇빛으로부터 저장된 에너지를 함유한다. 바이오매스로 전기를 생산하는 과정을 간단히 쓰시오.

08 바이오매스의 장점에 대해 쓰시오.

Introduction to **ZERO ENERGY HOUSE**

PART 3

제로에너지 하우스 건축기술

Introduction to **ZERO ENERGY HOUSE**

08 passive control 건축기술

super insulation 기술

1.1 단열재 개요

단열재는 일정한 온도가 유지되도록 하려는 부분의 바깥쪽을 피복하여 외부로의 열손실이나 열의 유입을 적게 하기 위한 재료를 말한다. 필요한 열의 유출과 유입을 방지하고 에너지 절약을 촉진하며 표면의 결로나 실내온도의 편향분포를 방지할 뿐만 아니라, 쾌적한 거주환경을 확보하는 것을 목적으로 사용되는 재료이다. 종전에는 사용온도에 따라 100°C 이하의 보냉재(保冷材), 100~500°C의 보온재(保溫材), 500~1,100°C의 단열재, 1,100°C 이상의 내화단열재(耐火斷熱材)로 나뉘었으나 현재는 총체적으로 단열재라고 한다. 단열재에는 일반적으로 다공질(多孔質) 재료가 많고 열전도율이 낮을수록 우수하고 경량일수록 효과적이고 흡음성이 우수하며 흡음재로도 이용된다. 최근에는 알루미늄의 엷은 재료가 열을 표면에서 반사해 버리는 것도 단열재의 일종이다.

1.2 슈퍼단열 기술

제로에너지 건물 설계의 핵심은 슈퍼단열(super insulation)과 태양열 획득의 균형설계에 있다. 바람직한 건물외피 설계는 낮은 열전달, 침기 및 콜드 드래프트의 최소화, 습기로부터 마감재 손상을 방지한다[7]. 낮은 수준의 단열은 냉난방 비용의 상승을 가져오며, 건물의 연결부나 우각부에 생기는 열교는 결로 및 곰팡이 발생을 초래한다. 또한, 건물의 창호나 문 등과 같은 연결부위에서 발생하는 침기는 거주자 불쾌적의 원인이 된다. 벽체에 누적된 습기(거주자가 발생하는 습기의 확산이나 공기유동 또는 외부습기 이동에 의해 발생된 습기)는 궁극적으로 구조상 손상을 주며 단열효과를 감소시킨다.

슈퍼단열된 건물 외피는 위와 같은 문제를 해결할 수 있으며, 모든 저에너지 건축설계에 있어 필수 기술요소이다. 슈퍼단열의 의미는 건축법규나 일반 시방규정을 초과하는 단열수준을 뜻하며, 슈퍼단열된 건물의 경우 에너지효율화 기술과 자연형 태양열을 통한 열획득량을 고려하여 난방부하에 적용하므로 열손실을 크게 줄일 수 있다.

슈퍼단열된 건물의 외피는 열교 방지를 포함한 고단열과 기밀시공의 2가지 중요한 구성요소로 이루어진다. 고단열 시스템은 벽체 안에 단열재를 충진하므로 일반벽체보다 두껍게 시공되지만, 단지 단열두께의 증가만으로 일반 복합벽체가 고성능 벽체가 되지는 않

7) 대한건축학회 제로에너지건물분과위원회 편, 제로카본 제로에너지 건축기술의 이해, 2010

는다. 벽체시스템과 창호, 문 등의 건물 구성요소들 사이의 연결부위는 기밀하고 열교 및 비연속면이 발생하지 않도록 설계 · 시공되어야만 한다. 특히, 고단열이 되면 될수록 열교 방지는 보다 중요해진다. 또한 콘크리트, 알루미늄, 철 제품 등과 같이 열전도율이 높은 건물재료는 단열재에 의해 열적으로 보호되도록 설계되어야 한다.

고단열의 성능기준은 패시브하우스의 기준으로 0.15 W/m^2K 이하이다. 벽체의 단열수준이 증가하면 벽두께 또한 증가하게 되고, 이 경우 두꺼운 외벽으로 인한 내부 바닥면의 열손실이 고려되어야 한다.

목재주택에서의 슈퍼단열 외벽시스템은 일반적으로 싱글스터드나 더블스터드 벽체로 구성된다. 더블스터드 벽의 스터드는 최적 단열효율을 위해 엇갈리게 배치한다. 조적 또는 콘크리트벽에 있어 슈퍼단열은 차음과 축열체 기능을 가지지만 벽체가 두꺼워지면 비용상승이 동반된다. 이러한 시스템에서 취입형 또는 모포형 단열재(loose-fill or batt insulation)는 콘크리트나 조적 사이에 설치되며, 경질우레탄폼 단열재는 콘크리트나 조적벽체 외부에 외단열시스템의 형태로 설치된다.

천장에서 슈퍼단열 적용은 비교적 용이하며, 취입형 단열재는 원하는 깊이로 다락공간에 설치할 수 있지만 낮은 밀도로 인해 대류가 발생하여 단열재의 열전도율을 약간 증가시킬 수도 있다. 모포형 단열재도 적용 가능하지만 공기층에 대한 세심한 고려가 필요하다.

콘크리트 지하벽체는 내부 및 외부 모두 단열재 설치가 가능하다. 내부면에서 실내벽은 모포형 단열재로 충진하고 고정한다. 외부면에서 단열방법은 조적벽에서와 유사하지만 드레인과 습기 방지에 세심한 주의가 필요하다. 지하실과 지면과 맞닿은 바닥슬래브의 경우 싱글터드 벽과 같이 단열재를 설치할 수 있으며, 콘크리트 바닥은 경질 단열재를 접합하거나 바닥패널 하부에 기계적으로 고정하여 단열재를 설치할 수 있다.

목조구조에서는 벽체 안으로 연속된 기밀층을 통합하므로 기밀화할 수 있는데, 내부 측으로 약 50mm의 기밀층 형성은 내부마감 보호 및 전선배관작업을 쉽게 할 수 있는 이점이 있다. 기밀층 사이 연결부위를 겹쳐서 압착해야 하며 지지대가 있을 경우 테이핑이 더욱 효과적이다.

콘크리트와 치장벽과 같은 재료들은 충분한 기밀성을 제공하지만 창문과 문틀 그리고 건물형태가 변하는 부위 등 연결부위에서는 목조구조와 마찬가지로 세심한 주의가 필요하다.

고기밀성을 보장하기 위해서는 설계초기단계에서 외피, 콘센트 박스 파이프, 덕트 및 연도에 대한 기밀설계가 이루어져야 하며, 창호 및 도어 설치 시 기술적 해결책이 고려되어야 한다. 이러한 방법에 의해 건물 외피가 기밀하게 될 때 주택에서의 기계환기가 필요하며, 환기량이 환벽하게 제어될 수 있으며 전열교환기의 적용시 효율을 높일 수 있다. 그림

8-1은 국내 제로에너지 하우스의 슈퍼단열 적용부위를 나타내고 그림 8-2는 단열재별 열전도율 및 두께를 비교한 것이다[8].

그림 8-1 슈퍼단열 적용부위

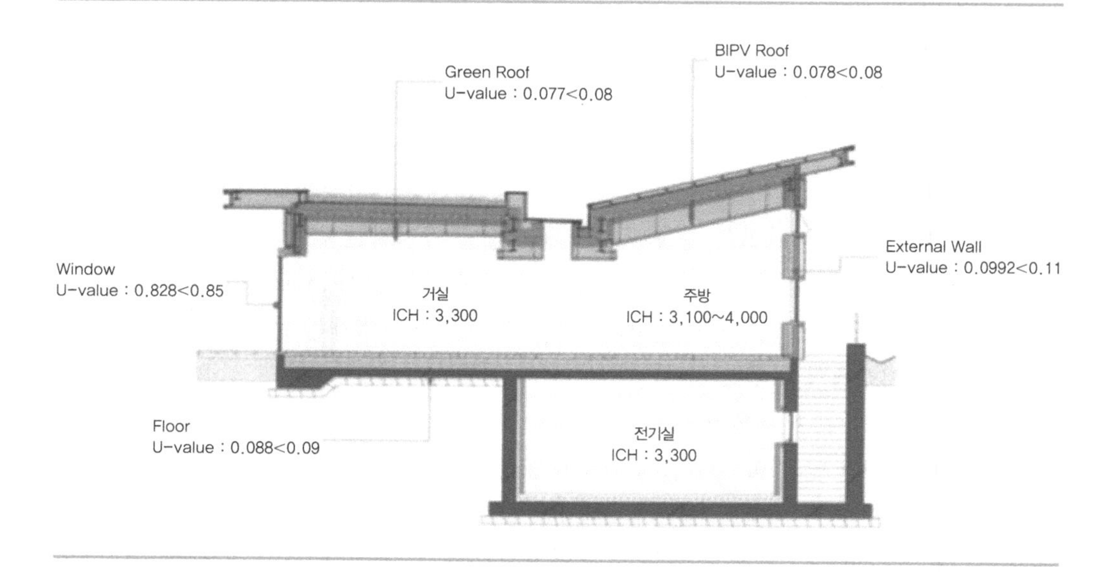

그림 8-2 단열재별 열전도율 및 두께 상대비교

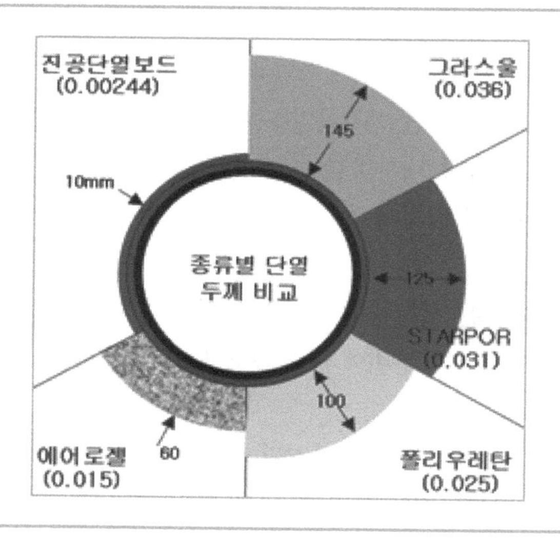

8) 신승호, 양기영, 한국형 제로에너지하우스 green tomorrow 구축사례, 건축환경설비, 2010년 1월

super window 기술

고성능 창호(super window)는 제로에너지 건물 외피의 중요한 부분으로 일반적으로 열관류율 1.5 W/m²K 이하 또는 일반 복층유리의 절반 이하의 성능을 확보한 창호로 정의할 수 있으며, 가시광선 투과율 및 누기율이 고려되어야만 한다. 창호의 열손실을 낮추기 위한 방법으로는 다중구조의 창호, 로이코팅, 가스충진, 단열간봉, 낮은 열전도율의 창틀, 단열셔터 등이 적용되며 창틀면적을 최소화시켜야 한다[9].

또한, 제로에너지 건물 실현에 있어서 창호성능은 매우 중요한 요소이며, 일반적인 조건에서는 창을 통한 열손실보다 열획득이 커야 한다. 또한, 난방 요구량의 1/3은 창을 통한 자연형 태양열 획득에 의해 공급되므로 창은 투과율(g-value) 50% 이상, 적절한 크기, 남향배치, 여름철 과열 방지를 위해 개폐가 가능해야 하며, 열관류율 0.8 W/m²K 이하로 설계되어야 한다. 이 값을 만족하기 위해서는 3중 Low-e유리 또는 진공복층유리를 사용해야 하며, 가스충진(아르곤, 크립톤)을 할 경우 열관류율을 0.6 W/m²K까지 낮출 수 있다. 현재, 창호기술은 벽체 단열수준과 유사한 진공 3중 유리(0.4 W/m²K)가 개발 중에 있다. 또한, 창틀의 경우도 열관류율 0.8 W/m²K 이하로 설계되어야 한다.

창의 경우 올바른 시공이 특히 중요하며, 외피 단열 라인 이내에 설치하되 창틀 주위는 단열재를 중첩하여 열교를 최소로 해야 한다.

고성능 슈퍼창호는 낮은 열손실과 누기율 그리고 높은 가시광선 투과율의 성능을 확보해야 한다. 유리 중공층의 복사 및 대류 열전달을 줄이기 위한 몇몇 기술들은 현재 적용되고 있으며, 복사 열손실은 로이(low-e) 코팅된 유리를 선택하여 줄일 수 있다. 로이 코팅은 각 유리 내표면에 코팅되며, 복사열 손실은 96%(e=0.04)까지 줄일 수 있다.

로이 코팅의 종류는 소프트(sputter 방식; 진공증착)와 하드(pyrolytic 방식; 열분해) 코팅으로 나눌 수 있으며, 일반적으로 소프트 코팅이 하드 코팅보다 성능은 우수(e=0.04~0.15)하지만 가시광선 투과율이 낮아지는 단점이 있고, 창호조립 시 수분 및 물리적인 내구성이 취약하고 취급(지문조차 묻으면 안 됨) 시 주의를 요한다.

그러나 하드 코팅의 경우, 복사열 손실은 약 80%(e=0.2) 정도이지만 소프트 코팅에 비해 내구성이 양호하고 가시광선 투과율에 영향을 받지 않는 장점이 있다. 개선된 하드 코팅의 경우 가시광선 투과율에 영향이 적으면서 복사열 손실은 약 85~88%(e=0.12~0.15)까지 성능이 개선되었다.

---

9) 대한건축학회 제로에너지건물분과위원회 편, 제로카본 제로에너지 건축기술의 이해, 2010

유리 중공층의 대류 열손실은 건조공기 대신에 불활성 기체(아르곤, 크립톤, 크세논)를 충진함으로써 줄일 수 있으며, 아르곤가스 충진이 가장 경제적이므로 널리 사용된다. 최근에는 크립톤과 크세논 가스도 사용되는데, 가격은 비싸지만 열손실을 줄일 수 있으며 동일 성능 대비 공기층 두께도 줄일 수 있다는 장점이 있다.

가스충진 없는 로이 코팅의 적용은 복사열 전달은 감소시키지만 대류열 전달이 증가되어 각 기능을 상쇄시키므로 창호조립에 있어 세심한 고려가 필요하다.

고능성 슈퍼창호를 구현하기 위한 가장 간단한 방법은 가스충진된 로이 코팅유리를 다중구조(3중 이상)로 구성하는 것이다. 다중구조의 창호 적용 시 가시광선 투과율은 낮아지지만 전체 열손실은 매우 낮아지므로 순 열손실이 감소하게 된다.

슈퍼창호라 불리는 3중 창호(가스충진, 양면 로이코팅 적용)의 경우 태양 투과율은 48%에 불과하지만 열손실이 낮아 전체 에너지 밸런스 면에서 유리하다. 유리의 열손실을 줄이는 또다른 기술로는 유리 사이 중공층에 투명단열재나 에어로젤을 충진하는 방법이 있으며, 최근 기술로는 진공유리가 내구성을 갖춘 열교방지용 창호 실링제 개발에 관심이 모아지고 있다.

로이 코팅에 가스가 충진된 다층구조 유리는 창호프레임 부위보다 열손실을 줄이는 데 매우 효과적이다. 따라서 창호프레임 부분에 단열성능을 높이기 위해 단열간봉(슈퍼 스페이서) 기술에 대한 관심이 필요하다.

일반 창호의 알루미늄 간봉은 실링에는 효과적이지만 열교를 발생시키므로 겨울철 창

그림 8-3 단열창호 적용부위

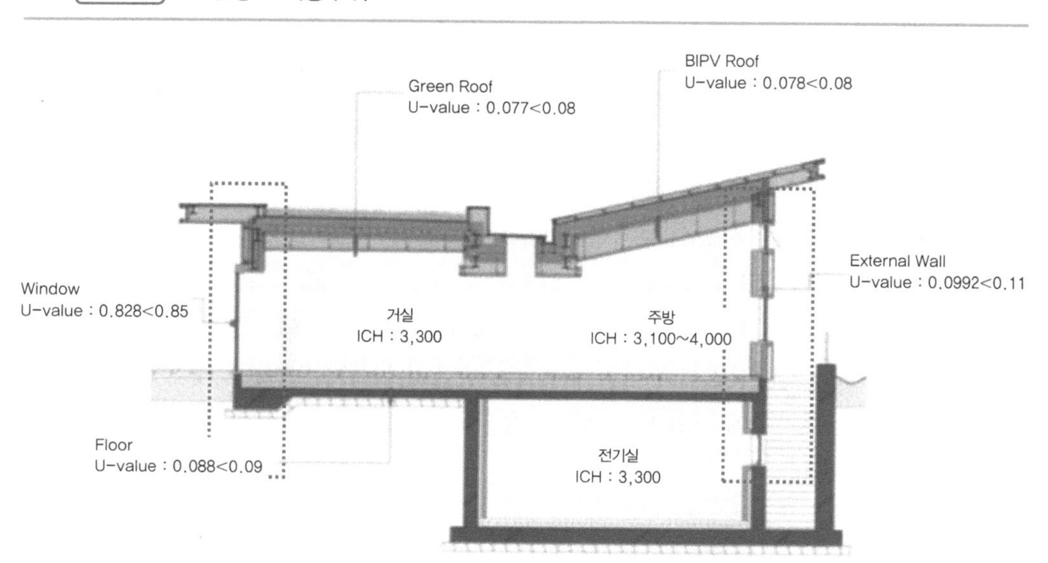

호 하부에서 결로가 발생한다. 현재 대부분의 제조사들은 알루미늄 간봉 대신 단열간봉을 사용하여 열손실과 결로 발생을 줄이려고 노력하고 있다. 일반적인 단열간봉으로는 실리콘폼, 부틸고무 등이 사용된다.

창호 프레임의 열성능을 높이기 위해서는 열전도율이 낮은 재료(PVC, 목재 등)를 이용하거나 프레임 면적을 최소화하거나 프레임 내에서 열교를 줄이는 방법(폴리아미드 단열바 적용)이 있다. 그림 8-3은 국내 제로에너지 하우스의 단열창호 적용부위를 나타낸 것이다[10].

이상과 같이 슈퍼창호는 에너지 절약은 물론 단열성능 향상으로 통해 실내 거주자의 열적 쾌적을 확보하고, 아울러 결로를 방지할 수 있으며, 또한 외부 교통소음 등에 대한 차음성능을 향상시켜 쾌적한 거주공간을 제공할 수 있는 기술이다.

03 건물 기밀화 기술

건물의 기밀성능이란 건물과 외기 사이에서 유 · 출입되는 공기를 차단하는 정도를 말한다[11]. 건물은 건물의 상하부 압력차로 인해 누기 및 침기가 발생하게 되며, 이러한 누기 및 침기는 건물 외피에서의 열손실을 증가시켜 에너지 비용을 증가시킨다. 또한 건물 구조체 내부에 실내 및 외부의 수증기를 전달하여 내부결로를 유발하기도 한다. 또한 건물 외피의 기밀이 취약할 경우 침기에 의한 콜드 드래프트가 발생하여 거주자의 불쾌적을 야기시킨다. 따라서 건물 외피에서의 열손실을 줄이고 구조체 내부 결로에 의한 피해를 방지하고 거주자의 열적 쾌적도를 향상하기 위해서는 건물의 기밀도 향상이 매우 중요하다.

현재 국내에는 기밀시공을 위한 시공지침 및 시방서도 확립되어 있지 않아 실제 시공현장에서 기밀도를 향상하기 위한 정형화된 프로세스는 확립되지 않은 상황이다. 따라서 건물의 기밀 향상을 위한 시공관리 및 설계반영은 중요한 요소라고 할 수 있다. 또한 기밀시공 관리 및 자재 적용 현황에 따른 건물의 기밀도에 대한 정량적 데이터가 부족하므로 관련 데이터의 확보도 중요하다. 그러므로 건물의 기밀시공 현황에 따른 기밀성능 데이터, 시공관리를 통한 기밀성능 향상에 관한 자료의 확보가 필요하다.

10) 신승호, 양기영, 한국형 제로에너지하우스 green tomorrow 구축사례, 건축환경설비, 2010년 1월
11) 대한건축학회 제로에너지건물분과위원회 편, 제로카본 제로에너지 건축기술의 이해, 2010

연/습/문/제

01 단열재를 사용온도에 따라 구분하여 쓰시오.

02 슈퍼단열의 의미를 쓰시오.

03 제로에너지 건물에서 슈퍼단열된 건물 외피로 해결할 수 있는 문제점을 쓰시오.

04 제로에너지 건물 실현에 있어서 창호성능은 매우 중요한 요소이다. 다음 빈칸을 채우시오.

"일반적인 조건에서는 창을 통한 (   )보다 (   ) 커야 한다."

05 제로에너지 건물에서 난방 요구량의 1/3은 창을 통한 자연형 태양열 획득에 의해 공급되므로 투과율과 열관류율 등을 고려해 설계되어야 한다. 이러한 값을 만족시키기 위한 방법 3가지를 쓰시오.

06 로이 코팅의 소프트 코팅과 하드 코팅의 차이점을 쓰시오.

07 고성능 슈퍼창호를 구현하기 위한 가장 가단한 방법을 쓰시오.

08 건물 외피에서의 열손실을 증가시키는 누기 및 침기의 원인은 무엇인가?

active control 건축기술

01 태양열 시스템 기술

태양열 시스템이란 태양에너지를 건물의 난방 혹은 냉방에 이용하는 방법이다. 시스템은 크게 집열부, 축열부, 그리고 분배 및 활용부의 3가지로 구성된다. 이들 구성요소 간의 열전달 방법이 모두 기계적 강제순환 방식에 의할 때 이것을 설비형 시스템이라고 하며, 자연순환 방식에 의할 때 이를 자연형 시스템이라고 분류한다. 또, 주로 자연순환 방식에 의한 것이나 약간의 기계적인 순환 방식이 병용되는 방식은 혼합형 시스템이라고 한다.

기계적 강제순환 방식이라 함은 펌프나 송풍기 등과 같이 별도의 에너지를 소모하는 기계를 사용하는 열의 전달방식을 뜻하며, 자연순환 방식은 외부로부터의 에너지 공급 없이 열의 전달이 전도, 대류 또는 복사와 같은 자연적인 열전달에 의해서만 수행되는 방식을 의미한다.

자연형 태양열 시스템은 각 구성부(집열부, 축열부, 이용부) 간의 에너지 전달방법이 자연순환, 즉 전도, 대류, 복사 등의 현상에 의한 것으로 특별한 기계장치 없이 태양에너지를 자연적인 방법으로 집열, 저장하여 이용할 수 있도록 한 것이다. 자연형 태양열 난방시스템 구성부의 특성은 다음과 같다.

- 집열부는 일반적으로 투명한 남면의 유리면이다. 유리 이외에도 투명한 플라스틱이나 섬유유리가 사용될 수 있다. 이때 재료의 선택은 햇빛이나 기타 기후요소들에 의한 재료의 퇴화 등을 고려한다.
- 축열부의 재료로서는 물 또는 기타 액체 등과 함께 조적구조도 사용된다. 또한 용융소금이나 파라핀과 같은 상변화 물질을 사용하여 축열성능을 높일 수도 있다.
- 열의 분배는 전도, 대류, 복사 등과 같은 자연적인 방법에 의하여 이루어지므로 송풍기와 같은 기계장치는 가급적 피한다.
- 열조절을 위해 통기구, 댐퍼, 가동단열 및 차양장치 등이 부수적으로 사용된다.

자연형 태양열 시스템은 주로 난방을 위해 사용되지만 여름철에 과열을 방지하고 냉방효과를 도모할 수 있는 방법이 강구되어야 한다. 자연냉방 방식에는 자연통풍, 구조체에 의한 냉각효과, 주 · 야간의 개구부 개폐, 냉각공기의 유입, 실내공기의 야간냉각, 지중 냉각효과, 증발효과, 그리고 건습제 등의 이용과 같은 방식들이 있다.

또한, 태양열 급탕시스템은 설비형 태양열 시스템의 대표적인 장치로 40 ~ 60°C정도의 저온을 사용하고 비교적 저가로 설치할 수 있고 조작이 단순하며, 연중 급탕 부하를 담당한다. 생산 및 설치측면에서 타 시스템에 비해 경제성이 높으므로 다른 태양열 이용 분야보다 보급이 활발하다.

PV/T(PV/Thermal) 시스템은 태양열(Thermal) 이용기술과 태양광(Photovoltaic) 이용기술이 결합하여 열과 전기를 동시에 생산하는 시스템으로 기존 PV 시스템에서는 폐열을 외부로 방출하였으나 PV/Thermal 복합시스템은 버려지던 폐열을 실내로 유입시켜 시스템의 효율을 증진시키는 기술이다.

02 건물일체형 태양광 발전 시스템 기술

2.1 태양광(PV) 발전 시스템

태양전지는 표면부터 전극, 반사 방지막, n형 반도체, p형 반도체, 전극 순으로 구성되어 있으며, 태양광이 반도체 접합부에 입사하면 접합부 전계에 끌려 음전하는 n측으로, 양전하는 p측으로 새로운 흐름이 생기며 접합부 양단의 전위차가 작아진다. 이때 태양전지의 상하 부분에 금속을 연결하여 전류가 외부로 흐를 수 있게 함으로써 부하에 전력을 공급하는 발전방식을 말한다. 상용 전력계통과 연계된 PV시스템은 발전된 전력을 소비자가 소비하고 남은 잉여전력은 전력회사에 공급하고 부족한 전력에 대해서는 전력회사에서 공급을 받도록 한다. 그림 9-1은 PV 개념을 나타내고, 표 9-1은 PV의 종류 및 특징을 나타내고 있다.

그림 9-1 PV 개념도

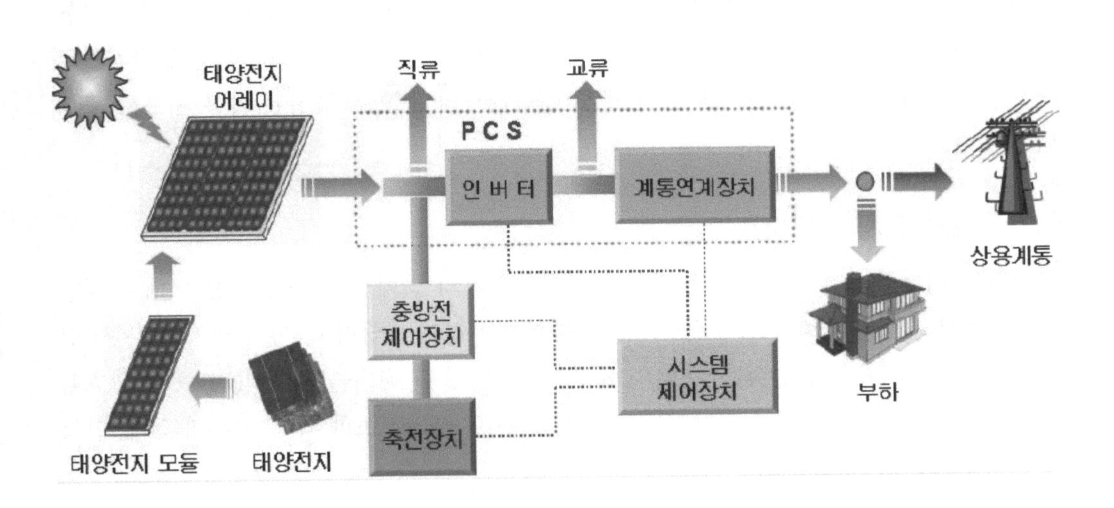

표 9-1 PV의 종류 및 특징

구 분	박막	다결정	단결정	하이브리드
효율(표준조건, STC)	7~8%	11~13%	14~16%	17~19%
kWp당 필요면적(모듈)	16 m^2	8 m^2	6 m^2	6.5 m^2
kWp당 필요면적(BIPV)	25 m^2	10~30 m^2	8~30 m^2	–
연간 에너지생산량(kWp) (남향 30° 경사각)	900 kWh/kWp	750 kWh/kWp	750 kWh/kWp	900 kWh/kWp
연간 에너지생산량(m^2) (남향 30° 경사각)	55~60 kWh/m^2	90~95 kWh/m^2	105~110 kWh/m^2	125~135 kWh/m^2
연간 CO_2 절감량(kWp)	390 kg/kWp	325 kg/kWp	325 kg/kWp	390 kg/kWp
연간 CO_2 절감량(m^2)	25 kg/m^2	40 kg/m^2	45 kg/m^2	55~60 kg/m^2

– 표준조건(STC) : 온도 25℃, 일사강도 1,000W/m^2, Air mass51.5 상태

출처 : Solarcentury

기술적 요소로는 다음과 같이 태양전지 어레이, 변환장치(인버터), 축전지와 제어장치, 연계장치가 필요하다.

2.1.1 태양전지 어레이

태양전지 시스템의 출력은 일사강도와 모듈 내의 태양전지 셀의 온도에 영향을 받기 때문에 일사강도가 1kW/m^2에서 셀 온도가 20°C에 표준적인 조건일 때의 최대출력을 표준 태양전지 어레이 출력으로 표시하며, 태양전지 어레이는 태양전지 모듈의 집합체로 스트링, 역류방지 소자, 접속함 등으로 구성된다. 건물 일체형(building integrated) 태양전지 모듈에서는 후면 back 시트 대신에 알루미늄판재나 유리 등을 사용하기도 하며, 일반적으로 사용되는 back 시트의 재질은 테드라/알루미늄/테드라 층으로 구성된 얇은 시트로 구성되어 있다.

2.1.2 변환장치(인버터)

인버터는 태양전지에서 발생되는 전력과 상용전원과의 연계로 일사량이 좋을 때는 태양전지판에서 발생된 전력을 교류전력으로 변화하여 부하에 공급하고, 야간 및 악천우 시 상용계통으로 부하에 공급한다. 인버터의 요구기능으로 출력 최대출력 제어(MPPT), 고효율 제어, 소음의 저감, 직류성분 제어기능, 직류지락 검출기능, 고조파 억제, 고주파 억제, 단독운전방지 기능 등이 요구된다.

2.1.3 발생된 전기를 저장하기 위한 축전지와 제어장치

축전지는 독립형 시스템에 이용되며 태양전지판에서 발생되는 전력이 부족하거나 또는 야간 및 악천우 시 부하에 전력을 공급하는 것으로, 축전지의 전압이 일정 전압 이상의 전압으로 상승하게 되면, 축전지에서 부식이 일어나고 가스가 발생하여 축전지의 생명을 단축시킬 수 있으므로 축전지에 과충전이나 과방전이 일어나지 않도록 한다. 제어장치는 태양광 발전 시스템의 발전량 및 부하량 측정 및 시스템을 제어하며 독립형 시스템의 경우 전력조절기를 두어 태양전지판에서 발생된 전력조절 및 축전지의 과충전, 과방전으로부터 보호하는 역할을 한다.

2.1.4 연계장치

전력계통의 이상 시 태양광발전 시스템과 전환하는 보호제어장치가 필요하고, 또한 고조파 억제필터나 전력계통으로부터 서지의 방지 및 전력조류의 방향에 의해 전력량을 계량할 수 있는 전력량계 등이 필요하다.

2.2 건물일체형 태양광 발전 시스템(BIPV) 기술

건물일체형 태양광 발전은 전기를 생산하는 PV모듈의 기능에 건축외장재 기능으로 추가함으로써 다양한 부가가치를 도모하는 태양광 발전 시스템의 새로운 기술 분야이다[12]. 건물의 외피를 구성하는 요소로 통합된 PV시스템은 전력생산이라는 본래의 기능에, 건물의 외피재료로서의 새로운 기능을 추가함으로써 PV시스템의 설치에 드는 비용을 절감하는 이중효과를 기대할 수 있다. 또한 기존의 독립형 PV시스템과 같이 설치공간을 위한 별도의 부지 확보나 유리관리를 위한 인력이나 시설이 필요 없기 때문에 더욱 경제성 측면에서 유리한 기술이다. 지지구조물이나 배선에 드는 비용도 절감할 수 있으며, 전기부하가 발생하는 곳에서 직접 발전을 하기 때문에 송전손실 또한 절감할 수 있다.

현재까지의 PV시스템은 에너지 성능과 미적인 측면에서 절충이 필요했다. 하지만 BIPV모듈은 개발 초기단계부터 건축 외장재의 역할을 고려했기 때문에 색상, 형태 등에서 매력적인 요소가 될 수 있다. 과거 PV모듈의 설치로 인해 건물의 외장적 요소가 침해받기 때문에 대부분의 건축설계자들은 가능한 PV 모듈의 건물 도입을 꺼려왔다. 하지만 최근에는 오히려 BIPV의 도입을 통해 미래지향적이고 친환경적이며 첨단건물의 느낌을 부여할 수 있는 새로운 건축의 디자인 요소로 매우 큰 관심이 집중되고 있다.

---

12) 대한건축학회 제로에너지건물분과위원회 편, 제로카본 제로에너지 건축기술의 이해, 2010

BIPV용 PV모듈은 건축 외장재 또는 차양장치 등과 같이 부가적인 기능을 추가적으로 수행해야 하므로 기존의 독립전원형 PV모듈과 달리 다양한 형태가 개발되고 있다. PV모듈 종류의 구분은 그 방식에 따라 다양하게 분류될 수 있다. 가장 기본적으로는 모듈에 적용된 태양전지의 종류에 따라 판형의 결정 실리콘계와 박막필름 형태의 아몰프스 실리콘계로 구분할 수 있다. 또한 건물 외피에 적용되는 용도에 따라 지붕형과 외벽의 파사드형 및 창호를 대체하는 채광형 BIPV시스템으로 구분할 수 있다.

BIPV의 가장 대표적인 응용형태인 지붕형 BIPV시스템은 지붕 위에 거치시키는 roof-top 방식이 가장 큰 시장을 형성하고 있으며, 최근에는 태양전지를 건축외장재에 완벽하게 일체화시킨 roof-tile, roof-integrated 및 roof-encapsulated 형태의 BIPV 지붕재 모듈이 활발하게 개발 출시되고 있다.

수직 외벽에 설치되는 파사드형 BIPV시스템은 하중을 받지 않는 커튼월 형태로 적용되는 방식과 기존의 외벽구조에 부착하는 형식의 facade cladding 방식이 주류를 이루고 있다. 그 외에도 건물 전면의 태양복사 차단을 위한 차양장치 역할을 하는 BIPV모듈 응용사례도 있다.

한편, 건물 외피의 유리창을 대체하여 발전과 동시에 채광 및 조망 등의 다목적 기능

표 9-2 PV모듈을 건물외장재로 일체화시키기 위해 필요한 건축적 고려사항

구 분	고려사항
설계요소와 발전성능	• 태양 접근성(건물 배치) • 음영(인접건물, 식생) • 설치각도(방위 및 경사) • 온도
건축과의 조화성	• 형상과 색상 • 건축척도와 모듈 크기 • PV와 건물통합수준
배선	• 외장적 처리기술 • DC와 AC의 문제 • 외피 관통 문제
안전	• 파손 • 도난 • 번개
시공성	• 외피시공방법 • 내압성 • 풍압 • 적설하중 • 방화 • 시공순서
접근성 및 유지성	• 세척 • 유지 • 수리교체 • 도난 반달리즘
법규적 문제	
경제성 및 부가가치	• 환경적 영향 • 건축적 영향 • 사회적 영향 • 경제적 영향

을 제공할 수 있는 투명 및 반투명 BIPV모듈도 주요 적용 분야 중 하나이다. 그동안은 주로 결정계 태양전지의 배열을 넓게 하여 그 사이로 채광을 하는 glass/glass 모듈의 응용사례가 가장 많았다. 하지만 현휘현상 및 외부 조망의 문제 등으로 인해 최근에는 균일 투광성을 가진 박막형 투명 BIPV모듈에 더 많은 관심이 집중되고 있다. 현재까지는 대부분 박막 필름형 아몰포스 계열 응용사례가 가장 많고, 이 계열의 모듈은 결정계 판형 모듈에 비해 효율은 낮지만 건축과의 통합 유연성이 매우 크기 때문에 BIPV 분야에서 크게 주목받고 있는 모듈형태이다.

2.3 BIPV 설계기법

BIPV 시스템은 건물이라는 특수한 조건과 결합되어야 하기 때문에 설계 및 시공 시 많은 고려 변수가 추가되므로 많은 건축 계획적 요소를 포함하여 계획 전 과정에 걸쳐 종합적인

표 9-3 BIPV 건축 계획적 고려요소

건축 계획적 고려 요소		영향을 받는 태양광 시스템 설계 요소
단지 계획	단지 위치 및 향	• 부지에 유입되는 연간 일사량, 일사각도, 일조시간
	주변 건물이나 주동	• 단지 내 일영면적과 유효 일사량 : 단지 남향에 고층건물이 있으면 이로 인해 일영이 생기는 주동에 시스템 적용이 불가능하거나 효율 저하
	단지 내 식생 및 조경	• 저층부 시스템 적용 : 남향에 높은 나무들이 무성하면 저층부에 태양광 발전 시스템 적용 불리
	주차 위치와 면적	• 지상 주차장 : 일사조건에 따라 PV 설치 가능
	부지 내 보행자 도로	• PV를 이용한 가로등 설치 검토
주동 계획	주동 형태와 향	• 건물의 축 : 동서축으로 긴 남향 건물은 태양광 발전 시스템 적용에 효율적
	규모(층수, 층고)	• 주변 건물 및 식생에 의한 음영 : 고층부일수록 음영이 적어 태양광 발전 시스템 적용에 유리
	지붕 형태 및 향	• 태양광 발전 시스템 적용 유무, 형태, 배치 및 각도
	엘리베이터 및 계단실 위치	• 태양광 발전 시스템 적용 유무, 면적, 위치 및 각도
	입면 계획 요소 (발코니, 차양, 색상)	• 태양광 발전 시스템 적용 유무 : PV를 적용하여 발코니, 차양이나 측벽, 전면 벽체 디자인 가능
	창 면적비 (남측 창 면적)	• 집열창 면적, 축열벽 면적
	주동 입구의 위치와 형태	• PV를 적용하여 입면 facade를 디자인

통합설계안이 체계적으로 도출되어야 한다. 전기를 생산하는 PV모듈을 건축자재화하여 건물 외피에 장착하기 위해 수반되는 제반 건축적 고려사항은 표 9-2와 같으며 기술적 측면에서 경제성 문제까지 수많은 검토 요소가 존재한다.

최적 설치조건으로 일사량은 시스템의 설치 위치(경사각 및 방위각)에 의해 결정되고, 태양 복사량은 위도에 따라 변화하므로 최대 일사 획득이 가능한 방위는 정남향이고, 시스템이 동 · 서향으로 설치되는 경우 정남향의 60% 정도를 획득한다. 또한, PV 모듈에 음영이 질 경우 도달 일사량 자체가 줄어들기 때문에 발전량이 감소하고, 부분 음영에 의한 전체 시스템의 발전량 감소도 큰 영향 요소이므로 음영은 인접 건물 또는 인근의 식재 등 장애물에 의한 음영과 건물 자체에 있는 매스 요소 또는 PV 모듈 구조체 상호간에 의한 음영으로 구분되고 음영이 발생하지 않도록 한다. PV 모듈 온도와 발전성능의 문제도 존재하는데 일반적으로 태양전지의 온도가 1°C씩 상승할 때마다 발전량은 0.4~0.5%씩 감소하며, 특히 결정계 태양전지의 경우 온도 상승에 따른 효율 감소 경향이 더 크다. 또한, 전력을 생산해 내는 기능적인 부분 이외에 건물의 마감 재료를 대체한다는 요소로서 건물의 가치를 높일 수 있는 디자인 및 경제성이 고려되어야 한다.

03 지열 히트펌프 시스템

3.1 개요

지열 시스템은 신재생에너지를 이용한 최적의 냉난방시스템으로 연중 일정하게 유지되는 지하 160m이하 15°C의 지중온도를 이용하여 히트펌프와 함께 축열조를 구성하여 냉난방 및 급탕에 활용하는 시스템으로 기존 도시가스용 보일러, 냉온수기 또는 전기 냉난방기보다 에너지 소비량과 이산화탄소 발생량이 적다. 지열에너지는 물, 지하수 및 지하의 열 등의 온도차를 이용하여 냉난방에 활용하는 기술, 태양열의 약 47%가 지표면을 통해 지하에 저장되며, 이렇게 태양열을 흡수한 땅속의 온도는 지형에 따라 다르지만 지표면 가까운 땅속의 온도는 개략 10°C~20°C 정도 유지해 열펌프를 이용하는 냉난방시스템에 이용, 우리나라 일부 지역의 심부(지중 1~2km) 지중온도는 80°C 정도로서 직접 냉난방에 이용 가능하다.

지열을 히트펌프의 열원으로 이용하여 냉난방 및 온수급탕용으로 이용하는 시스템이 바로 지열 히트펌프 시스템이다. 지열 히트펌프 시스템은 지열과의 열교환을 회수하기 위한 지열 열교환기와 회수한 저온의 지열을 유효에너지로 변환시키기 위한 히트펌프로 구성되어 있다. 히트펌프와 지열열교환기 외에도 이를 연계하고 제어하는 배관, 덕트 및 제어장치를 포함해서 지열 히트펌프 시스템이 구성된다.

히트펌프 유닛은 일반적으로 상용화된 제품으로, 용량은 적은 것은 수 RT에서부터 큰 것은 수백 RT 용량이 있다. 여기서 RT는 냉동톤으로 약 3,023 kcal/hr 정도이다. 지열히트펌프 유닛은 지열로부터 열을 뽑아서 고온의 열을 만들어 사용하는 가열모드와 냉방목적으로 실내로부터 열을 뽑아서 지중으로 열을 방출하는 냉방모드로 구분된다.

3.2 지열 냉난방 시스템

지열 냉난방 시스템은 지하의 온도가 외부온도와 관계없이 15~20°C로 일정하게 유지되는 특성을 이용하여 지하에 파이프를 묻고 물을 순환시켜 여름에는 냉방에 이용하고 겨울에는 난방에 이용하는 냉난방 시스템으로 개략적인 개념은 그림 9-3과 같다.[13)]

그림 9-3에서 보듯이 지열 냉난방 시스템은 지열원을 히트소스(heat source) 혹은 히트씽크(heat sink)로 이용하는 히트펌프시스템이다. 지열원이 외부기후와 관계없이 항상 일정한 온도를 유지하거나 변동폭이 적기 때문에 기존의 공기열원 열펌프에 비해 높은 안정성과 에너지효율을 가지는 것이 가장 큰 장점이다. 따라서 지열을 열원으로 이용하는 신 · 재생에

그림 9-2 지열파이프 매설

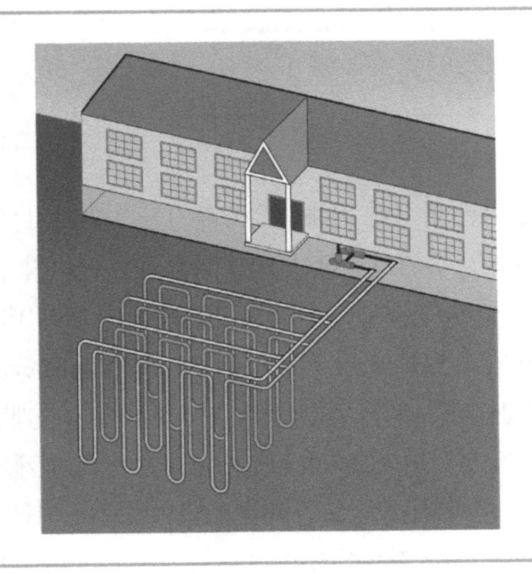

13) 산업자원부, 지열냉난방시스템 실증연구 최종보고서, 2005년

그림 9-3 내부시스템 개념도

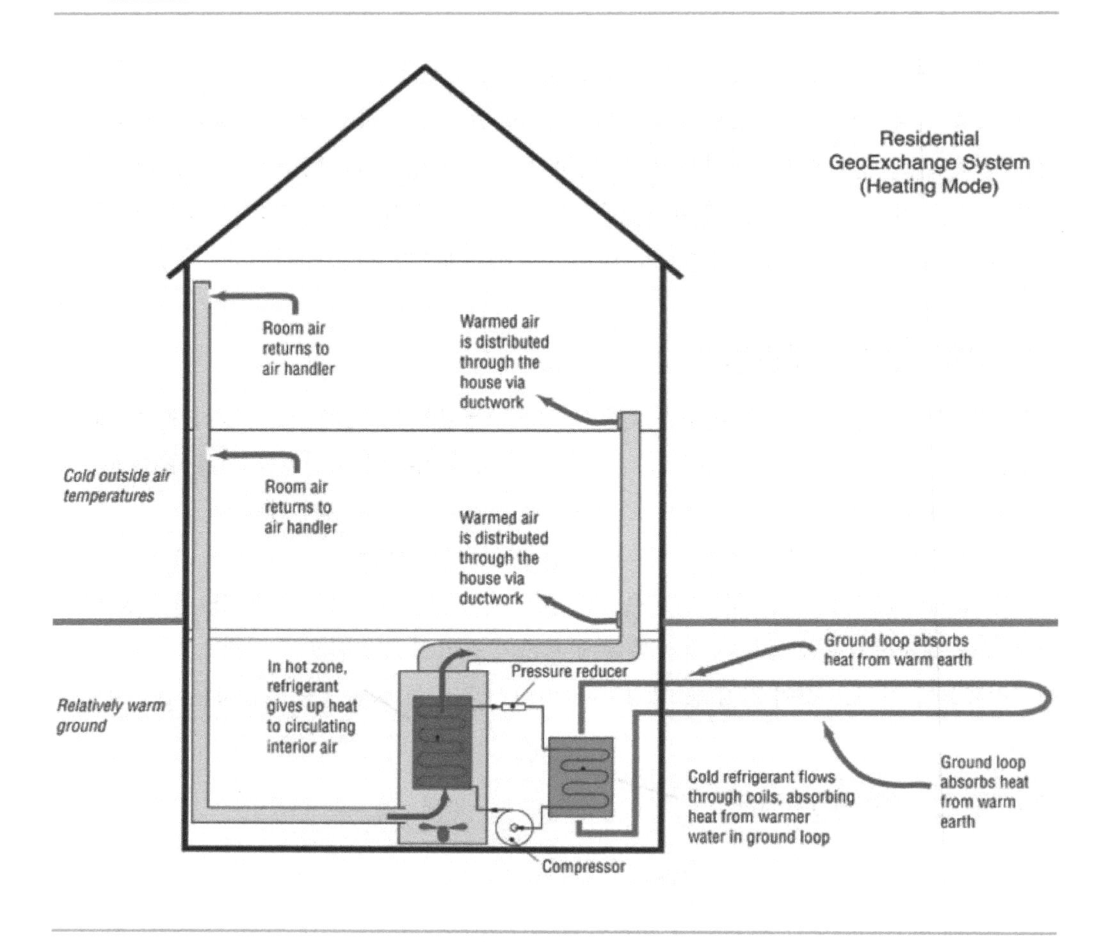

너지 설비일 뿐만 아니라 기존 방식에 비해 지열교환기를 설치하기 위한 초기투자비는 일반 건물에 비해 크지만 장기적인 유지관리비가 크게 절감되는 에너지 절감 시설이라 할 수 있다. 지열 냉난방 시스템은 1990년대부터 급격히 활성화되어 현재 미국, 스웨덴, 호주, 독일 등 각국에서 활발히 적용되고 있는데 미국의 경우 GHPC(Geothermal Heat Pump Consortium)을 대학, 연구기관, 정부기관, 업체 등으로 구성하여 기술개발과 교육, 보급 중이며 매년 약 4만 개의 시스템이 설치되며(2000년도) 900개 이상의 업체가 활동 중이다. 국내에는 2000년도 이후 미국 등지의 기술을 도입하여 보급되었으며 최근 "공공기관의 대체에너지 의무화제도"가 실시됨에 따라 적용실적이 크게 증가하고 있다. 고유가와 에너지 고갈위험에 따라 특히 중국, 한국, 일본 등의 동북아 지역에서 지열 냉난방 기술을 개발하여 활용하고자 하는 시도가 크게 증가하고 있는 것으로 보인다.

3.2.1 지열 냉난방 시스템의 분류

지열 냉난방 시스템의 선진국인 미국에서 주로 사용되는 공식명칭은 GSHP(Ground Source Heat Pump) 혹은 Geoexchange System, GHP(Geothermal Heat Pump) 등이다. 지열 냉난방 시스템을 이루는 요소는 지열교환기, 히트펌프로 나눌 수 있는데 주로 지열교환기의 종류에 따라 분류하는 것이 일반적이다.

- Ground-Coupled Heat Pumps(GCHPs)
  : 수평, 수직방향으로 파이프를 묻고 지반의 지열을 직접 이용하는 방식
  - Vertical ground-coupled system : 수직으로 파이프 매설
  - Horizontal ground-coupled system : 수평으로 파이프 매설
- Groundwater Heat Pumps(GWHPs)
  : 지하수의 지열을 이용하는 방식
- Surface Water Heat Pumps(SWHPs)
  : 연못, 저수지의 물 속의 지열을 이용하는 방식
- Ground Frost Heat Pumps(GFHPs)
  : 지반을 얼려 지반을 보강하는 방식

▌Vertical Ground coupled system의 특징

- 암반지반이거나 대형건물인 경우에 적용
- 100~200m의 보어홀 굴착 후 열파이프를 매설하여 지열을 흡수
- 수평 매설시스템보다 비용이 비싸지만 효율 및 필요 부지가 적어 적용성 높음

▌Horizontal ground coupled system의 특징

- 넓은 대지를 가진 건물에 적용
- 1~2m 깊이의 암거를 굴착 후 열파이프를 매설하여 지열을 흡수
- 비용이 저렴하지만 넓은 대지의 필요성으로 적용대상이 한정

▌Groundwater system의 특징

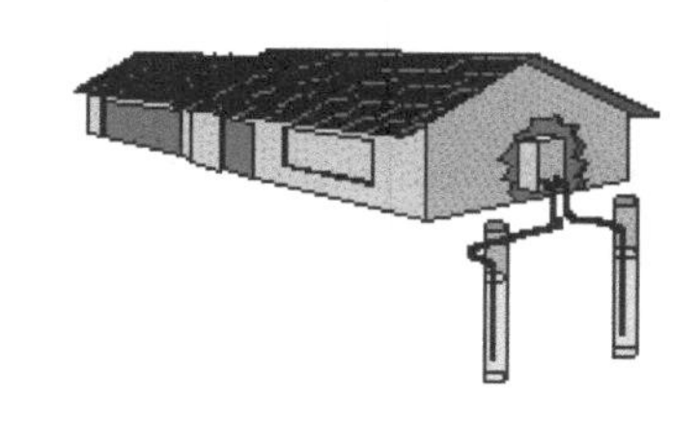

- 지하수가 풍부한 지반에 적용
- 열파이프 없이 지하수를 퍼 올려 지하수의 지열을 이용한 후 다시 지하로 돌려보내는 방식
- 지하수위와 지하수량이 적합해야 적용할 수 있으며 환경 규제 등이 중요변수임

3.2.2 시스템의 장단점

일반적으로 알려진 지열 냉난방 시스템의 장단점은 다음과 같다.

▌장점

- 에너지효율이 가장 높은 냉난방 기술
- 유지관리비가 절감되어 경제적
- 최대전력소모를 감소(냉방으로 인한 전력소모 감소)
- 냉난방을 동시에 실시가능
- 화력을 이용한 시스템에 비해 화재 등의 위험 제거
- 대체에너지를 이용하여 환경 친화적

▌단점

- 초기투자비 증가(냉난방설비의 약 20~100% 증가 예상)
- 지중 파이프의 유지관리 및 보수문제
- 대지면적의 증가 및 활용의 제약 가능성

3.2.3 지열 냉난방 시스템의 핵심 기술 요소

▌냉난방 부하 분석 기술

지열 냉난방 설계는 기존의 냉난방 설계와 달리 정확한 냉난방 부하분석 기술이 필요하다. 왜냐하면 지열교환기의 규모가 결정되어 설치되면 재시공이나 증감이 불가능하기 때문이다. 지열 냉난방 설계는 최대 냉난방 부하뿐만 아니라 연간 냉난방 사용량의 계산이 필요하다. 지열교환기의 규모를 결정하는데 연간 냉난방 사용량이 필요하다. 예를 들어 겨울의 난방사용량과 여름의 냉방사용량이 동일하다면 결국 땅속에는 지열교환기를 통해 들어온 열량과 나간 열량이 동일하여 지반상태에 아무런 영향을 미치지 않게 되고 원래의 지열 교환기 용량과 특성이 그대로 유지된다. 하지만 만약 냉방사용량이 난방사용량보다 많다면 땅속에는 열이 축적되어 점차 지반온도가 올라갈 수 있다. 따라서 이런 경우에는 장기적으로 지열교환성능이 저하되므로 이를 고려하여 지열교환기의 용량을 크게 하여야 한다. 아직 국내에서 지열 냉난방 설계를 위한 냉난방 부하 분석 기술의 정립이 부족하여 냉난방 부하 분석기술 및 지역 · 용도별 건물의 연간 냉난방 사용량에 대한 DB를 지속적인 사례 연구와 경험 확보를 통해 기술을 축적해야 한다.

지반 열물성 분석 기술

지열 냉난방 시스템의 핵심은 지열교환의 안정성과 지속성이다. 지열교환 성능에 영향을 미치는 지질특성은 열전도도와 열용량이다. 지반의 열교환은 열전도도와 열용량이 클수록 유리하며 열전도도와 열용량에 따라 지열교환기의 크기가 결정되어 경제성과 적용성에 큰 영향을 미친다. 이러한 열물성을 측정하기 위해서 다음과 같이 다양한 시험을 실시한다.

- 지질 매체의 열물성 시험(토양, 암석의 열전도, 열용량 시험)
- 현장 지질의 열물성 시험(현장의 지열교환기를 대상으로 한 열물성 시험)
- 현장 지하수 수리시험(지하수 수리전도도, 지하수 유동 시험)

국내에서 지반의 열물성에 대한 시험평가 및 연구가 거의 없어서 지열 냉난방의 실용화를 위해서는 지질 열물성 시험법을 정립하고 여러 지역의 지질 열물성을 시험평가하여 DB로 개발하여야 한다.

3.3 지열교환기 설계 기술

지열교환기는 설치되면 변경이 어려워 정확한 설계가 필요하다. 지열교환기의 설계는 지질여건 · 부지여건에 따라 다양한 지열교환기 선택이 이루어져야 한다. 적합한 설계를 위해 미국의 IGSHPA(국제지열히트펌프협회)와 같은 기관에서 지속적으로 설계교육과 자격제도를 실시하고 각종 기준을 작성하기 위한 연구활동을 통해 설계기준을 제시하고 있다. 지열교환기 설계를 위해 다양한 SW가 개발되어 있으며 이러한 SW를 활용할 경우 가장 경제적이고 해당건물의 특성에 적합한 지열교환기를 선택하여 설계할 수 있다. 이러한 SW는 미국의 실정에 맞도록 개발되어 있으므로 기후조건, 지질조건, 냉난방 방식 등에 대한 데이터를 국내에 적합하도록 개발하여야 한다.

3.4 지열교환기 설치 기술

지열교환기의 설치는 유지보수가 곤란하여 신뢰성있는 기술이 요구된다. 이에 따라 미국의 경우 지속적으로 시공기술자 교육과 자격제도를 통해 공인기술자를 배출하고 있으며 시공에 관련된 기술적 표준사항을 제시하고 있다. 지열교환기 설치 기술은 다음과 같다.

- 적합한 장비의 선정(보어링 장비, 트렌치굴착 장비, 그라우팅 장비)
- 적합한 재료의 선정(파이프, 그라우팅재, 헤더)
- 적합한 기술자의 선정(공인자격의 유무, 경험의 유무)
- 적합한 공법의 선정(파이프 열융착, 파이프간격)

국내의 경우 지열 냉난방 설치사례가 아직 일천하므로 적합한 장비, 재료, 기술자 등이 아직 충분하지 못하고 국산화도 미비하다. 따라서 이러한 문제를 해결하기 위한 관련업체나 기관의 협력과 공동의 노력이 요구된다.

3.5 히트펌프 제조 기술

히트펌프는 지열 냉난방 시스템의 가장 중요한 설비이다. 지열 냉난방 시스템에서 사용하는 히트펌프는 수열원 히트펌프의 일종이다. 하지만 지열원의 작동온도 범위가 냉각탑의 작동온도 범위와 다르기 때문에 이에 적합한 형태로 개발되어 보급되고 있다. 지열 히트펌프의 핵심적인 기술요소는 지열원의 온도범위에서 최대 에너지효율을 나타내도록 하는 것과 지열원의 온도변화에 따른 용량변화를 최소화하도록 각종 부품을 최적화하는 것으로 구분된다. 이상의 해당기술은 국내 냉난방 설비여건(온돌적용 등)에 맞도록 출력부의 공급온도나 출력방식 등을 최적화한 제품의 개발이 필요하다.

연/습/문/제

01 태양열 시스템이란 태양에너지를 건물의 난방 혹은 냉방에 이용하는 방법이다. 이러한 시스템 중 전달방법이 기계적 강제순환방식이란 무슨 뜻인지 쓰시오.

02 자연형 태양열 난방시스템 구성부의 특성을 쓰시오.

03 태양광 발전 시스템의 기술적 요소 5가지를 쓰시오.

04 건물일체형 태양광 발전 시스템(BIPV)이란 무엇인가?

05 PV모듈 최적 설치조건 3가지를 쓰시오.

06 지열 냉난방 시스템의 분류 4가지를 쓰시오.

07 지열 냉난방 시스템의 장단점을 쓰시오.

08 지열 냉난방 시스템의 핵심 기술요소 중 지열교환기 설치 기술 4가지를 쓰시오.

10 건물생애 환경재료

일반 단열재료

1.1 개요

일정한 온도가 유지되도록 하려는 부분의 바깥쪽을 피복하여 외부로의 열손실이나 열의 유입을 적게 하기 위한 재료를 단열재료라 한다. 필요한 열의 유출과 유입을 방지하고 에너지 절약을 촉진하며 표면의 결로나 실내온도의 편향분포를 방지할 뿐만 아니라, 쾌적한 거주환경을 확보하는 것을 목적으로 사용되는 재료이다. 종전에는 사용온도에 따라 100°C 이하의 보냉재(保冷材), 100~500°C의 보온재(保溫材), 500~1,100°C의 단열재, 1,100°C 이상의 내화단열재(耐火斷熱材)로 나뉘었으나 현재는 총체적으로 단열재라고 한다. 단열재에는 일반적으로 다공질(多孔質) 재료가 많고 열전도율이 낮을수록 우수하고 경량일수록 효과적이고 흡음성이 우수하여 흡음재료도 이용된다. 최근에는 알루미늄의 엷은 재료가 열을 표면에서 반사해 버리는 것도 단열재료라 한다.

1.2 단열재 분류

단열재는 소재(素材) 자체의 열전도율이 작은 것이 바람직하지만 대부분 열전도율이 그다지 작지 않다. 소재는 유기질과 무기질로 크게 나뉘는데, 유기질에는 코르크 · 면(綿) · 펠트 · 탄화코르크 · 거품고무 등이 있으며, 약 150°C 이하에서 사용하는 데 적합하다. 무기질에는 석면(石綿) · 유리솜 · 석영솜 · 규조토(硅藻土) · 탄산마그네슘 분말 · 마그네시아 분말 · 규산칼슘 펄라이트 등이 사용되며, 대부분 고온에서 사용해도 견딜 수 있다. 이것들은 각기 소재의 연화(軟化) · 분해온도가 사용 한계이다. 또 −200°C 정도의 초보냉재(超保冷材) 등은 알루미늄박(箔)과 유리솜을 번갈아 포개고, 플라스틱으로 포장해서 속의 공기를 뺀 것도 개발되고 있다. 한편, 1,000°C 이상에서 사용되는 단열재의 대부분은 내화물(耐火物)을 다공질 모양으로 결합시켜 만든 내화 벽돌이 사용된다. 이 경우 열전도율 외에 열팽창률(熱膨脹率)이나 수축률 등이 요구된다. 단열재는 노(爐)의 외벽, 반응탑, 기름의 저장 탱크, 스팀 도관(導管)과 수도관의 외벽, 냉장고의 외부 등 많은 곳에 사용되고 있다.

1.2.1 재질, 형상, 사용용도 분류

무기질, 유기질로 구분되며 다시 다공질의 연속기포재와 독립기포 단열재로 구분된다.

- 무기질 단열재 : 무기질 단열재의 일반적인 장단점은 열에 강하고 접합부 시공성이 우수하나 흡습성이 크고 암면, 유리면 등은 성형된 상태에서의 기계적인 성질이 우수하지 못해 벽체에는 시공하기 힘들다는 것이다.

표 10-1 건축용 단열재의 분류

형상 / 재질	섬유질(판상, 펠트, 섬유상)	다공질(판상, 섬유상, 입자상, 현장발포)	
		연속기포	독립기포
무기질	• 유리면(또는 유리섬유) • 암면 (Rock Wool=KS F 4701,6404) • 세라믹파이버 (1,000℃ 이상 고온에서 견디는 섬유) • 석면	• 펄라이트 (KS F 4714) • 규산칼슘판 (규조토)	• 기포콘크리트 • ALC • 포(泡)유리=거품유리
유기질	• 셀룰로오스 • 연질섬유판(KS F 3201) • 우모펠트 • 경질 우레탄 폼(KS M 3809)	• 탄화코르크 • 톱밥 • 쌀겨	• 발포 플라스틱 • 발포 폴리스틸렌(KS M 3808) • 발포 폴리우레탄 • 발포 페놀 폼

- 유기질 단열재 : 유기질 단열재는 화학적으로 합성한 물질을 이용하여 단열재로 사용하는 것으로 흔히 '스티로폼'으로 불리는 발포폴리스티렌, 발포폴리우레탄, 발포염화비닐, 기타 플라스틱 단열재 등이 있다. 유기질 단열재는 흡습성이 적고 시공성이 우수하지만 열에 약한 것이 가장 큰 단점이다. 그러므로 독자적으로 사용되지 못하고 다른 재료와 복합적으로 사용되어야 한다.
- 무기질 단열재료 중 암면은 암석으로부터 인공적으로 만든 내열성 광물질 섬유이며 석면과는 다르나 일반적으로 잘 이해하지 못하는 경향이 있다. 세라믹파이버는 실리카와 알루미나의 합성재로서 철골 내화피복용으로 사용되고 있다. 펄라이트 판은 천염암석을 원료로 한 천연 유리질 재료이며, 규산칼슘질 분말과 석회분말을 오토클레이브에서 반응시켜 얻은 겔에 보강섬유를 첨가하여 성형시킨 것이다. 거품유리는 유리분말에 소량의 탄산칼슘, 카보런덤 등의 발포질 물질을 혼합하여 850°C 정도로 가열하면 미세포가 발생되는데 이것을 판형으로 만든 제품이다. 단열성, 흡음성이 우수하여 단열 · 보온 · 방음재로 쓰이고 있다.
- 공법으로는 충전공법, 붙임공법, 타설공법, 압입공법, 뿜칠공법 등이 있다.

1.2.2 주요 일반 단열재 특징(무기질 단열재료, 유기질 단열재료)

▌무기질 단열재료

- 유리면 (Glass Wool)

유리면은 규사 등의 원료를 1500°C의 고온에서 용융하고 고속원심회전공법(Centrifugal Rotary Process)으로 섬유화시킨 후, Binder를 사용하여 매트 또는 보드 형태로 성형한다. 18세기 프랑스의 Reaumer가 유리를 섬유상의 형태로 가동하여 천을 만들 수 있다고 주장

그림 10-1 유리면 (Glass Wool)

하여 생산 시험을 하였다는 기록이 있으며, 1893년에는 Empress Eugenie가 세인트루이스 세계 박람회에서 유리섬유로 짠 옷을 입었다는 기록이 있다. 1차 세계대전 초기 연합군에 의해 캐나다산 석면의 수입을 봉쇄당한 독일이 석면을 대체할 수 있는 불연성 단열재로 유리면을 개발하기 시작했고, 1930년 미국의 Owens-Corning 사에서 최초로 상품화했으며 미국, 일본, 유럽 등 선진국에서 보온단열재, 흡음재로 널리 사용되고 있다. 우리나라는 1960년대 후반부터 국내에서 생산, 공급하기 시작했다. 안전사용 온도는 300°C, 비중 0.1 이하, 인장강도 200kg/㎠ 정도. 탄성이 적고, 인장강도 · 전기절연성 · 내화성 · 단열성 · 흡음성 · 내식성 · 내수성 등이 우수하고 경량이나, 굴곡에 약하고, 집속(集束)된 것은 모세관 현상에 의해 흡수하는 것이 결점이다. 플라스틱 제품의 보강용으로 쓰이고 단열재 · 방음재 · 보온재 · 전기 절연재 · 축전지용 격벽재 등에 이용되고 있다. 플라스틱으로 굳힌 FRP(fiber reinforced plastic)는 항공기 · 자동차 · 선박 등의 동체와 탱크 · 파이프 · 가구 등 위(胃) 촬영 카메라에도 이용되고 있다.

※ **제조법**
- 증기분무법
- 화염분무법
- 원심력법

• 암면 (Rock Wool)

인공무기섬유의 일종으로 전기로에서 1,500~1,600°C의 고열로 용융하여 노(爐) 하부의 노즐에서 흘러나온 것을 압축공기로 세게 불어서 만든 섬유이다. 암석섬유라고도 하며 안산암 · 현무암 등의 암석이나 니켈 · 망가니즈의 광재(鑛滓:슬래그) 등의 혼합물에 석회석을 섞은 것을 원료로 한다. 섬유의 길이 10~100mm, 굵기 2~20μm가 표준이다. 용융 암면의 일부는 섬유상으로 만들 때 작은 공 모양으로 되는 경우가 있으며, 제품에도 작은 공이 섞이기 쉬운데, 이것이 많이 포함되어 있는 것은 불량품이다. 성분상으로 보면 알칼리에는 강하나 강

그림 10-2 암면

한 산에는 약하다. 무기질이므로 내화성(耐火性)이 우수하며, 열전도율은 작고 흡음률(吸音率)이 높으므로 보온재나 흡음재로서의 용도가 넓고, 고온 보온재로서도 사용된다. 불연성, 경량성, 단열, 흡음성, 내구성의 특징을 갖춰 건축설비, 플랜트 설비의 단열재 및 방·내화 재료로서 널리 사용되고 있다. 암면은 1897년 미국에서 석회암질의 절판암을 원료로 제조한 것이 시초가 되었으며, 미국의 발명에 뒤이어 1938년 일본에서 공업화되기 시작했다.

- 세라믹 파이버

내화 벽돌과 같은 조성의 것을 섬유화하여 단열 보온(斷熱保溫)과 방재용(防災用)으로, 또 금속기 복합용이 가능한 세라믹계 섬유이다. 세라믹계 섬유에는 석영 유리와 알루미나, 지르코니아 같은 산화물계(酸化物系)와 탄소, 탄화규소, 붕소, 질화붕소 같은 비산화물계의 유리질, 다결정질(多結晶質), 단결정질이 있으며, 실용화를 위한 연구가 진행되고 있다. 이 중에서 Al2O340~60%, SiO235~55% 정도를 주조성(主組性)으로 하는 실리카-알루미나

그림 10-3 세라믹 파이버

계 섬유를 좁은 의미에서 세라믹 파이버라 부르며, 1950년대에 개발한 후 많은 분야에 이용되고 있다. 이 부류의 섬유는 탄소섬유, 탄화규소 섬유 등 이른바 첨단 섬유재료에 비해 특성적으로는 미치지 못하지만, 제강로재(製鋼爐材)로 쓰이는 내화 벽돌에 속하는 조성을 가지며, 섬유상이기 때문에 내열성, 단열성, 보온성이 뛰어날 뿐만 아니라 가격도 비교적 싸서 공업요로(工業窯爐)의 노벽 내장재로 불가결한 재료가 되고 있다.

※ 세라믹 파이버의 특성

- 고온 안정성 : 안전사용온도 1,100°C, 1,260°C, 1,400, 1,600°C
- 낮은 열전도율 : 고온에서 열전도율이 매우 낮으므로 우수한 단열효과
- 낮은 축열량 : 밀도가 내화벽돌보다 매우 작아 축적되는 열량이 적음
- 경량, 유연성 : 일반 내화물에 비해 가볍고 유연성이 좋아 어느 곳에서도 시공이 가능
- 화학적 안정성 : 산, 알칼리 등 화학물질에 강하고 화학적으로도 안정된 제품임
- 경제성 : 우수한 단열효과로 연료비를 절약, 시공성이 좋아 공기단축으로 인하여 인건비를 절감, 보수가 용이해 경제적임

• 펄라이트 판

흑요석(黑曜石), 진주암의 파쇄 조각을 1,000°C로 급열하여 결정수를 팽창시켜서 만든 경량 골재. 콘크리트, 미장 공사(바닥, 벽 도장)에 골재로서 단열 · 보온 · 흡음 등의 목적으로 사용한다. 또 시멘트 기타의 결합재를 사용한 판, 통 등의 성형품의 원료로 한다.

• 규산 칼슘판 (Calcium Silicate Board)

수산화 칼슘과 모래를 섞어서 성형하여 오토클레이브(autoclave) 처리해서 만든 내화 단열판이다. 내열성과 기계강도가 뛰어나 철골 내화피복재로 주로 이용되고 있으며, 결정의 종류에 따라 최고 사용온도가 650~1,000°C까지 가능하다.

※ 규산칼슘

이산화규소와 산화칼슘이 여러 가지 비율로 결합한 화합물로 포틀랜트 시멘트의 주요 성분이다. 포틀랜드 시멘트의 성분으로서 중요하다. 보통 규산칼슘이라 하는 것은 메타규산칼슘 $CaSiO_3$이지만, 이밖에 오르토규산칼슘(규산이석회) Ca_2SiO_4와 규산삼석회 $3CaO \cdot SiO_2$가 알려져 있다. 산화칼슘 또는 탄산칼슘과 이산화규소의 혼합물을 고온에서 소성(燒成)하거나 융해하여 만든다. 오르토규산칼슘에는 4종의 변태가 있으며, 물에는 녹지 않지만 물과 여러 가지 비율로 수화물(水化物)을 만든다. 규산삼석회도 물과 반응하여 수화경화(水和硬化)가 빨리 진행된다. 이러한 성질이 포틀랜드 시멘트에 응용된다.

유기질 단열재

• 셀룰로즈 섬유판 (Cellulose Insulation)

천연의 목질섬유 등을 원료로 하고, 내구성, 발수성, 방수성 등을 부여하기 위한 약품처리

그림 10-4 Cellulose Insulation 시공장면

를 하여 제조한 단열재이다. 미국, 유럽 등의 선진국에서는 100년 이상의 역사를 가진 보편화된 친환경 단열재로, 뛰어난 성능과 시공의 편의성 및 자원 재활용 때문에 활발하게 사용되고 있다. 특히 패시브 선진국인 독일 등 유럽국가에서는 목조로 지어지는 패시브 주택의 대부분이 셀룰로오스 단열재를 적용하고 있다. 일본의 경우에도 셀룰로오스 단열재의 시장이 지난 5년간 꾸준히 성장하여 이제는 선도적 위치의 단열재로 인정을 받고 있다. 셀룰로오스 단열재는 주로 가정이나 기업에서 수거된 신문에서 이물질을 제거한 후, 이를 분쇄하고 섬유화하는 가공공정을 거쳐 생산된다. 이 섬유화 과정 중에 천연암반으로부터 채취한 난연제가 첨가되는데, 이는 섬유화된 종이와 난연제가 잘 배합되도록 하기 위함이다. 이러한 공정은 청정에너지인 전기만을 사용하여 이루어지기 때문에, 셀룰로오스 단열재는 원료와 생산과정이 모두 환경 친화적이고 성능 또한 우수한 단열재로 인정받고 있다.

- 연질 섬유판 (Soft Fiber Board)

식물섬유를 주원료로 하여 화학적 또는 물리적으로 처리하여 섬유화한 것을 뽑아내거나 열압으로 성형하여 만든다. 난연성의 것도 있으며 단열 · 보온 · 흡음성이 있어 지붕이나 천장 · 벽 · 마루 등의 밑바닥 재료로 사용되고 있다.

- 폴리스틸렌폼 (Polystyrene Foam)

원료인 폴리스틸렌이 발포제로 작용하여 내부에 독립된 작은 기포를 만들고 불투명성(不透明性)을 주는 발포필름이다. 부드럽고 구부리기 쉬운 편이어서 컵 · 밸브상자 · 패킹 · 완충재(緩衝材) 등의 가벼운 폼(foam)재로 쓰이며 두꺼운 것은 보온 · 흡음(吸音) 등의 건축재료에 쓰인다.

- 경질 우레탄 폼

모든 단열재 중에서 가장 열전도율이 낮고(0.016~0.020 kcal/mh°C) 물리적 강도가 좋으

그림 10-5 연질 섬유판

그림 10-6 Polystyrene Foam

며 물을 거의 흡수하지 않아 사실상 건축물의 단열재로는 최적의 제품으로 평가된다. 그럼에도 불구하고 과거에 시행된 "건축물의 설비기준 등에 관한 규칙"에서는 암면, 유리면, 난연성 발포폴리스틸렌폼 및 요소발포보온재의 경우 건축물의 부위 및 지역에 따라 그 두께가 지정되어 있었지만, 경질우레탄폼의 경우에는 구체적인 명시가 없고 기타 재료의 경우 열전도저항 값을 계산하여 적용하게 되어있어서 실제적인 적용이 어려웠으며, 이런 상황에서 열전도율이 비교적 높아 비효율적이며, 특히 불에 약한 발포스틸렌폼(EPS)이 경제적인 이유만으로 대다수의 단열공사에 적용되어 왔다.

※ **종류 :** 보드형, 현장발포식

※ **특징**

- 발포제에 프레온가스를 사용하기 때문에 열전도율이 0.021kcal/m · h · °C로 낮음
- 방수성, 내투습성이 뛰어나므로 방습층을 겸한 단열재로 사용
- 내약품성도 뛰어나나 접착성은 좋지 못함

1.2.3 단열재의 사용온도에 의한 분류

사용온도에 의한 분류는 다음과 같이 분류하는 경향이 있다.

- 극저온용 단열재 : −180°C 이하에서 사용되는 재료

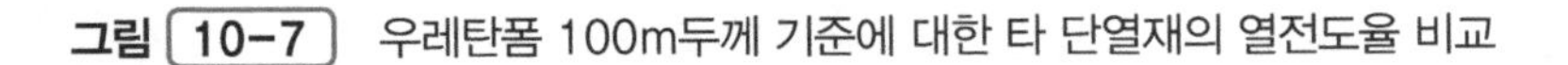

그림 10-7 우레탄폼 100m두께 기준에 대한 타 단열재의 열전도율 비교

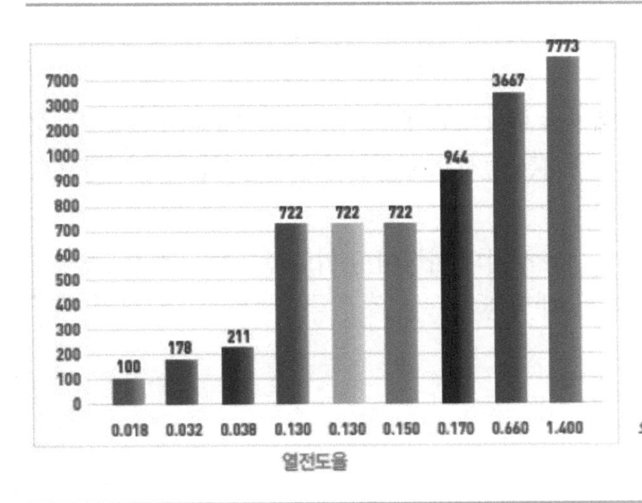

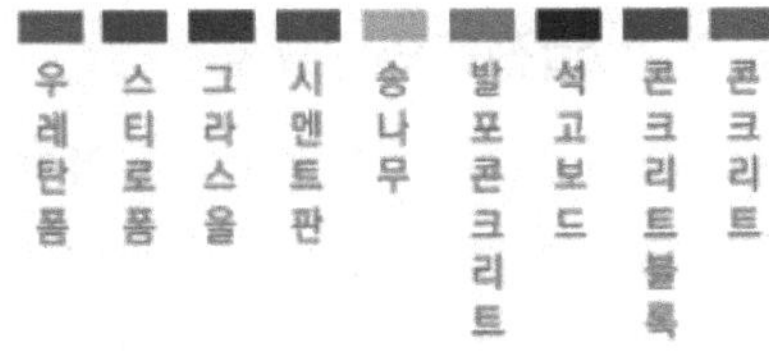

우레탄폼 단열재 열전도율 비교 분석표

- 저온용 단열재 : −150~0°C에서 사용되는 재료
- 상온용 단열재 : 0~150°C에서 사용되는 재료
- 중온용 단열재 : 100~500°C에서 사용되는 재료
- 고온용 단열재 : 500°C 이상에서 사용되는 재료

1.2.4 단열재의 사용온도 범위

표 10-2 사용온도 범위에 따른 단열재 분류

단 열 재 료	사용온도의 최고(°C)	비 고
유리섬유	300~450	밀도에 따라 다름
암면	400~650	밀도에 따라 다름
셀룰로즈 파이어	100	100°C 이상에서는 열화나 방연성이 저하
인슈레이션 보드	120	–
폼 폴리스틸렌	70	하중을 부담하지 않으면 80°C
압출발포 폴리스틸렌	70	–
경질 우레탄폼	100	내열성이 높은 것도 있음
고발포 폴리에틸렌	80	–
우레아폼	80	–

1.3 단열재 특성

1.3.1 열전도의 3요소

- 전도 : 분자의 열 진동으로 열이 전해지는 현상으로 대류보다 멀리 이동하지 않는다.
- 대류 : 분자가 열을 가진 상태에서 이동하는 현상으로 유체분자의 움직임이 활발하므로 유체열 이동에 주요한 역할을 한다.
- 복사 : 물체의 표면으로부터 광파와 같은 성질의 파장이 주위로 전파하는 현상, 물체나 액체가 기체중에서 가열되거나 냉각될 때 발생한다.

1.3.2 단열성을 나타내는 수치

열전도율(kcal/$m \cdot h \cdot$°C)

어떠한 물질 내에서 열이 이동하기 쉬운 정도를 나타낸 것으로 1m입방체 재료의 서로 상대하는 양면에 1°C의 온도차가 있을 경우, 그 재료의 단위면적 1m^2을 1시간에 통과하는 전체열량을 Q라고 하면

$$Q = \lambda(\theta_i - \theta_o)/d = (\text{열전도율}) \times (\text{양표면 온도차})/(\text{재료두께})$$

θ_i : 재료의 고온면 온도(°C)

θ_o : 재료의 저온면 온도(°C)

건축에서 통상 평균온도 20°C에서의 λ를 표준편차로 한다.
단열재에서 λ가 kcal/$m \cdot h \cdot$°C 이하인 재료를 말한다.

그림 10-8 열전도율의 개념

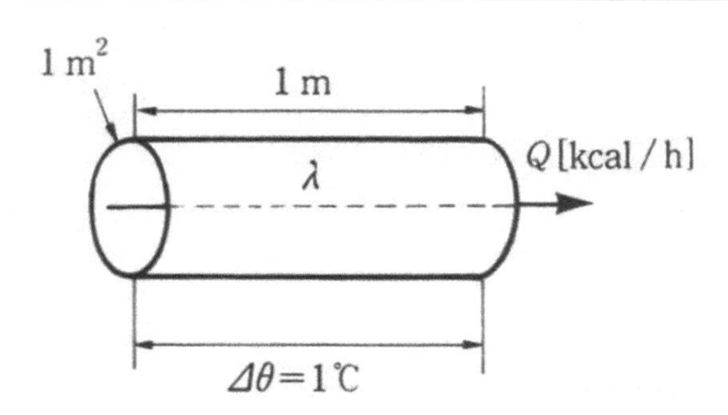

그림 10-9 단열재별 열전도율 비교

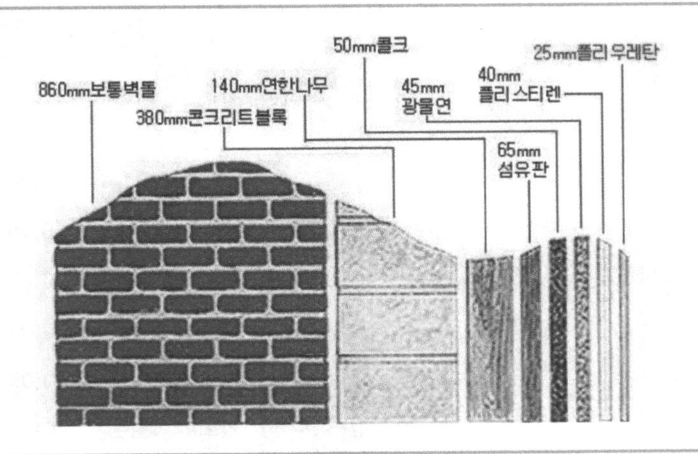

Note 여기서 두께가 두꺼운 재질은 그렇지 않은 재질에 비해 전도율이 높다는 것을 의미한다. 즉 단열을 위해서는 전도율이 높은 재질은 그렇지 않은 재질에 비해 더 두꺼운 시공이 필요하다.

표 10-3 각종 단열재의 열전도율 비교

구 분	재료명	열전도율		구 분	재료명	열전도율	
		kcal/m·h·℃	W/m·K			kcal/m·h·℃	W/m·K
금속판	철(연강)	41	47.56	요업 제품	보통벽돌	0.53	0.61
	스테인레스강	22	25.52		내화벽돌	1.00	1.16
	동	333	392.08		유리	0.67	0.78
	알루미늄	204	236.64	아스팔트 수지	아스팔트	0.63	0.73
	황동	83	96.28		아스팔트루핑	0.09	0.10
비금속	대리석	1.36	1.58		아스팔트타일	0.28	0.32
	화강암	1.87	2.17		리놀륨	0.16	0.19
	흙	0.53	0.61		고무타일	0.34	0.39
	모래(건조)	0.42	0.49		베이클라이트	0.20	0.23
	자갈	0.53	0.61	섬유판 기타	연질섬유판	0.05	0.06
	물	0.52	0.60		경질섬유판	0.15	0.17
	얼음	1.90	2.20		후지	0.18	0.21
	눈	0.13	0.15		모직포	0.11	0.13

(계속)

구 분	재료명	열전도율		구 분	재료명	열전도율	
		kcal/m·h·℃	W/m·K			kcal/m·h·℃	W/m·K
콘크리트	보통콘크리트	1.41	1.64	무기질 섬유	암면	0.05	0.06
	경량콘크리트	0.45	0.52		유리면	0.04	0.05
	발포콘크리트	0.30	0.35		광재면	0.04	0.05
	신더콘크리트	0.69	0.80		암면성형판	0.05	0.06
미장재료	모르타르	0.93	1.08		유리면성형판	0.03	0.03
	회반죽	0.63	0.73	발포 수지	발포경질고무	0.03	0.03
	플라스터	0.53	0.61		발포페놀	0.03	0.03
	흙벽	0.77	0.89		발포폴리레틸렌	0.03	0.03
목재	소나무	0.15	0.17		발포폴리스틸렌	0.05	0.06
	삼목	0.08	0.09		발포경질우레탄	0.02	0.02
	노송나무	0.09	0.10	기타	규조토	0.08	0.09
	졸참나무	0.16	0.19		마그네시아	0.07	0.08
	나왕	0.14	0.16		보온벽돌	0.12	0.14
	합판	0.11	0.13		발포유리	0.07	0.08
시멘트 석고 2차 제품	석고보드	0.18	0.21		탄화코르크	0.05	0.06
	펄라이트보드	0.17	0.20		경석	0.09	0.10
	석면시멘트판	1.09	1.26		신더	0.04	0.05
	플렉시블보드	0.53	0.61		띠억새등	0.06	0.07
	목모시멘트판	0.13	0.15		톱밥	0.11	0.13
요업제품	타일	1.10	1.28		양모	0.10	0.11

▌열전달률 α(kcal/$m \cdot h \cdot$℃) 및 열전달저항 r(kcal/$m \cdot h \cdot$℃)

고체 표면이 주위의 유체와 접할 경우에 생기는 고체 표면에서의 열의 이동 또는 이동이 쉬운 정도를 나타내는 척도 열전달률, 반대로 이동이 어려운 정도를 나타내는 척도가 열전달 저항(벽면이나 지붕면 같은 고체의 표면으로부터 유체에 전달되는 전체열량 Q)은 실내와 실외를 구분하고 풍속이 클수록 커진다.

$$Q = \alpha(t - \theta) = (\text{열전달률}) \times (\text{온도차})(\text{kcal}/m^2 \cdot h)$$

t : 유체온도(°C)

θ : 고체 표면온도(°C)

열전도계수 (heat conductance)

일정 두께의 재료나 부재의 상대하는 양 표면 간의 열이 이동하기 쉬운 정도를 나타내는 척도가 열전도계수이며, 이의 역수는 열저항으로 단열성의 척도로 삼는다. 즉, 판상부재의 단위면 1m^2를 1시간 당 통과하는 전체열량을 Q라고 하면 다음과 같다.

$$Q = C(\theta_i - \theta_0) = (\text{열 전도계수}) \times (\text{온도차})(\text{kcal}/m^2 \cdot h)$$

열관류율 *k*

일정 두께의 부재의 양쪽 표면이 각각 유체에 접하고, 양 유체에 온도차가 있을 경우 고온 측으로부터 저온 측으로 부재를 통하여 열이 흘러가는 것을 열관류, 재료 열전도(부재의 열전도계수)와 앞 표면의 열전달과의 조합을 말한다. 즉, 실내의 공기로부터 건축물의 구체를 통하여 외기에 이르기까지의 전열 잔류저항의 총 합 R은 다음과 같다.

$$R = ri + Rc + r_0 = 1/\text{a} + \sum(d_{i/\lambda_i}) + 1/a_0$$

ri : 실내 표면의 열 전달저항

Rc : 부재의 열저항

r_0 : 실외 표면의 열 전달저항

따라서 부재의 단위면적 m^2를 통하여 실내공기로부터 외기로 빠져나가는 1시간 당의 전열량은 다음과 같다.

$$Q = k(t_i - t_0) = (\text{열관류율}) \times (\text{양 표면온도차})(\text{kcal}/m^2 \cdot h)$$

그림 10-10 열전달, 열전도, 열관류율의 개념

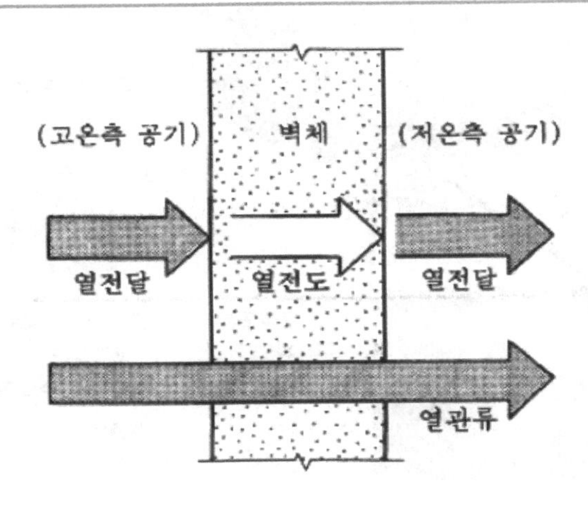

Energy Saving 단열재료

2.1 E Board (SS chemical 주식회사)

2.1.1 판상형 E Board

▌ 용도

결로를 방지하기 위한 판상형 단열제품

▌ 제품구성

압축발포스티로폼에 폴리프로필렌 표면판과 부직포를 차례대로 접착한다. 폴리프로필렌 표면판은 중공층을 가진 3mm 두께의 난연성(2급) 평판으로, 보수의 용이성 확보와 변형 방지를 위하여 노출면을 코팅한다.

▌ 특성

- 결로방지 및 단열성 : 스티로폼은 진공압출발포방식으로 생산되는 미세한 독립기포 구조를 갖춘 단열재로 수분이나 습기에 강하고, 완벽한 단열 성능을 가지고 있다. 이로 인해 결로현상을 원천적으로 차단할 수 있다.

그림 10-11 E Board의 구조

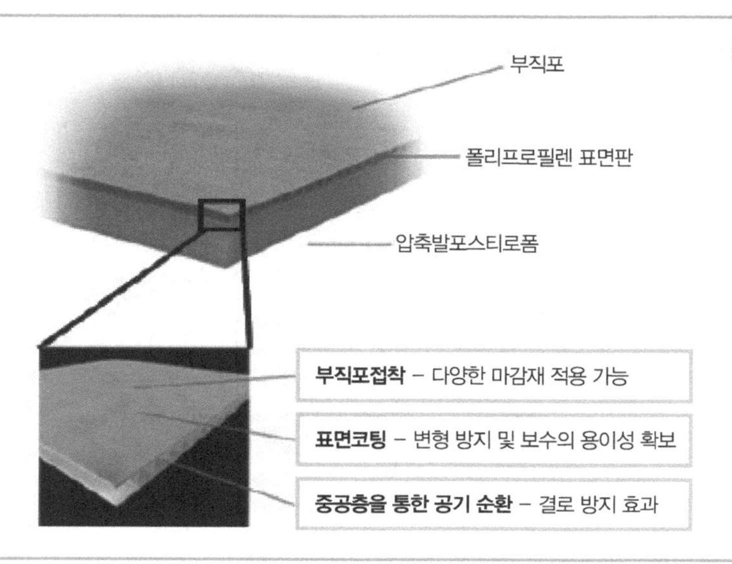

- 간편한 시공성 : 일반 발포스티로폼보다 견고하고, 칼 등으로 절단이 용이하다. 또한 보드용 접착제, 못 등으로 쉽게 부착이 가능하다.
- 기후와 관계없이 후속공정 수행이 가능하다.
- 무독성 고밀도 폴리프로필렌을 사용하여 친환경적이다.

▌E borad와 석고보드의 비교

표 10-4 E board와 석고보드의 비교

구분	E Borad	석고보드	비고
차음성	독립기포구조의 단열재와 PP보드의 결합으로 다른 자재에 비해 차음성이 매우 뛰어나다.	종이와 석고의 복합재료로 다른 자재에 비해 차음성이 우수하다.	E Board 약간 우수
효율성	단열재 설치 시 PP보드가 함께 설치되므로 공정이 단순화되어 시공이 효율적이다.	단열재 설치 후 콘크리트를 타설하고 석고보드를 설치해야 하는 번거로움이 있다.	E Board 매우 우수
환경성	환경적으로 안전하며 100% 재활용이 가능하다.	목질계, 합성수지계로 이루어져 반복사용이 불가능하다.	E Board 매우 우수
안전성	단열재 설치 시 PP보드와 함께 설치되므로 고소 작업에 따른 작업자의 추락 위험이 완전 제거된다.	최상층 작업 시 고소작업에 따른 작업자들의 추락 위험이 상존한다.	E Board 매우 우수

2.1.2 페인트용 E Board

▌용도

발코니나 다용도실 벽체의 경우, 결로방지 및 단열을 위해 시공 뒤 페인트 마감이 주로 적용되는데, 이때 페인트 마감 효과의 극대화를 위해 개발되었다.

▌제품구성

E Board의 폴리프로필렌 표면판의 PP(Poly propvlene) 섬유에 PE(Poly−ethy−lene) 섬유를 감싸고 수십 번의 표면처리 과정을 거쳐 생산한다.

▌장점

- 표면이 매끄럽고 친수성이 강해 수성페인트의 부착성을 높인다.
- 기존 단열공법(단열재 설치 후 각재를 대고 석고보드나 마그네슘 보드로 마감한 후 페인트로 마감)보다 두 단계 이상 공정 단축 효과를 나타낸다.
- 석고보드 및 마그네슘 보드와 달리 이음매 부위에 크랙이 발생하지 않는다.

그림 10-12 E Board와 다른 보드의 이음매 크랙 비교

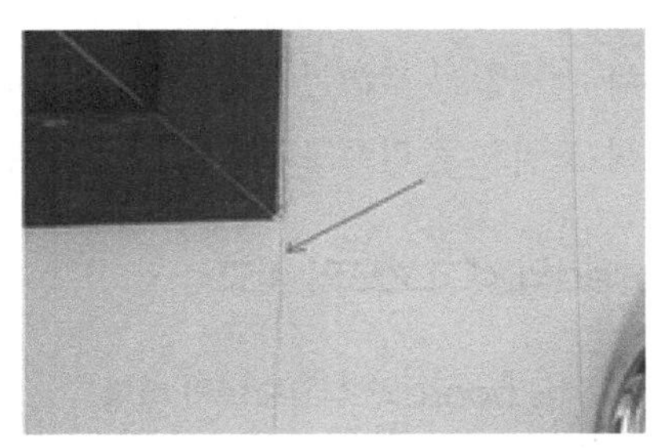

2.2 아마플레스 고무발포 단열재 (㈜ 아마텍)

2.2.1 용도 : 고효율 배관용 단열재로 합성고무 이용

2.2.2 종류

- NBR : 단열성, 수증기저항성, 난연성이 우수하여 결로방지, 일반 보온 · 보냉에 사용한다.
- EPDM : 내열성과 내자외선이 우수하여 고온의 온도를 필요로 하는 곳과 태양열 시스템에 사용한다.

2.2.3 특성

- 열전도율은 0.034(W/m · k) 이하로 국토해양부고시의 '가'급에 해당한다.
- 투습계수는 5.76(ng/m^3 · s · pa) 이하로 기준에 적합하다.
- 난연성은 LOI 32 이상으로 국토해양부 시행령의 위험도 3에 해당한다.
- NBR과 EPDM을 용도에 맞게 쓸 수 있다.

2.2.4 고무발포 보온재 품질기준

표 10-5 고무발포 보온재 품질기준

구분		한국		미국	
단열성	열전도율 (W/m·k at 20℃)	KS M 6962	1종 0.035 이하	ASTM C -534	1급 0.04 이하
			2종 0.040 이하		2급 0.043 이하
		에너지절약 설계기준 (국토해양부고시)	가급 0.034 이하		
			나급 0.04 이하		
보온 유지력	투습계수(perm-in)	KS M 6962	6 이하	ASTM C -534	0.01 이하
	투습계수 (g/m·s·pa)		10 이하	ASTM E -96	1.44 * 10^{-10}
	투습계수 (ng/m3·s·pa)	KS M 3808	5.76 이하	ASHRAE 기준	5.76 이하
난연성	산소지수(L.O.I) 시험방법 ISO KSM 4589	국토해양부 시행령	위험도 4 LOI 35 이상	ISO 4589	32 이상
			위험도 3 LOI 32 이상		
			위험도 2 LOI 28 이상		

2.2.5 시공

그림 10-13 고무발포단열재 시공사진

2.3 ALC (Autoclaved Light-weight Concrete)

2.3.1 역사

- 1889년 독일의 E.Hofman, 스웨덴의 I.A.Eriksson 등에 의해 개발되었다.
- 1929년 스웨덴의 Ytong 사가 생산과 공급을 시작하였다.
- 1945년 독일의 Josep Hebal에 의해 설립된 Hebel 사가 2차 세계대전 후 전후 복구사업을 위해 보급하였다.
- 일본은 1960년대 초 유럽에서 기술을 이전받아 ALC패널을 개발하였다.
- 국내에는 1989년에 도입되었다.

2.3.2 구성재료

- 석회 : 생석회, 공업용석회
- 시멘트 : 포틀랜드 시멘트, 고로슬래그 시멘트, 실리카 시멘트, 플라이애쉬 시멘트
- 규산질 원료 : 규석, 규사, 고로슬래그 시멘트, 플라이애쉬 시멘트 등으로 진흙, 먼지, 유기물 등 유해물을 함유하지 않은 것을 원료로 한다.
- 기포제 : AL분말 또는 페이스트, 평면활성제 등 균등한 기포가 얻어질 수 있는 것을 원료로 한다.
- 혼화재료 : 기포의 안정, 경화시간 조정 등을 위하여 사용되는 재료로 그 품질 및 사용에 유해한 영향이 없는 것을 재료로 한다.

2.3.3 제조방법 : 고온, 고압증기로 아래 그림과 같이 생산된다.

그림 10-14 ALC 제조방법

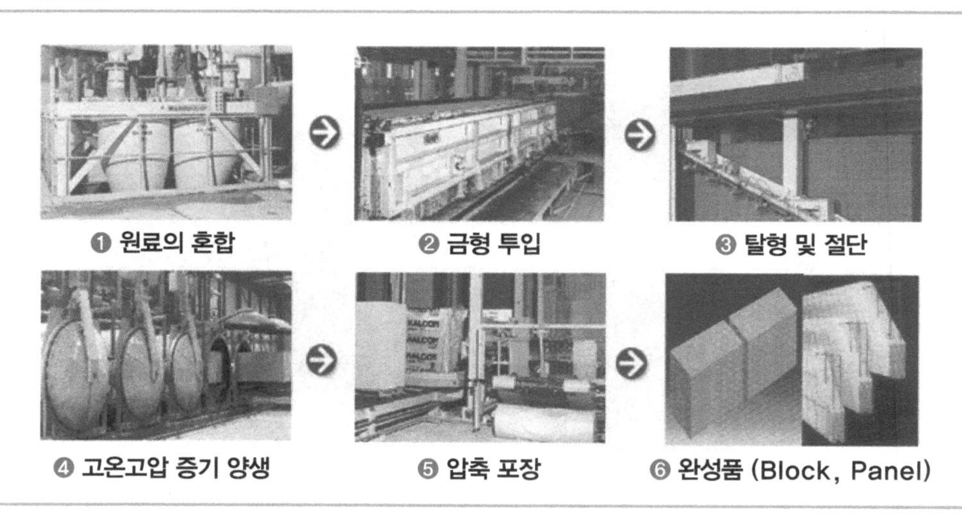

2.3.4 장점

- 내화성능 : ALC는 무기질 재료로 구성되어 완전불연재이며, 화재 시 유독가스, 유독물질이 배출되지 않는다. 또한 두께가 100mm 이상의 벽체는 건축법상 인정된 내화구조(건축법 시행령 제3조 제3항 : 96.1.5 시행)이다.
- 차음성능 : 두께 200mm 이상인 ALC는 국립건설시험연구소로부터 차음구조 지정고시를 받았다.
- 공기단축 : ALC의 단위면적이 크기 때문에 시공속도가 빠르다.
- 가공 및 내구성 : 목재처럼 절단하기 쉽고, 수축 및 팽창률, 동결융해의 내구성이 좋다.
- 특성

표 10-6 ALC의 특성

<table>
<tr><td>압축강도</td><td colspan="7">30~40 (kg/cm²)</td></tr>
<tr><td>인장강도</td><td colspan="7">5 (kg/cm²)</td></tr>
<tr><td>휨강도</td><td colspan="7">10 (kg/cm²)</td></tr>
<tr><td>전단강도</td><td colspan="7">5 (kg/cm²)</td></tr>
<tr><td>부착강도</td><td colspan="7">20 (kg/cm²)</td></tr>
<tr><td>열전도율</td><td colspan="7">0.09~0.12 (kcal/mh°C)</td></tr>
<tr><td>비열</td><td colspan="7">0.25 (kcal/kg°C)</td></tr>
<tr><td>건조수축률</td><td colspan="7">0.04 (%)</td></tr>
<tr><td>흡음률</td><td colspan="7">0.08~0.12(1000Hz에서 두께 100mm 기준)</td></tr>
<tr><td rowspan="2">열관류율</td><td>두께 (mm)</td><td>100</td><td>125</td><td>150</td><td>175</td><td>200</td><td>240</td></tr>
<tr><td>kcal/mh°C</td><td>0.875</td><td>0.708</td><td>0.595</td><td>0.513</td><td>0.458</td><td>0.395</td></tr>
</table>

2.4 진공 단열재

2.4.1 개념

VIP(Vacuum Insulation Panel)로 유리섬유를 주원료로 하여 다공심재의 외부에 여러 겹의 얇은 막으로 감싸 진공 상태를 만들고 내부의 압력을 감소시킨 단열재를 말한다.

2.4.2 구조

- Core Material(다공심재) : 내부 진공공간을 만들어 주는 다공성 심재를 말한다.

- Barrier(외피) : 내부 진공상태를 유지해 주는 가스를 차단하는 특수 필름을 말한다.
- Getter : 가스 및 수분을 흡착하는 소재이다.

그림 10-15 VIP의 구조

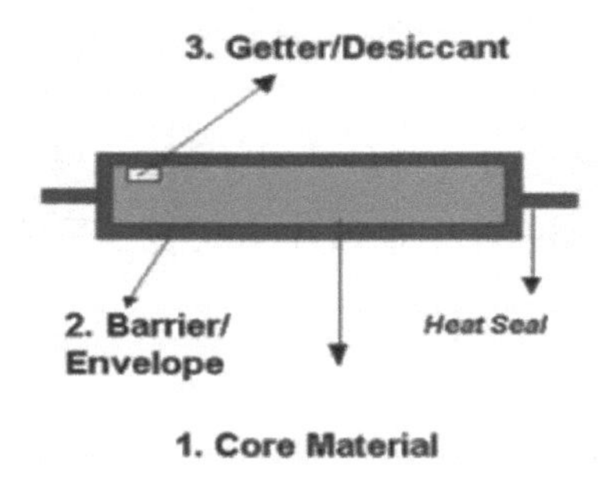

2.4.3 장점

- 기체의 열전도계수가 거의 0이기 때문에 우수한 단열성능을 갖는다.
- 기존 단열재 대비 8배 이상 단열성능이 좋기 때문에 단열재의 두께를 줄여 공간 활용에 용이하고, 에너지 절감이 가능하다.

2.4.4 특성

표 10-7 VIP의 특성

심재재질	Glass fiber
심재밀도	300~420 (kg/m^3)
압축강도	60~100 (kPa)
내부압력	0.1 (Pa)
열전도율	0.0035 (W/m·k)
내구성	10~15년
두께	5~35 (mm)
최대규격	1,800 × 800 × 35 (mm)

2.4.5 사용분야

- 가전분야 : 냉장고, 온 · 냉정수기, 전기밥솥

- 건축분야 : 외벽단열판, 리모델링, 초고층건축물, 욕조, 태양열 지붕
- 기계설비분야 : 공조시스템, 보온 · 보냉설비, 저온창고
- 운수분야 : LNG · LPG탱크 차량, 콘테이너박스 차량, 냉동 차량
- 의료분야 : 초정밀냉동냉장기기, 인큐베이터

2.5 그 외 단열재

2.5.1 대마 삼베 단열재

삼베는 항균성능이 뛰어나 건축물의 유해성분을 흡수, 제거한다. 또한 습도조절이 가능해 쾌적한 실내 환경 조성이 가능하고, 시공이 쉬운 장점이 있다.

2.5.2 양모 배트 단열재

천연 양모는 다른 단열재와 비교하여 단열성능이 우수하고, 방음, 습도 · 온도조절, 폐기물을 재활용할 수 있는 장점이 있다.

2.5.3 친환경 스티로폼 (Greensulate™)

Ecovative Design 사가 개발한 신소재로 석유를 이용하는 것이 아니라, 물과 재생지에 버섯 균사를 넣어 이를 스스로 성장하게 만들어 스티로폼을 만드는 것이다. 이는 100% 자연 분해되며, 알러지 등을 유발하지 않는 친환경적이고 탁월한 불연성을 갖는다.

그림 10-16 친환경 스티로폼

2.5.4 Thermal met

낮에 외측의 일사를 통해 전도되는 열에너지를 흙, 돌로 만들어진 Thermal met에 저장하였다가, 밤에 난방에 사용하는 단열재를 말한다.

Energy Saving 창호

3.1 Double skin

3.1.1 Double skin facade 원리

건축부분에 있어서 에너지 소비를 최소화하기 위해서는 열적 성능에 가장 취약한 건물의 외피부분에 대한 성능개선에 초점을 맞추어야 할 필요성이 있다. 오랜 동안의 건축 역사를 통해 취약한 Facade의 열적 성능을 개선하려는 연구와 시도는 환경친화적 Facade System의 개발로 꾸준히 지속되어 왔다. 현재까지 환경친화적 Facade System 중에서 가장 발달된 형태로 실제 건물의 적용과 학문적 검증이 많이 이루어지고 있는 것이 DSF이다. DFS는 기존의 Facade에 하나의 Facade를 추가한 multi-layer의 개념을 이용한 것으로 형태적으로는 외기와 접하는 외측 Facade와 실내에 접하는 내측 Facade 그리고 내-외측 Facade 사이에 수평 블라인드가 설치된 중공층으로 구성되어 있다. 외측 Facade는 외부 기상의 영향에 대하여 내부를 보호하고 건물 외부에서 발생된 소음의 내부유입을 일차적으로 차단하는 의미를 가진다. 그리고 외측 Facade의 상하부에는 적절하게 설계된 환기를 위한 개구부를 두어 높은 외부풍압을 감소시켜 중공층에 외기를 도입하고, 이를 다시 실내로 유입함으로써 높은 외부풍압에서도 자연환기가 가능하도록 고안된 시스템이다.

그림 10-17 일반 창호 및 기능성 창호 비교

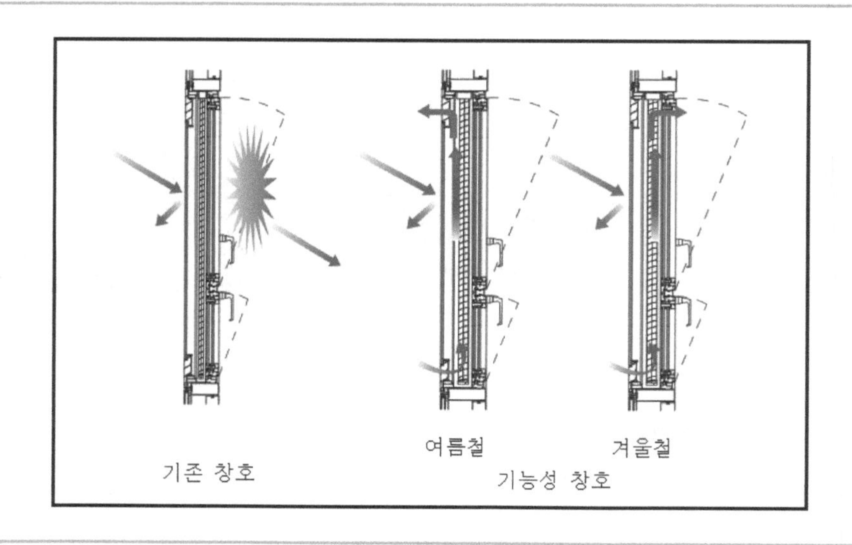

3.1.2 Double skin의 효과

- 차음 효과 : 9db 이상 감소 효과 기대
- 냉, 난방에너지 절감 효과
  - 냉방 에너지 절약 : 중공층에서 열에너지를 배출시키므로 냉난방 에너지 소비의 50% 이상 절감 가능하다.
  - 난방 에너지 절약 : 중공층에서 열에 의해 예열된 공기를 내부로 유입하여 환기에 의한 열손실을 줄임, 이중창호로써 열관류값이 낮아져 단열효과가 약 20% 개선된다.
  - 자연환기 · 자연채광효과 : 난방기중 유효 자연환기 시간이 80%까지 연장 가능, 중공층부에 브라인더가 설치되어 자연광을 효율적으로 이용하여 자연채광 효과를 높임, 별도의 에너지소비 없이 자연환기성능을 개선해 새집 증후군 및 실내공기질 개선에 기여할 수 있다.

3.2 Low-E Glazing

3.2.1 Low-E의 원리 및 특징

유리 표면에 금속 등의 물질을 코팅하여 가시광선 투과율은 일반 유리와 비슷하지만 적외선의 반사율을 높여 실내외 온도차이가 클 경우 유리를 통한 열전달이 거의 없도록 제작되는 기능성 유리이다. 겨울철에는 실내로부터 발생되는 적외선을 반사해 실내로 되돌려 보내고, 여름철에는 실외의 태양열로부터 발생하는 복사열이 실내로 들어오는 것을 차단해 창호의 단열 성능이 우수하다.

그림 10-18 Low-e Glass의 원리

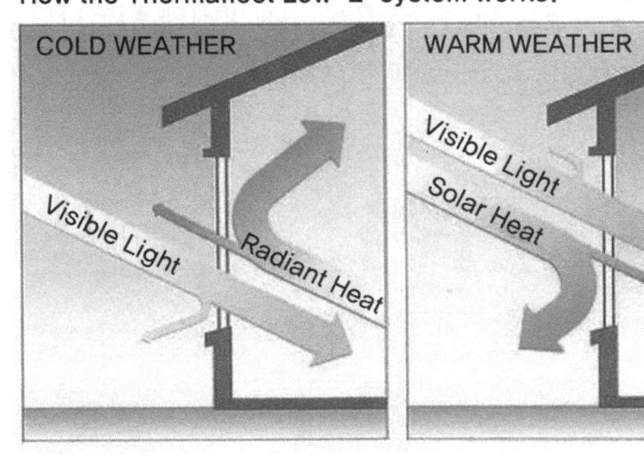

3.2.2 Low-e glass의 효과

흔히 건축물에 있어서 에너지 절약에 관한 기준을 제시할 때 많이 쓰는 단어가 열관류율이다. 열관류율(U Value:Uw)은 실내외의 온도차로 유리를 통과하는 열량의 크기로서, 난방에너지 및 결로저항성능을 예측하는 데 많이 활용되고 있다. 국내 열관류율 기준은 현재 3.0W/m²K(비주거용 3.4W/m²K)에 불과하지만 2014년 2.4W/m²K로 법적 기준이 강화되었으며, 향후 더욱 떨어져서 선진국 수준의 기준이 적용될 전망이다. 이는 로이유리를 적용하였을 때 탁월한 에너지 절약형으로 충족할 수 있는 부분이다. 보통 열관류율이 1.7W/m²K 전후로 고성능 창호로 평가하고 있으며 로이를 적용하였을 때 얻을 수 있는 수치이다.

로이유리를 적용하였을 때 일반 복층유리에 비해 에너지가 25% 절감되어 냉난방비를 감소할 수 있다. 16mm(5mm유리 + 6mm공기층 + 5mm유리) 일반복층의 열관류율은 2.8W/m²K이지만 22mm(5mm유리 + 12mm공기층 + 5mm유리) 로이복층의 열관류율은 1.8W/m²K로 높은 에너지 절감효과를 볼 수 있다. 열관류율 수치가 낮을수록 유리를 통한 에너지 손실은 저감된다. 실례로 32평형 주택에 로이유리를 적용하였을 때, 연간 18만 2천원의 절감효과를 거둘 수 있다. 이 외에도 자원에너지 절약으로 냉난방비 에너지 절약을 통한 연간 3,600만 베럴의 원유 절약, 냉난방 에너지 절약으로 석유사용을 줄여 CO^2 절감효과도 볼 수 있는 녹색성장, 그린 사업의 바탕이 되고 있다.

3.3 TPS glass(Thermo plastic spacer glass)

3.3.1 TPS glass의 원리

TPS란 열가소성수지간봉(Thermo Plastic Spacer)이란 뜻으로서 플라스틱계열 소재가 부틸(접착제), 흡습제, 형태고정의 역할을 모두 하는 신개념 간봉이다. 단열성과 결로 방지 효과, 깔끔한 외관의 장점을 지녔으며 국내에서는 LG화학의 자동화 설비에서만 생산되는 제품이다. TPS 유리 플라스틱 소재의 단열간봉으로 결로방지에 뛰어나며 우수한 단열성을 지닌 기능성 유리로 분류되고 있다.

그림 10-19 TPS 간봉

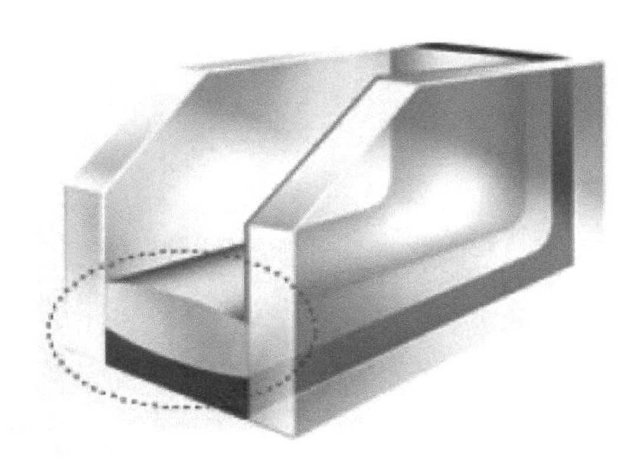

3.3.2 TPS glass의 효과

- 우수한 단열성 : 아르곤(Ar) 가스 주입 시 가스의 누출이 거의 없어 일반 복층유리의 두 배 가까운 단열 성능으로 난방비 절약 효과가 있다.
- 유리면 결로 발생의 최소화 : 로이유리와 TPS에 아르곤 가스 주입 시 결로를 예방할 수 있다.

표 10-8 TPS Low-e 복층유리, AL 간봉 Low-e 복층유리, 일반 복층유리 비교

	TPS Low-e 복층유리	AL 간봉 Low-e 복층유리	일반 복층유리
열관류 저항	0.661 M²K/W	0.529 M²K/W	0.356 M²K/W
결로 생성온도	16.2℃	15.3℃	13℃
단열지수	185	149	100

- 우수한 수분 흡착력 : 한 번의 자동공정으로 제작되어 밀착력이 우수하고 흡습제가 TPS 내에 일정하게 분포하여 복층유리 내습기를 줄인다.

3.4 Eco plus 삼중유리

3.4.1 Eco plus 단열창 개요

에코플러스 단열창은 실리콘폼 단열 스페이서와 기능성 유리 및 알루미늄 틀로 구성되어 있으며, 기존 시공된 창호 유리 위에 추가로 덧대어 확실한 밀폐 건조 공기층을 생성시킴으로써 기존 유리창의 취약한 단열, 차열 및 소음차단 성능을 획기적으로 개선시켜 준다.

그림 10-20 ECO plus 단열창 상세도

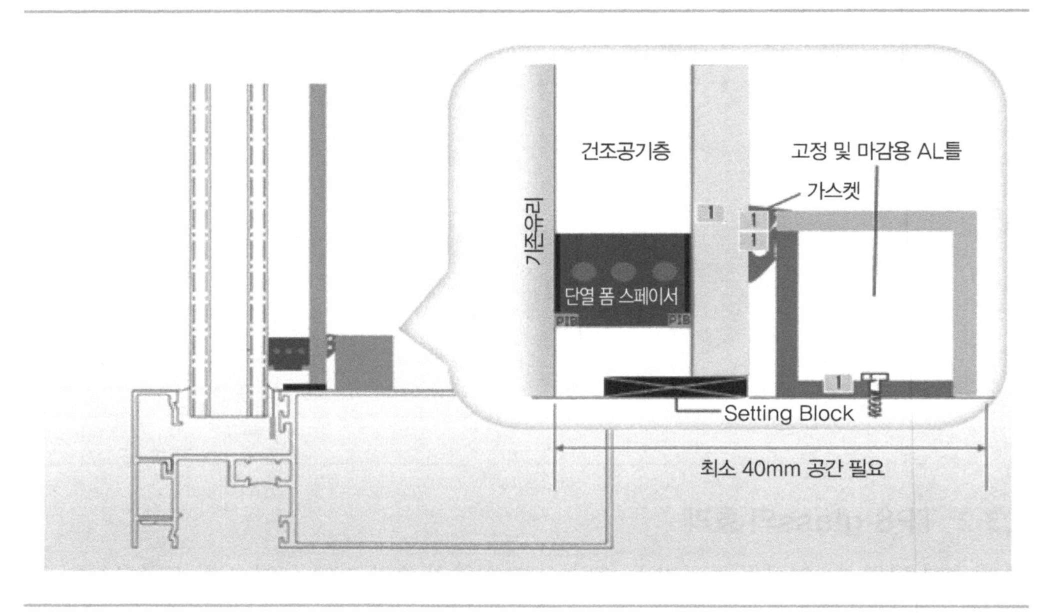

3.5.2 Eco plus 단열창의 효과

- 단열 필름에 비해 영구적 내구성 및 월등한 단열효과를 보장한다.
- 소음차단(음압감소 약 4배) 효과가 있다.
- 유리면 결로문제를 획기적으로 개선한다.
- 유리 교체비용 대비 절반 이하의 비용이 들고, 지속적인 비용절감이 가능하다.
- 짧은 공사시간으로 실내 업무자 및 거주자 불편을 최소화한다.

표 10-9 기존유리 및 삼중유리 비교

	기존유리		EP-1			EP-2		
가시광선투과율	37%		26%			28%		
열관류율(단열)	1.87 W/m²k		1.10 W/m²k			1.42 W/m²k		
차폐계수(차열)	0.44		0.32			0.37		
소음차단	35 db		39 db			39 db		
자외선 투과율	13%		6%			4%		
유리 표면온도 (외기온도 34°C 기준)	1면 52°C	2면 42°C	1면 56°C	2면 65°C	3면 39°C	1면 55°C	2면 58°C	3면 44°C

특수재료 및 시스템

4.1 친환경 스티로폼 Greensulate™

4.1.1 Greensulate™의 개요

Greensulate는 과산화수소, 녹말가루, 물의 혼합에 버섯 균사체가 주입되어 몰드에 굳혀 만들어진다. 버섯의 균들이 녹말을 소화하면서 스스로 강한 끈을 만들어내어 단단하게 굳혀진 합성판이 된다. 기존 스티로폼의 역할이었던 단열재, 방음 등의 역할도 충분히 하면서 방화기능까지 추가된 훌륭한 소재이다. 또한 미국의 남동부로부터 공급되는 면 껍질이나 중서부 지역에서 얻은 쌀겨 등 지역자원을 이용함으로써 운송에서 방출되는 비용이나 에너지도 절감한다. Greensulate는 단단함, 흡습성, 증기방출에 관한 ASTM-test를 통과하였으며 어떠한 알러지나 세균도 없기 때문에 새집증후군 걱정은 할 필요가 없다. 물론 합성접착제도 사용하지 않았고, VOC도 존재하지 않는다. 지붕, 벽, 구조패널 등을 위한 단열재로서 최적의 소재이다.

그림 10-21 Greensulate 형상

4.1.2 Greensulate의 특성

표 10-10 Greensulate의 특성

	중간밀도	고밀도
밀도	100 kg/m^3	180 kg/m^3
열전도성	0.48 W/m·k	0.048 W/m·k
압축강도	0.17MPa	0.29MPa
압축 탄성계수	2.17GPa	2.17GPa
인장강도	0.17MPa	0.20MPa
탄성계수	1.63GPa	2.16GPa
수증기의 보급	class 1 증기 지연제	
화재에 대한 반응	class 1 화재 등급	
흡수	1주 침수 후 7%	

4.2 폼글라스

4.2.1 폼글라스의 개요

유리거품 단열재는 보통의 단열재와 마찬가지로 바닥단열이나 외벽단열에 사용될 수 있으며, 특히 자연형 주택이나 에너지절약형 주택에도 적합하다. 에너지절약형 주택에 시공되는 경우 단열재는 30 cm의 두께로 충진되며, 시공 후 25 cm로 다져진다. 이에 따른 열손실

그림 10-22 폼글라스

계수는 0.27 W/m^{2}K까지 낮아진다. 자연형 주택에 시공되는 경우 단열재는 50에서 65 cm의 두께로 충진되며, 시공 후 40에서 50 cm로 다져지고 열손실계수는 0.18~0.15 W/m^{2}K에 불과하다.

4.2.2 폼글라스의 효과

기존의 오래된 건물의 에너지효율 향상을 위한 보수공사에도 유리거품 단열재는 간단하고 효과적으로 활용될 수 있다. 게다가 유리거품 단열재는 다목적 기능을 갖추고 있기 때문에 여러 겹으로 설치되는 기존의 단열재와 비교하여 약 20%에 달하는 설치비용 절감을 가져온다. 그리고 이러한 비용 절감과 함께 설치작업도 많이 단축될 수 있어 최소한 2일 내지 3일의 공사기간이 단축될 수 있다.

연/습/문/제

01 무기질 단열재와 유기질 단열재의 차이점을 쓰시오.

02 유리면(Glass Wool)의 제조법 3가지를 쓰시오.

03 세라믹 파이버는 내화 벽돌과 같은 조성의 것을 섬유화하여 단열 보온과 방재용으로, 또 금속기 복합용이 가능한 세라믹계 섬유이다. 이 세라믹 파이버의 특징을 쓰시오.

04 단열재의 특성 중 열전도의 3요소는 무엇인지 쓰고, 설명하시오.

05 결로를 방지하기 위한 판상형 단열제품인 E Board와 석고보드의 차이점을 설명하시오.

06 ALC(Autoclaved Light-weight Concrete)는 고온, 고압증기로 생산된다. 생산단계 6가지를 쓰시오.

07 건축부분에서 열적 성능에 취약한 건물의 외피부분에 대한 성능개선에 초점을 맞춘 DSF(Double skin facade)는 무엇인지 쓰시오.

08 Low-E의 원리를 쓰시오.

Introduction to **ZERO ENERGY HOUSE**

Introduction to ZERO ENERGY HOUSE

PART 4

ICT 융합 에너지 관리 기술

Introduction to **ZERO ENERGY HOUSE**

11 스마트그리드 개요

스마트그리드 정의

1.1 스마트그리드의 필요성

인류의 산업화는 에너지 소비 증가에 따른 에너지 확보에 어려움을 주며 지구 온난화의 주범인 이산화탄소의 과다한 배출을 가져왔다. 스마트그리드는 이러한 에너지 확보의 위기와 지구 온난화라는 중대한 문제를 해결하는 여러 시도 중 하나이다.

지식경제부(이하 지경부)는 2011년 6월 저탄소 · 녹색성장의 기치 아래 15대 그린에너지 산업(태양광, 풍력, 연료전지, 석탄가스화복합발전, 바이오연료, 이산화탄소 포집 · 저장, 청정연료, 에너지저장, 고효율 신광원, 그린카, 에너지 절약형 건물, 히트펌프, 원자력, 스마트그리드-전력IT, 청정화력발전) 분야별로 '그린에너지 전략로드맵 2011'을 수립하였다.

로드맵에 포함된 대표적인 육성산업이 그린에너지와 탄소시장 분야이다. 이중 스마트그리드는 그린에너지와 탄소시장의 인프라가 되는 대표적인 녹색기술이자, 바로미터(Barometer)이다. 스마트그리드는 한국전력과 같은 전력 회사가 생산, 송전, 배전, 소비의 전 과정을 전산화하여 최적의 효율을 갖추려는 것이다. 또한 기존 공급자 위주의 단방향 전력 운용시스템에서 소비자도 참여하는 양방향 운용시스템으로 융 · 복합화하여 전력시스템과 충전기기를 디지털화, 지능화하고 전력서비스를 고부가 가치화하는 똑똑한 전력기술망(Smart Grid)을 총칭한다. 스마트그리드 기술 분야의 R&D 전략은 다음과 같다.

- 제주 실증단지 운영을 통해 에너지관리시스템, 전기자동차 충전인프라, 스마트미터 등 다양한 기술에 대한 검증으로 기술개발, 표준화, 실용화에 이르는 전주기적 기술 확보
- 거점도시, 광역단위로 실증사업을 확대하여 2030년까지 국가단위의 스마트그리드 구축완료

스마트그리드를 스마트파워그리드(Smart Power Grid), 스마트플레이스(Smart Place), 스마트신재생(Smart Renewable), 스마트교통(Smart Transportation), 스마트엘렉서비스(Smart Elect. Service)의 5개 분야로 분류하고, 핵심기술 개발을 지원해 빠른 시일 내에 국제표준화와 표준화 가이드라인을 마련키로 하는 등의 내용이 포함되어 있어 지경부 기술표준원에서 국제적인 표준 및 법규 제정에 활발히 움직이고 있다.

또한, 에너지저장 기술개발 및 산업화 전략은 2011년 5월말에 발표되어 2020년까지 세

그림 11-1 스마트그리드의 모습

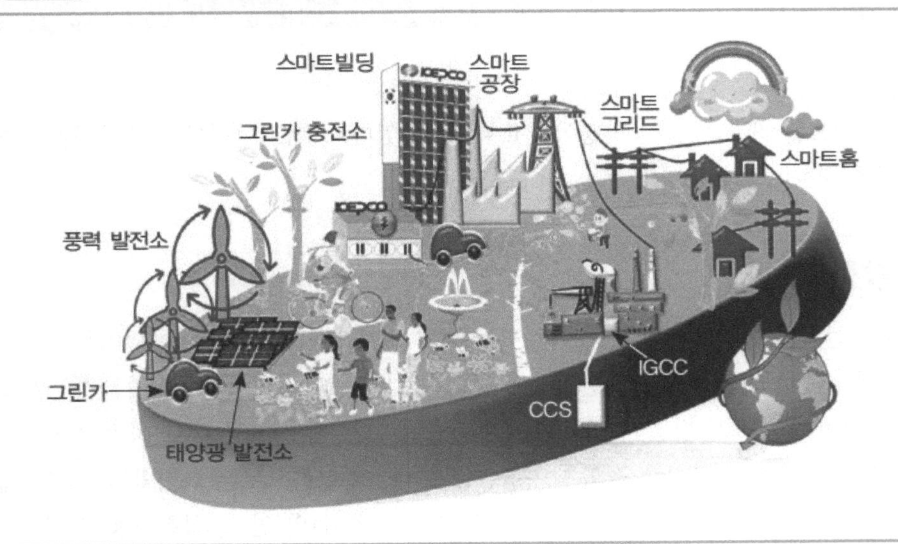

계시장 30% 점유를 목표로 총 6.4조원 규모의 기술개발 및 실증, R&D 인프라 구축, 제도적 기반구축 등의 전략과제를 추진해 나갈 계획이다.

그림 11-1은 스마트그리드의 개념도를 보여준다. 그림에서 전력회사가 생산한 전력이 송전 시스템을 통하여 스마트홈, 스마트빌딩, 스마트 공장에 전송된다. 이때 각 수요자의 전력 사용현황이 실시간으로 모니터링되어 발전소의 전력 생산을 조절함으로써 생산 비용을 낮추고 에너지 사용량을 줄인다. 또한 각 지역의 풍력발전소, 태양광 발전소에서 생산된 전력도 스마트그리드 내에서 모니터링되어 적절히 송전되어 사용된다.

특히 IGCC(Integrated Coal Gasification Combined Cycle), 즉 석탄 가스화 복합발전은 석탄을 무공해 가스로 변환시켜 발전에 활용하는 스마트한 생산기술이다. 또한 CCS(-Carbon Capture&Storage) 기술, 즉 탄소 포집 및 저장 기술은 이미 방출된 CO2를 포집, 저장하여 이산화탄소를 줄이는 기술로서 지구온난화의 주범을 직접 줄이는 시도이다. 풍력이나 태양광의 경우 생산량의 조절이 어려우므로 보조적인 기능을 담당하게 된다.

최종 소비자인 홈, 빌딩, 공장, 그린카 등에서는 실시간 요금제를 적용하여 Peak 전력 소비량 자체를 줄이도록 지원한다. 즉, 전력 사용량이 많은 낮에는 요금을 올리는 것인데 이러한 정책을 통하여 전력 사용량이 고르게 분산되도록 할 수 있다. 이때 생산자와 소비자의 현황을 모니터링, 전송하는 ICT(Information Communication Technology) 기술이 필수적이다.

스마트그리드의 역사

스마트그리드는 제 2의 발전 혁명이라고 부를 수 있다. 스마트그리드를 얘기하기 전에 기존 발전에 대하여 알아본다.

2.1 발전의 원리

에너지를 전기의 형태로 변환하기 위해서는 물의 위치에너지라든가 열에너지를 일단 기계의 회전에너지로 변환시키고 발전기를 돌리는 방식이 일반적이다. 가장 기본적인 발전 방법은 물 터빈에 의해서 발전기를 돌리는 수력발전이다. 이 경우는 주로 하천이나 호소(湖沼) 등 높은 곳에서 떨어지는 물의 낙차를 이용한다. 그 다음으로는 화력발전이 있는데, 이것은 석유라든가 석탄 · 천연가스 등 화석연료(化石燃料)의 연소, 화학반응에 의해서 고온 · 고압의 증기를 발생시켜 증기터빈을 돌림으로써 발전기를 구동하는 방식이다. 그리고 원자핵 반응이 있을 때 발생하는 열에너지를 이용하는 원자력발전도 일종의 화력발전이라 할 수 있다. 발전에는 2가지 물리 법칙들이 관련된다.

2.1.1 외르스테드(Oersted)의 원리

자석의 양극(兩極)은 서로 잡아당기기도 하고 반발하기도 하면서 서로 힘을 미친다. 이 자기의 힘은 퍽 오랜 옛날부터 알려져 있었지만, 전기가 동력으로서 이용되기 위해서는 우선 전류와 자기(磁氣)의 힘 간의 관계가 발견되지 않으면 안 되었다. 이 중요한 관계를 우연히 발견한 사람은 외르스테드이다. 그는 전류가 열과 빛을 일으키는 것으로부터 유추하여, 전류가 자기적(磁氣的) 영향을 일으킬 수 있을지도 모른다고 생각하고 많은 실험을 하였다. 그러다가 1820년 봄 코펜하겐대학에서 물리학 강의를 하고 있을 때, 학생들과 대화를 하던 중, 우연히 자석을 전류가 흐르고 있는 전선과 평행으로 놓았더니, 자석의 바늘이 마치 요술에 걸린 것처럼 흔들리다가 전류와 직교(直交)하는 위치에서 멈추었다. 전류는 그 둘레에 자석의 바늘을 움직이는 힘을 미치고 있었던 것이다. 이렇게 해서 전기와 자기 사이의 제 1 관계가 발견되었다.

2.1.2 패러데이(Faraday)의 원리

외르스테드가 기본 원리를 발견한 지 11년이 지난 1831년, 패러데이(영국, 1791~1867)는 전기와 자기를 연결시키는 제 2의 관계를 발견했다. 그는 코일 근처에서 자석을 움직이면 코일 가운데에서 전류가 흐른다는 것과 자석을 계속 움직이면 전류도 계속 흐른다는 것을 발견했다. 즉 변화하는 자기(磁氣)는 코일에 전류를 발생시키는, 더욱 정확히 말하면 코일의 회로면을 뚫고 지나가는 자속의 변화율에 따라 기전력이 코일에 유발된다고 하는 '전자유도(電磁誘導)의 법칙'을 발견하였다. 이는 많은 전기의 발견 중에서 가장 뛰어난 것이었다. 그리하여 이 원리를 이용해서 기계적 에너지를 전기적 에너지로 변환시키는 발전기가 만들어지게 되었다.

2.2 발전 기술의 발달

전자유도의 법칙을 실용적 기술로 발전시켜 전기에너지 이용의 길을 개척하는 데에 많은 사람들이 공헌했다. 그중에서도 독일의 지멘스(Siemens, 1816～1892)는 1866년에 처음으로 전자석(電磁石)을 사용한 대형발전기를 완성시켰는데, 그것은 기술사상(技術史上) 와트의 증기기관에 비교할 만한 획기적인 것이었다. 이어서 벨기에의 그람(Gramme)은 1870년에 고리형 코일 발전기를, 독일의 알테네크(Alteneck)는 1873년에 드럼(장고)형 코일 발전기를 발명했다. 그러나 그 당시의 발전소는 전압의 안정성이라든가 효율 같은 측면에서 만족스럽지 못했다. 미국의 에디슨(Edison, 1847～1931)은 그 때문에 자기가 발명한 탄소선전구(炭素線電救)에 사용할 수 있는 새로운 발전기를 연구하기 시작했다. 그리고 1882년 9월, 뉴욕에 최초의 대규모 화력발전소(증기기관으로 운전되는)를 건설하였고, 중앙발전소로부터 말단의 전등까지 110V의 직류 송전 계통을 이룩해 내고, 이것을 기업화했다. 그 후 곧이어 미국의 웨스팅하우스(Westinghouse, 1846～1914)에 의해서 교류 송전 방식이 실현되었다. 그리고 삼상교류 방식을 완성한 사람은 에디슨 밑에서 일하고 있었던 테슬러(Tesla, 1857～1943)였다.

한국 최초의 수력발전소는 1923년에 금강산전기철도회사의 자가용 발전소인 금강산 중대리(中臺里)발전소에 의해 서울로 송전한 것이 최초이고, 1929년에 부전강 제1발전소가 송전하기 시작하였다. 그리고 압록강에는 60만㎾의 시설용량을 가진 동양 제1의 수풍(水豊)발전소(1941년 완성)가 있다. 8 · 15 직전 조사에 의하면 남북한의 수력 총발전 지점은 163개 소였다. 하지만 1972년 말 남한의 총발전량은 118억 3,900만 ㎾h, 총시설용량은 387만 2,000㎾, 최대출력은 209만 7,000㎾, 평균출력은 134만 8,000㎾였다.

2.3 스마트그리드의 대두

인터넷, 고용량 하드디스크, 광케이블 등과 함께 등장한 IT혁명은 정보 전달에 대한 공간, 시각적 패러다임을 바꾸며 인류의 삶을 뒤바꾸었다. 이러한 IT 패러다임을 에너지에 적용한다면 지능형 전력망에 의해 자동 송배전을 하면서 실시간 부하 상태와 전력망 상태를 감시하여 전력 에너지를 효율적으로 발전, 송전, 분배, 사용할 수 있다.

늘어나는 에너지 수요에 공급을 맞추기 위해 발전소를 늘리는 시대는 끝나야 한다. 스마트그리드는 각 가정용 전자기기와 통신을 하며 피크 시간대의 냉난방 에너지 사용을 조절한다. 또한 실시간으로 전기요금을 결정하고 결제되어 가격 통제에 따라 에너지 수요를 관리한다. 각 지역의 전력망 상태에 대한 원격검침, 원격제어를 통하여 만일의 사태에도 대규모 정전을 피할 수 있고 스스로 복구(Self-Healing)가 가능하다. 에너지 효율을 통한 수요관리와 친환경 에너지 중심인 스마트그리드가 미래의 유비쿼터스 디지털 사회를 지탱하는 시스템이다.

그림 11-2는 에너지 생산, 에너지 전달, 에너지 활용의 3가지 측면에서 각각의 기술이 어느 단계에 도달했는지를 보여준다. 그림에서 에너지 기술의 발전을 상용화 단계, 데모 수준의 기술 단계, 미래 기술 단계로 구분하였는데 데모 수준의 기술 단계가 스마트그리드에서 활용될 기술들이라고 할 수 있다.

에너지 생산면에서 원자력, 풍력, 태양광 발전 시스템이 상용화 단계에 있으며 청정연료나 연료전지 등은 데모 수준의 기술이라는 것을 표시한다. 미래에는 신재생에너지나 석탄청정화로 갈 것이라는 것을 나타낸다.

에너지 전달면에서는 전력 IT(즉 스마트그리드)가 데모 수준에 있다는 것을 보여주며 미래 기술로서 초전도체를 이용한 송전 시스템이 개발될 것임을 나타낸다. 또한 스마트그리드에서 저장기술이 데모 수준에서 개발되고 있음을 나타낸다.

에너지 활용면에서는 히트펌프, 소형 열병합 발전, LED, 에너지 절약건물들이 상용화 단계에 있으며 그린카 등이 데모 수준 기술 단계에 있다는 것을 보여준다.

그림 11-2 스마트그리드(전력 IT) 등 녹색기술의 현재 위치

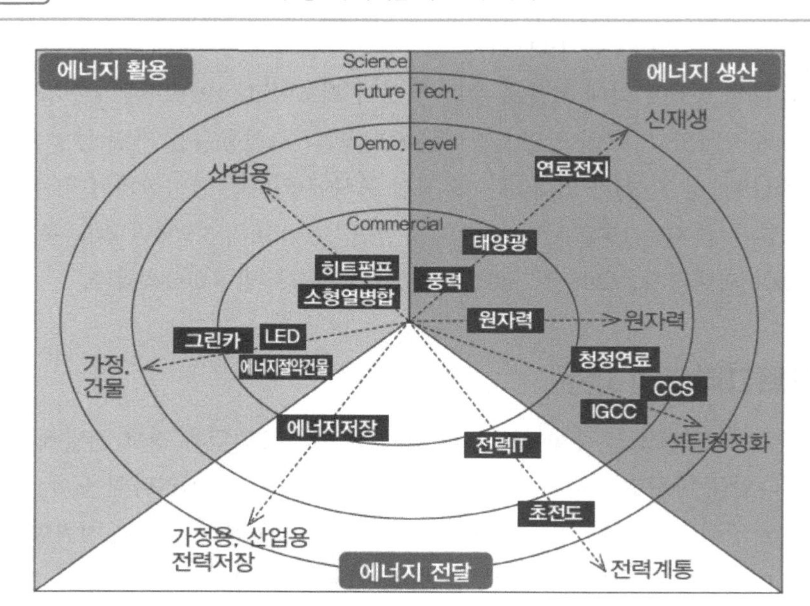

스마트그리드 현황

3.1 주요 기능

표 11-1은 기존 전력망과 스마트그리드의 차이점을 보여준다. 이를 통해 스마트그리드의 주요 기능을 파악할 수 있다.

먼저 전체 시스템의 감시 및 제어를 위한 통제시스템이 기존 체계에서는 아날로그 시스템이라면 스마트그리드에서는 디지털 시스템으로 바뀐다. 디지털 시스템의 핵심은 컴퓨터가 주요 처리과정의 곳곳에 내장된다는 것을 의미하며 이를 통하여 다양한 기능이 자동화한다는 것을 말한다.

통신은 기존 시스템의 경우, 생산부터 소비까지 단방향으로만 진행되는데 스마트그리드에서는 양방향으로 진행되고 그 결과 소비자의 소비형태나 수요 정보가 생산까지 전달되어 생산 자체를 조절할 수 있다.

전력공급의 경우 발전소로 대표되는 중앙전원 체계가 태양광 발전, 풍력, 연료전지 등으로 매우 다양화되고 분산되는 방향으로 변화한다. 특히 태양광, 풍력, 연료전지 등은 발전 용량도 다양하고 발전 가능 시간도 다양한 점이 기존의 중앙전원체계보다 매우 복잡하다는 특징을 갖는다. 따라서 수요예측 및 생산 관리가 정밀하게 처리되지 않으면 전력수급에 어려움이 생길 수 있다.

표 11-1 기존 전력망과 스마트그리드의 차이

항 목	기존 전력망	스마트그리드(지능형 전력망)
통제 시스템	아날로그	디지털
통신	단방향	쌍방향
전력공급원	중앙전원(발전소)	분산전원(발전소, 태양광, 풍력, 전기차, 연료전지)
고장진단	불가능	자가진단
고장복구	수동복구	반자동 복구 및 자기치유
설비점검	수동	원격
제어 시스템	국지적 제어	광범위한 제어
가격정보	제한적(한 달에 한번 총액만)	실시간(15분마다)으로 모든 정보 열람 가능
소비자 전력 구매 선택	제한적	다양

자료 : 성균관대, LS산전 최종웅 부사장

고장진단 및 복구의 경우는 컴퓨터에 의한 자동화로 자가진단 및 자동복구가 가능해진다. 이를 위하여 ICT기술을 시스템 전체적으로 광범위한 범위에서 감시 및 제어가 이루어져야 한다

수요자 입장에서는 기존에 한 달에 한 번씩 과금 되던 것이 실시간(1분마다)으로 사용량 정보를 얻을 수 있다는 점이 요점이다. 전기 요금이 비쌀 때 수요를 줄이도록 유도하여 발전 설비 용량을 줄일 수 있다.

3.2 스마트그리드 구축에 필요한 기술

스마트그리드를 구성하는 기술요소는 발전, 배전부분에서 청정에너지를 생산하는 분산전원 분야, 전력망 부분에서는 에너지 효율을 높이고 외부 충격이나 고장사고에도 자가 복구가 가능한 전력망 관리 분야, 사용자들의 에너지 효율을 높이고 전력품질을 향상하는 사용자 전력관리 분야, 그리고 속도별 · 전압별로 나누며 보안 기술과도 접목되어야 하는 전력선 통신 분야로 나눌 수 있다.

그림 11-3 스마트그리드 요소기술 발굴

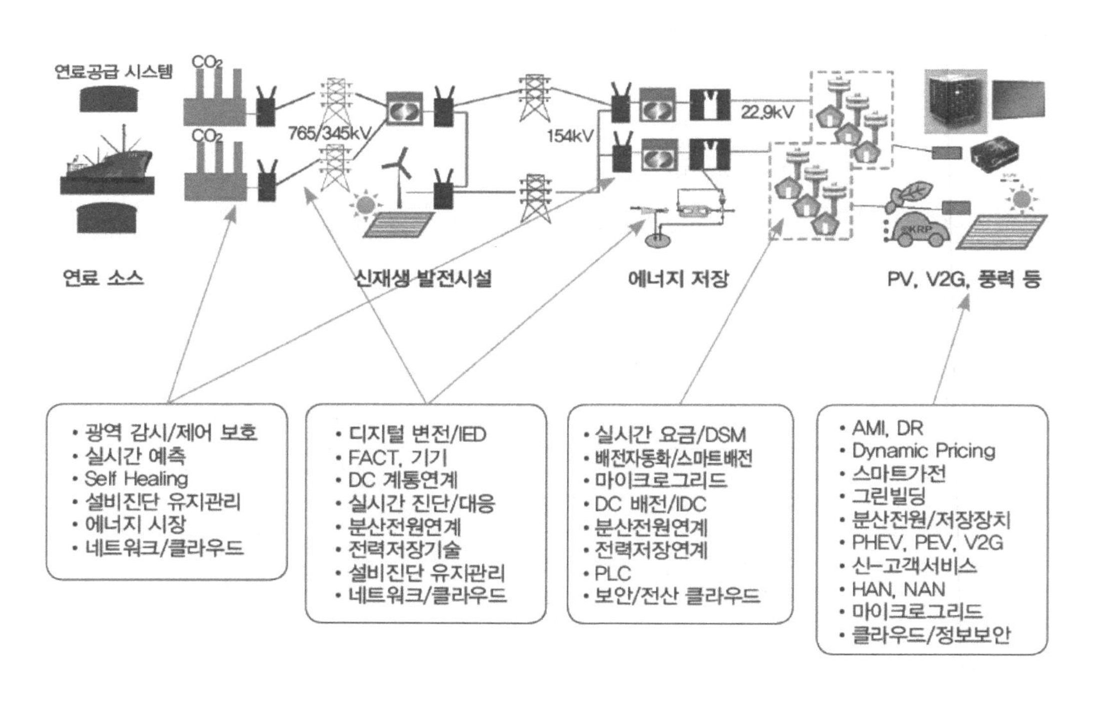

3.2.1 분산 전원 기술

현재 풍력발전, 태양광발전, 수소 연료전지, 마이크로 터빈, 소형 열병합, 왕복운동기관 등을 이용하여 소규모로 생산된 전력은 대부분 예비전력으로 이용되고 있고, 전체 전력망에 유기적으로 연결되어 있지 않다. 이들을 기존 전력망에 통합하기 위해서는 보다 정교하고 자동화된 제어시스템이 필요하다. 이를 통해 신뢰도를 높일 수 있으며 근거리 발전으로 인한 전력손실을 줄이고 전력발전으로 인해 생기는 열 손실을 줄일 수 있다.

3.2.2 마이크로그리드 기술

마이크로그리드 기술이 스마트그리드를 구성하는 핵심기술로서 그 위상을 높여가고 있다. 분산전원, 신 · 재생에너지 등을 포함하는 종합에너지 공급 모델로서의 마이크로그리드 기술은 현재 전력산업의 최대 관심사 중 하나인 분야로 전력시스템, 전력전자, 통신 및 제어기술 등의 기술이 융합되는 기술로서 이해가 필요하다.

마이크로그리드의 구성은 마이크로그리드 개념의 이해 및 마이크로소스(Micro Source) 및 마이크로그리드 모델링/해석 기법, 마이크로그리드 에너지 최적화 및 IT에 기반을 둔 통합관리 기법 등이다.

3.2.3 전력망 감시 기술

발전소부터 송 · 변전소, 배전소 그리고 사용자까지의 전력망 곳곳에 센서들을 설치하여 전력망 상태, 전력 사용량 등의 정보를 실시간으로 감시 가능하도록 하는 기술로써, 전력망의 고속 진단 및 문제 발생 시 자가 복구를 할 수 있다. 송전망 사용 효율을 높이며 신뢰도와 경제성을 높인다.

3.2.4 사용자 전력 관리 기술

▌스마트미터(Smart Meter)

전력사용량을 시간마다 디지털 방식으로 기록하여 원격통신을 통해 보고한다. 이 장치는 스마트그리드 시스템에서 매우 중요하며, 전력망의 전력 사용량 시간대별 변화에 따라 가격측정을 가능케 한다. 즉 피크시간 동안 전력사용을 피하게 함으로써 고객은 경제적인 보상을 받음과 동시에 전력망에 걸리는 부하를 줄일 수 있다.

앞으로 스카트 미터에 이산화탄소 저감량도 기록할 수 있는 미터기능을 추가하여 단위사업별, 개인주택별 온실가스 저감량을 할당할 수 있는 기후변화 관리역할도 수행할 예정이다.

스마트 빌딩(Smart Building)

공조 설비, 냉난방, 조명 등의 에너지 사용을 센서와 자동제어 기술을 이용해 전력망과 연결되어 건물 에너지 사용을 전력망 상태에 따라 조절할 수 있다. 수용응답이 필요할 때 건물에너지 사용을 줄일 수 있다.

스마트 가전제품(Smart Appliance)

스마트 가전제품은 스마트 칩이 내장된 PLC전력망의 신호를 받아 전력망에 부하가 걸릴 때 사용을 줄일 수 있다. 또한 전기요금이 저렴할 때만 작동하도록 프로그래밍을 할 수도 있다. 온수기, 건조기, 냉난방장치에 응용되어 피크 시의 전력사용을 줄이고 전력방의 안전성을 높일 수 있다.

수요자 전압 조절(Consumer Voltage Regulation)

모든 전기기구는 표준전압에 작동하도록 설계되어 있다. 하지만 현재 전력망에서 공급되는 전기의 전압은 변동이 심하여 에너지를 낭비하고 민감한 반도체 설비, 모터 등의 수명을 단축시키고 있다. 수요자 측에 전압 조절장치를 설치하여 고품질의 전력을 공급한다.

04 제로에너지하우스와 스마트그리드

스마트그리드 기술은 전력회사의 발전, 송전, 배전, 소비의 4 단계를 포괄하는 종합기술이다. 이때 최종 소비자가 거주하는 제로에너지하우스는 스마트그리드와 크게 2가지 관계를 갖고 있다. 첫 번째는 전력 소비자의 관점이고 두 번째는 전력 생산자의 관점이다.

첫 번째, 전력 소비자의 관점은 전력회사가 정한 실시간 과금에 따라 소비자들이 전력 소비를 최소 요금화하도록 사용 패턴을 바꾸는 것이다. 이를 “최고점 사용 전력 최소화”라고 한다.

그림 11-4는 소비자의 하루 중 전력 사용 패턴을 보여준다. 그림에서 볼 수 있듯이 전력 사용량은 자정 이후 최소 사용량을 보이다가 아침이 되면서 점점 사용량이 증가한다. 오후 2~3시쯤 최대 사용량을 기록하고 다시 감소한다. 기존의 전력망에서는 최고점의 전력 사용량에 따라 발전 설비를 갖추어야 하는데 생산된 전기를 저장하는 방법이 없어서 최고점에 맞추어 전력을 생산해야만 했었다. 또한 하루 중 특정 시간에 얼마나 전기를 쓰는지 알 수 없었고 한 달 누적 사용량만을 알 수 있었기 때문에 소비자에게 최고점에 높은 요금

그림 11-4

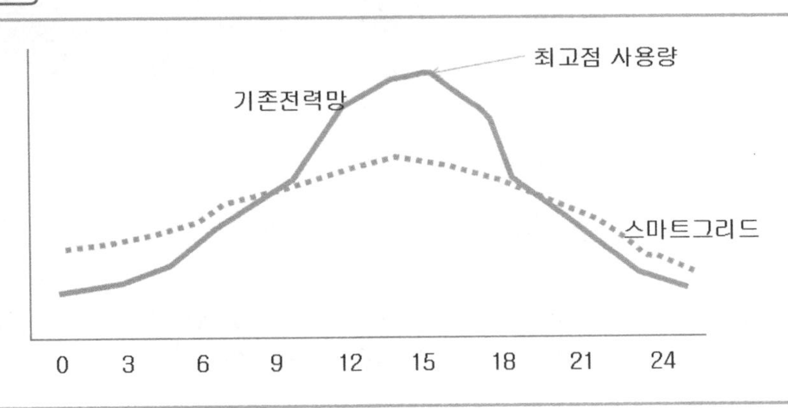

을 부과하여 절전을 유도하는 것도 불가능하였다.

스마트그리드에서는 사용자의 전력 소비량을 실시간 단위로 알 수 있고, 소비량이 적을 때 생산된 전기를 저장하는 기술, 즉 연료 전지 등을 활용할 수 있어서 일간 최고점 전력 소비량을 줄일 수가 있고 이는 전력 설비 구축 비용을 줄이는 효과를 가져온다.

두 번째, 제로에너지하우스는 전력 생산자의 역할을 수행한다. 제로에너지하우스는 태양광 또는 풍력 발전 설비를 갖는다. 특히 태양광은 주로 낮시간에 발전량이 최고점에 도달하는데 소비자가 출근 등의 이유로 집을 비웠을 때는 생산량이 소비량보다 많게 되는데 이를 스마트그리드에 보내서 전력 생산에 도움을 줄 수 있다. 이때 스마트그리드는 이러한 분산, 소량 전력 생산량을 정확히 파악해서 전력 소비를 원하는 곳으로 적절히 배전해 줄 수 있어야 할 것이다.

연/습/문/제

01 스마트그리드의 필요성을 쓰시오.

02 수력발전, 화력발전, 원자력발전을 각각 간단히 설명하시오.

03 늘어나는 에너지 수요에 대한 공급을 맞추기 위해 발전소를 늘리는 시대는 끝나야 한다. 이러한 관점에서 스마트그리드가 할 수 있는 일을 설명하시오.

04 기존 전력망과 스마트그리드의 차이점을 설명하시오.

05 스마트그리드를 구성하는 기술요소를 쓰시오.

06 마이크로그리드 기술을 설명하시오.

07 사용자 전력을 관리하는 기술 중 스마트미터란 무엇인지 설명하시오.

08 제로에너지하우스는 스마트그리드와 크게 2가지 관계를 갖고 있다. 이 두 가지 관점을 쓰고 설명하시오.

12 무선 센서네트워크 기술

01 센서네트워크 개요

1.1 센서네트워크 정의

센서네트워크는, "어느 곳, 어느 사물에나 부착된 태그와 센서로부터 사물 및 환경 정보를 감지, 저장, 가공하여 인터넷을 통하여 전달, 인간생활에 폭넓게 활용하는 것"이라고 정의할 수 있다.

그림 12-1에서 센서노드들은 점으로 표현되고 노드들의 무선연결은 선으로 표현된다. 센서노드들은 응용에 적합한 센서들을 장착하여 현재 상태 값을 무선으로 인접노드에 전송한다. 인접노드는 이 값을 다시 인접노드에 중계하고 최종적으로 싱크노드라고 표시된 노드로 전송한다. 싱크노드는 인터넷에 무선이나 유선으로 연결되어 있으며 센싱된 데이터들이 인터넷을 통하여 서버에 전달, 저장된다. 서버의 응용이 이 데이터를 처리하여 적절히 조치한다. 모바일 단말기나 PC 등에서 이 데이터를 언제, 어디서나 접근할 수 있다.

센서네트워크의 응용은 그림에서 볼 수 있는 것처럼 군 응용, 농장관리, 선박관리, 물류

그림 12-1 센서네트워크의 정의

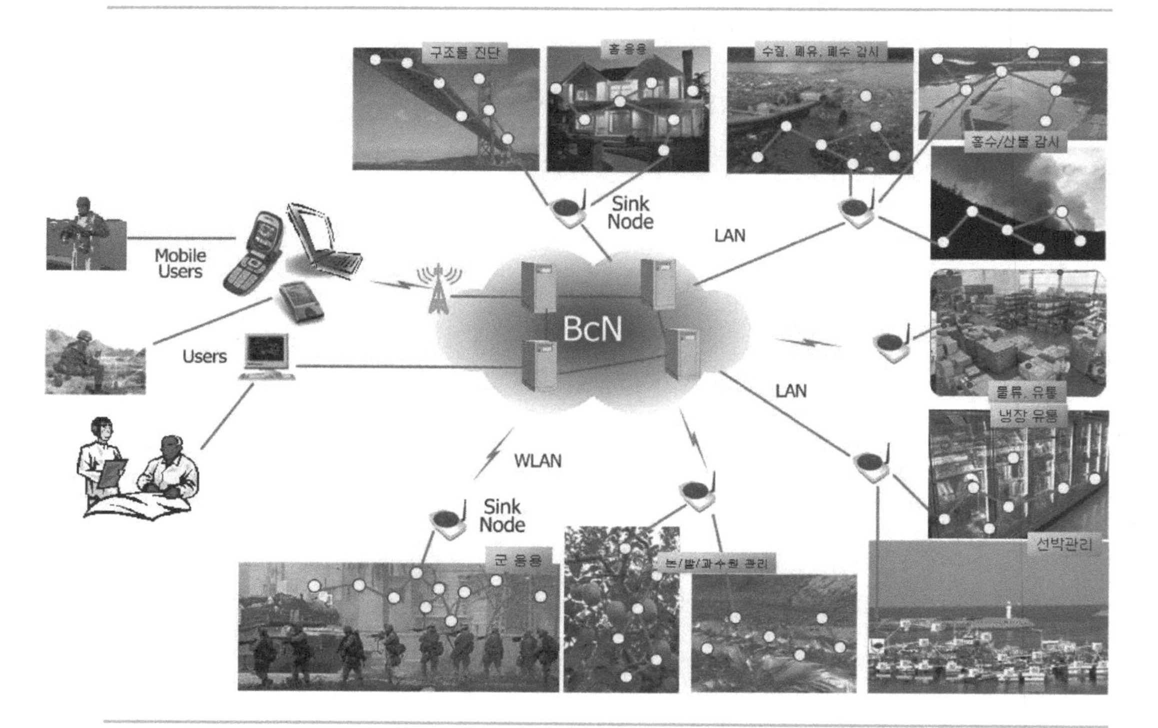

유통, 재난감시, 환경감시, 홈네트워크 응용, 구조물 진단 등으로 매우 다양하다. 센서네트워크 응용은 한마디로 유선센서를 무선화한다는 점에서 기존의 센서응용을 모두 포함한다. 또한, 유선이기 때문에 할 수 없었던 센서 응용도 무선이기 때문에 새롭게 개발될 것이다. 그러한 예로서 해양에 설치된 재난 방재용 센서네트워크를 들 수 있다. 해류, 수온, 풍향, 풍속 센서들의 무선 센서 네트워크가 해양의 상태를 모니터링하여 원유에 의한 오염이나 녹조 등을 감지하고 확산 방향을 예측할 수 있다.

1.2 구조와 구성 요소

그림 12-2는 센서네트워크의 구조를 보여준다. 센서네트워크는 크게 4부분으로 나뉜다. 첫 번째는 센서노드로서 그림의 오른쪽 점들이다. 두 번째는 싱크노드로서 그림에서 가운데에 위치한다. 센서노드와 싱크노드는 무선으로 연결되어 센서네트워크를 구성한다. 세 번째는 센서네트워크와 인터넷을 연결하는 장치로서 게이트웨이이다. 게이트웨이는 싱크노드와 합쳐질 수도 있다. 끝으로 센싱된 데이터를 저장하는 서버이다. 서버에서는 센싱된 데이터를 저장, 가공하여 적절한 조치를 취한다.

각각의 구조를 간략히 설명하면 다음과 같다.

- 센서노드: 센서와 구동기, ADC, MCU, 트랜시버, 전력부 등으로 구성된다. ADC, MCU, 트랜시버 등이 1 칩에 구성되는 SoC가 일반적이다. MCU는 저전력 소모를 고

그림 12-2 센서네트워크의 구조

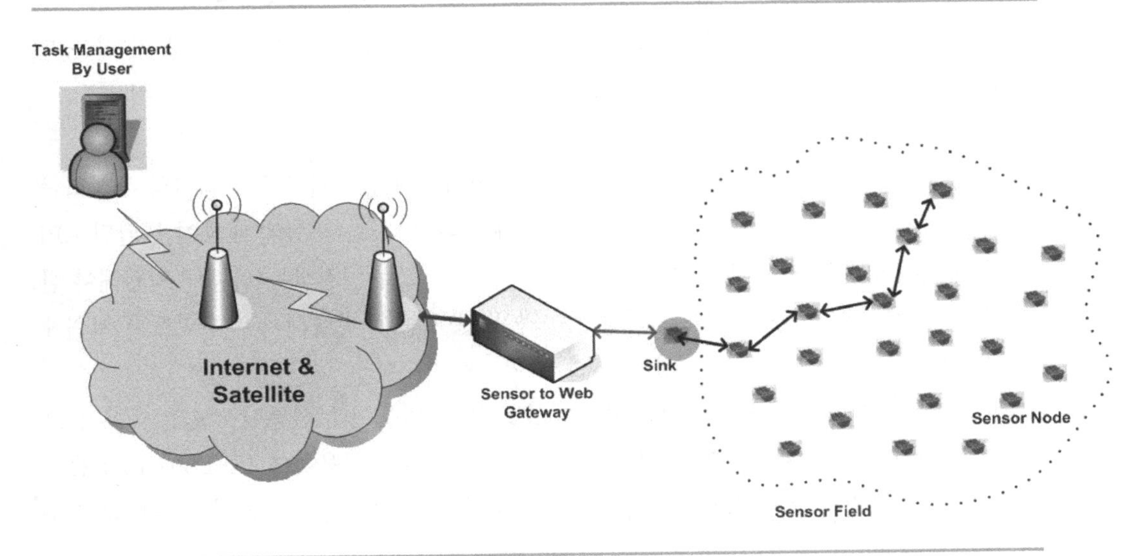

려하여 8비트, 4KB 램, 128KB 플래시 메모리를 갖는 것이 일반적이다. 전력부는 보통 AA 배터리로 동작하며 태양광발전처럼 에너지를 생산할 수도 있다.

- 싱크노드: 센서노드로부터 전송된 센서 데이터는 싱크노드에 모인다. 따라서 싱크노드는 센서노드에 비해 MCU의 성능이나 메모리의 크기가 큰 것이 일반적이다.
- 게이트웨이: 인터넷에 연결하는 기능을 지원하므로 이더넷, 무선 LAN, CDMA 등의 통신모듈을 갖는다. PLC 통신이나 485 통신 등도 지원할 수 있다. 또한 센싱데이터를 임시 저장할 수 있도록 보조기억장치를 가질 수도 있다.
- 서버: 일반적인 서버와 같은 구조를 갖는다.

02 핵심 소요기술

핵심 소요기술은 센서 기술, 센서노드 HW 기술, 센서노드 OS 기술, 무선통신 기술, 센서네트워크 미들웨어 기술 등 크게 5가지 기술로 요약할 수 있다.

- 센서 기술: 센서는 센서네트워크라는 용어에서 알 수 있듯이 가장 중요한 요소 중의 하나이다. 센서는 가능한 한 소형이고, 저전력 소모여야 하는데 최근의 MEMS 센서들이 그러한 특징을 만족한다.
- 센서노드 HW 기술: 센서와 무선통신장치를 포함하여 센서노드를 구성한다. 이때 저전력 소모가 가장 중요한 이슈이다. AA 배터리 2개로 1년 이상 운영될 수 있도록 센서노드를 구성하여야 한다. 저전력 소모를 위하여 센서노드 하드웨어는 전력소모가 작은 부품을 사용한다. MCU도 8비트, 8MHz 등 성능이 낮은 사양을 사용하며 메모리 등도 크게 할 수 없다.
- 센서노드 OS 기술: 센서노드 OS는 여타 운영체제와 마찬가지로 하드웨어의 추상화를 지원하여 응용을 쉽게 개발하도록 지원하여야 한다. 다양한 센서에 대하여 통일된 API를 지원하여야 하고 센서 디바이스 드라이버를 동적으로 연결하는 기능도 지원해야 한다. 또한 쓰레드 기능을 통하여 센싱 기능과 통신 기능이 병행해서 수행되도록 지원해야 한다.
- 무선통신 기술: 센서네트워크라는 용어에서도 알 수 있듯이 무선통신 기술은 매우 중요하다. 저전력 소모를 위하여 근거리, 저속의 통신 기술을 사용하며 IEEE802.15.4 등을 활용한다. 근거리 통신이므로 멀티홉 라우팅 기술이 필수적인데 기존의 Ad-Hoc 라우

팅 알고리즘들에 저전력 소모 등을 고려한 라우팅 방식을 활용한다. ZigBee가 표준으로 부각되고 있다.

- 센서네트워크 미들웨어 기술: 미들웨어는 운영체제와 응용 사이에 위치하여 응용 개발을 용이하게 하는 것을 말한다. 센서네트워크의 미들웨어는 크게 3가지이다. 첫 번째는 센서네트워크 내 미들웨어로서 센서데이터의 수집, 전달을 도와주는 기능, 센서노드 응용을 쉽게 변경할 수 있도록 지원하는 기능, 다양한 네트워크 방식을 지원하는 기능, 동기화 기능 등을 수행한다. 두 번째는 단일 서버 내에 존재하는 서버 내 미들웨어로서 센서노드의 설치, 센서네트워크의 구성, 운영을 지원하는 기능, 센서 데이터를 저장, 가공, 검색하는 기능 등을 수행한다. 세 번째는 서버 간 통합 미들웨어로서 여러 서버에 저장된 데이터를 통합할 때 센서데이터의 교환, 병합 등의 기능을 지원한다.

03 센서네트워크의 주요 이슈

센서네트워크에는 크게 3가지 이슈가 있다. 이 이슈들은 센서네트워크의 구성요소들을 설계하고 구현할 때 항상 영향을 끼친다. 각각을 살펴보면 다음과 같다.

- 센서 다양성: 센서의 종류가 매우 많고 특성이 서로 다르다는 것이다. 예를 들어, 온도 센서는, 측정값의 범위에 따라, 상온에서 동작하는 반도체 온도 센서, 수온을 재는 막대형 온도 센서, 1,000도 이상의 매우 뜨거운 온도를 재는 온도 센서 등으로 다양하다. 센서의 출력도 전압, 전류, 주파수 등으로 다양하며 증폭이 필요한 센서, ADC에 바로 붙일 수 있는 센서 등 다양하다. 이러한 다양성이 센서네트워크를 구성하고 운영하는 데 어려움을 주고 있다. 먼저 센서노드 하드웨어 구성 시엔 센서인터페이스를 어떻게 설계하는지에 영향을 준다. 운영체제는 이 다양성을 극복하도록 센서 독립성을 지원해야 한다. 센서가 다양하므로 응용 프로그램이 센서를 추상화할 때에 어려움을 겪는다. 서버에서도 센싱데이터의 자료표현이 표준화되어야 데이터 교환이 용이하다.
- 에너지 수급: 다수의 센서노드들이 상전을 쓰거나 배터리 교환이 잦다면 센서네트워크의 사용이 재고되어야 할 것이다. 응용에 따라 저전력 소모의 정도가 다르긴 하지만 다양한 응용에 활용되려면 센서네트워크 기술에 저전력 소모기술은 필수적이다. 먼저 센

서노드 하드웨어 설계 시에 저전력 소모가 주요 이슈로 작용한다. 또한, 통신프로토콜에서도 저전력 소모는 가장 중요한 고려 사항이다. 동작에너지 밀도가 높은 배터리 기술과 에너지 생산 기술도 응용의 성격에 따라 사용할 수 있다. 연료전지 등은 일반 AA 배터리보다 에너지 밀도가 수십 배에 달하는 것으로 알려져 있다. 또한, 태양광 발전, 풍력발전, 진동 발전 기술 등이 주요 기술이다.

- 자율성: 많은 수의 센서노드들이 네트워크를 구성할 때 자율성은 매우 중요한 설계이슈이다. 센서노드들이 자율적으로 동작하지 않고 일일이 사람이 지정해야 한다면 센서네트워크를 운영할 수 없을 것이다. 우선 센서가 장착되면 자동으로 센서 디바이스 드라이버가 설치, 운영될 수 있어야 한다. 센서노드들은 자율적으로 무선네트워크를 구성하여야 하며 센서노드 고장 시에도 자동으로 복구할 수 있어야 한다.

04 센서네트워크의 응용 분야

4.1 응용 분야의 분류

센서네트워크 기술은 기존의 유선 센서를 활용하는 응용을 무선으로 바꾼다는 점에서 그 적용 범위가 매우 넓다. 예를 들어 공장 자동화에서 많이 사용되고 있었던 Fieldbus 기반의 센서 및 제어 시스템을 센서네트워크 기술을 활용하여 무선화함으로써 설치비용 및 운영비용을 절감할 수 있다. 또한, 센서네트워크 기술은 유선 기반에서는 비용 등의 이유로 활용되지 않았던 응용들에서도 새롭게 적용될 수 있는 동력을 제공한다. 하천 등의 수질 오염을 측정하기 위한 센서 체계는 유선이라면 그 비용 때문에 도저히 할 수 없었던 것을 센서네트워크 기술이 가능하게 한 예라고 할 수 있다. 상기한 이유로 센서네트워크 서비스는 군 응용, 환경 모니터링, 텔레매틱스, 실내 LBS 응용, 농, 축산, 물류, 냉장 유통, 홈 응용 등, 매우 다양한 응용 분야를 가진다.

다양한 센서네트워크 응용을 3가지 기준에 따라 표 12-1과 같이 분류할 수 있다. 분류의 기준은 3가지인데 다음과 같다.

- 서비스의 심각성 : 심각한 서비스 대 일반 서비스
- 관측자의 이동성 : 고정 관측자 대 이동 관측자
- 관측 대상의 이동성 : 고정 관측 대상 대 이동 관측 대상

표 12-1 8가지 서비스 분류

구 분	고정관측/고정대상	이동관측/고정대상	고정관측/이동대상	이동관측/이동대상
심각한 서비스	재난/재해 감시용 원격 모니터링	군 및 상용의 텔레매틱스 서비스	침입 탐지 서비스	군/재난 재해 Ad-Hoc 응용
일반 서비스	대기/환경 원격 모니터링		위치 인식 서비스	짝찾기 등의 오락 서비스

표 12-1에서 일반서비스에 해당하는 원격 모니터링 서비스, 텔레매틱스 소비스, 위치 인식 서비스는 U-city 응용 중 3대 서비스에 속한다.

4.2 융합 응용 서비스 모델

센서네트워크는 IT 신기술과 결합하여 다양한 융합 서비스를 구축할 수 있다. 여기서는 4 가지의 융합 기술을 선보인다.

- 센서네트워크 + 로봇: 최근 들어 로봇의 개발이 매우 활성화되고 있다. 그 중에서 우리나라에서 주도적으로 추진하고 있는 URC(Ubiquitous Robot Companion) 로봇은 로봇 기술의 한계인 지능부족 문제를 센서네트워크와 연동하여 극복하려는 것으로 매우 적절한 융합이다. URC 기술은 두뇌역할을 하는 서버 컴퓨터, 각종 감지 기능을 수행하는 센서네트워크, 그리고 수족 역할을 하는 로봇이 결합되어 다양한 응용을 수행하는 것을 말한다.
- 센서네트워크 + 입는 컴퓨터: Wearable 컴퓨팅(Wearable Computing)은 유비쿼터스 컴퓨팅 기술의 출발점으로 컴퓨터를 옷이나 안경처럼 착용할 수 있게 함으로써 컴퓨터를 인간 몸의 일부로 만드는 기술이다. Wearable 컴퓨팅은 일반적으로 "입는 컴퓨터"로 해석한다. 입는 컴퓨터에서 센서네트워크는 각 부분에 흩어져 있는 요소들을 연결하는 핵심 기술이다.
- 센서네트워크 + 이동 컴퓨팅: 노매딕 컴퓨팅(Nomadic Computing)에서 노마드(nomad)란 노트북이나 휴대폰과 같은 기기를 통해 언제 어디서든 외부와 접속하며 이동하는 부류를 말하는 것으로 각종 전자기기들을 이용하며 이리저리 돌아다니는 새로운 형태의 사회현상을 말한다. 노매딕 컴퓨팅은 네트워크의 이동성을 극대화해 특정장소가 아니라 사용자가 자유자재로 이동하면서 어디서든지 컴퓨터를 사용할 수 있게 하는 기술로 이른바 어디서든 연결된 환경을 말하며, 사용자가 오피스나 회의실 등으로 이동하고 있을 때에도 LAN과 같은 통신망이 연결되는 것을 의미한다. 노매딕 컴퓨팅은 센서네트워크와 연동하여 더욱 유용성이 커질 수 있다. 이동 단말을 보유한 사용자나 텔

레매틱스 단말을 갖는 자동차가 이동 중에 센서네트워크와 연결되어 유용한 정보를 얻는 것이 가능해진다.

- 센서네트워크 + 제로에너지하우스: ICT 융합 절전 모니터링 시스템이라고 할 수 있다. 제로에너지하우스의 핵심은 에너지 절감과 에너지 생산인데 특히 에너지 절감 분야에서는 사용자의 자발적 의지가 매우 중요하다. 사용자는 자신의 거주지에서 생산된 에너지량과 소비되는 에너지량을 실시간으로 알 때, 자발적으로 에너지 절감을 시도하게 된다.

05 발전방향

그림 12-3은 버클리 대학이 최종 목표로 하는 먼지크기의 센서노드의 구조이다. 1~2mm 크기로 센서 및 기타 요소를 집적한 것으로 배터리, 태양전지, 센서, MCU, ADC, 레이저 송수신장치 등을 포함한다. 향후 센서네트워크의 발전방향을 짐작하게 한다.

그림 12-3 스마트더스트 구조

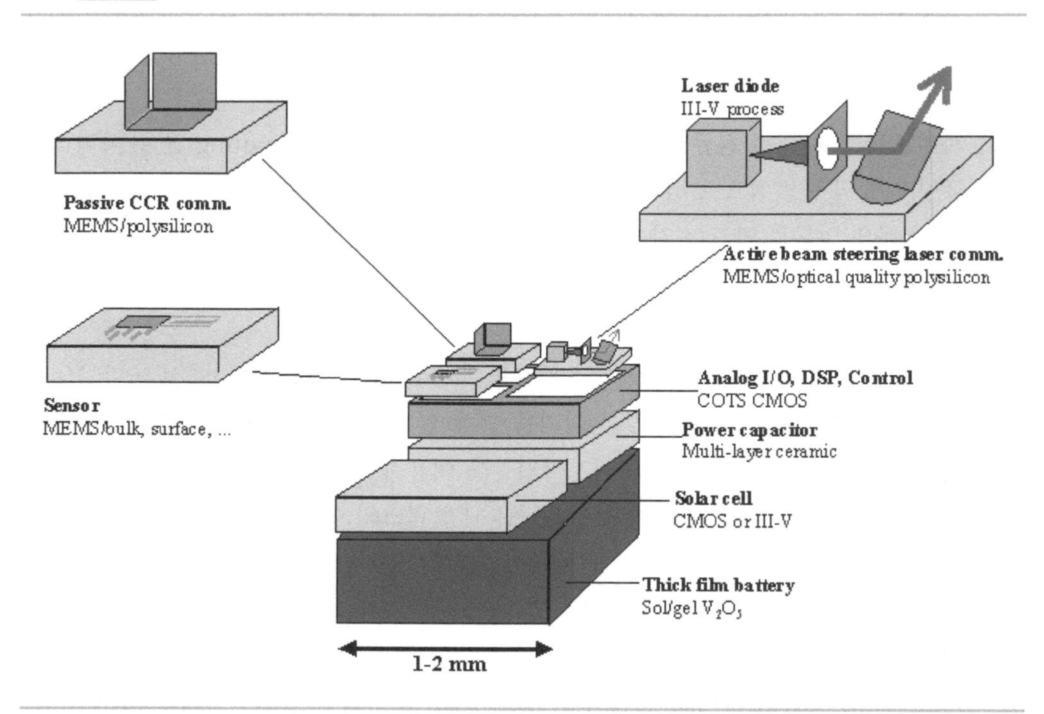

스마트더스트만큼은 아니더라도 향후 센서네트워크의 발전 방향은 크게 다음과 같은 3가지 측면에서 예측할 수 있다.

▌센서 노드 수명 연장

- 에너지 수확(energy harvesting)을 이용한 노드 수명 연장
  - Solar Cell, 운동에너지(진동, 사람의 운동), 음향 노이즈 등을 이용
  - 현실적으로는 Solar Cell만을 사용할 수 있는 상태임
- 초소형/대용량 배터리 기술의 발달에 따른 노드 수명 연장
  - 연료전지 활용 가능
- 센서 노드의 소형화
  - 반도체 기술의 발달에 따른 MCU/무선 송수신기/센서 들의 원칩화
  - 하나의 센서 노드를 가지고 다양한 센서 네트워크 응용을 모두 지원하기보다는 특정한 응용 타입을 효과적으로 지원할 수 있는 센서 노드들이 출현할 것으로 예상됨

06 통신 프로토콜 표준화 필요성 및 동향

6.1 표준화 필요성

센서네트워크는 다양한 센서와 응용, 통신프로토콜들이 결합된 시스템이다. 따라서 센서네트워크를 구성하는 센서노드, 라우터, 싱크노드 등과 같은 다양한 기기들이 상호 연동하려면 표준화가 필수적이다. 센서네트워크를 위한 표준화가 국내외적으로 완성된 것은 아직 없지만 국내에서나 국외에서 다양한 활동들이 전개되고 있다.

ZigBee는 센서네트워크 표준화를 위하여 가장 활발히 활동하는 그룹이다. 삼성, 필립스, 지멘스, TI 등 16개의 세계적인 대기업들이 주축이 되어 표준을 주도하고 있다. ZigBee 표준은 통신을 위한 물리계층, MAC 계층, 네트워크 계층, 보안, 응용서브계층까지를 포함한다. 특히, 응용 프로파일을 표준화하여 응용에 적합한 센서 및 구동기까지도 표준화하였다. 따라서 ZigBee만으로 완전한 센서네트워크 응용을 개발할 수 있다. 현재 2.0이 발표되었다. ZigBee외에도 통신프로토콜 분야에서 IEEE802.15 WPAN 그룹에서 WPAN을 위한 통신 표준화 활동을 추진하고 있다.

그림 12-4 센서네트워크 표준화 동향

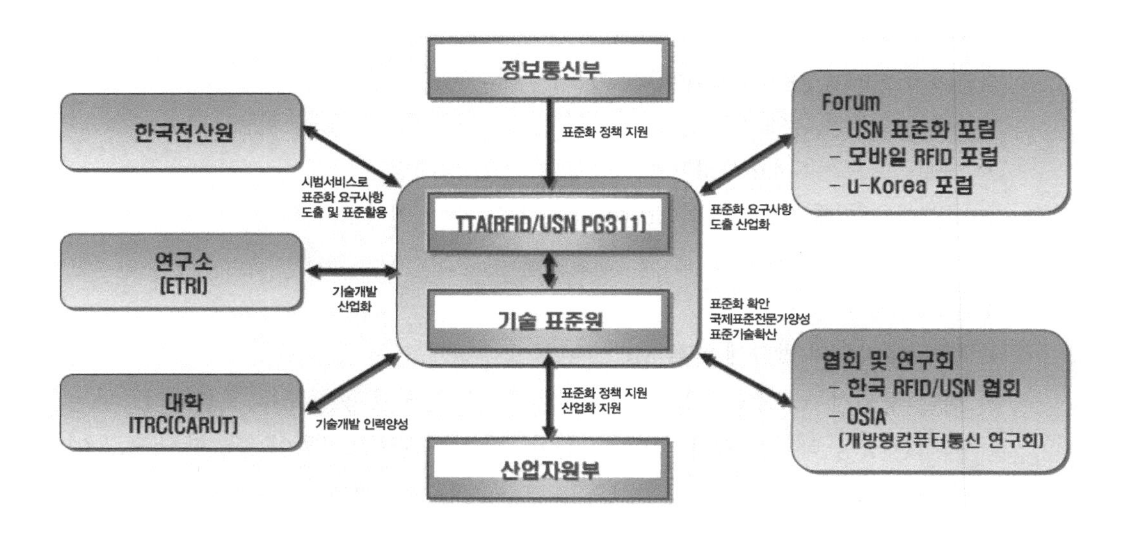

우리나라에서도 표준화 활동이 활발한데 그림 12-4는 우리나라에서 표준화 활동을 진행 중인 단체들을 보여준다. 정부 조직으로 정보통신부와 산업자원부가 표준을 주도하고 있으며 한국정보문화연구원, ETRI 등이 표준화에 적극적이다. 산업체에서는 USN 포럼, 모바일 RFID 포럼, u-Korea 포럼 등에서 표준화를 진행 중이다. 센서네트워크는 2008년 들어 상용화가 시작될 것으로 보이며 기술개발도 어느 정도 진척된 상황에서 표준화 노력이 본격적으로 진행될 것으로 판단한다.

6.2 WPAN

IEEE 802 표준화 그룹은 공유된 통신매체를 위한 통신프로토콜을 표준화해 온 그룹이다. 802.3이 이더넷을 정의하였고 802.11에서 무선LAN을 정의하였다. IEEE 802.15는 10m~30m 정도의 거리를 갖는 무선통신 프로토콜을 정의하는 그룹을 의미하며 그림 12-5와 같은 다양한 표준화활동을 전개하고 있다.

15.1은 블루투쓰를 정의하고 있다. 블루투쓰는 음성 전송을 위한 표준으로서 기술개발이 완성되어 핸드폰과 헤드셋을 연결하는 무선기기로 상용화되었다. 속도는 1MBps이다.

15.2는 블루투쓰와 무선 LAN과의 연동을 위한 표준으로서 연동기술이 확립된 상태이다.

그림 12-5 IEEE 802.15 WPAN 표준기술

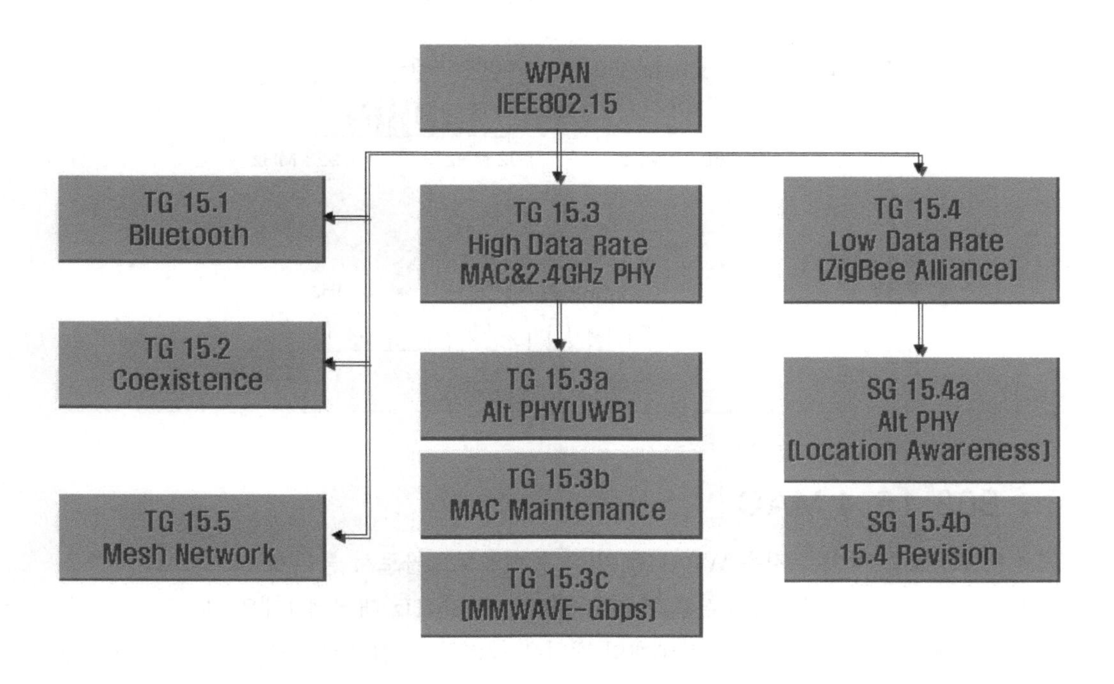

15.3은 고속의 WPAN 기술을 추구한다. 15.3은 2.4GHz 대역에서 100MBps 정도의 통신성능을 목표로 하며 멀티미디어 기기들이 개인통신 범위에서 무선연결하는 것을 주요 응용으로 한다. 특히, 15.3a는 UWB 기술을 활용하여 수백 Mbps의 통신 성능을 목표로 표준화가 진행되고 있다.

15.4는 저속의 WPAN 기술을 추구한다. 15.4는 저전력 소모를 목표로 하며 250Kbps의 저속통신 성능을 갖는다. 15.4는 ZigBee에 채택되어 다수의 칩셋이 공급되고 있는 등 상용화 전 단계까지 진화하였다.

15.5는 저속 및 고속에서 메쉬 네트워크 기능을 보강하는 것을 목표로 진행되고 있다.

그림 12-6 802.15.4의 PHY 계층 구조도

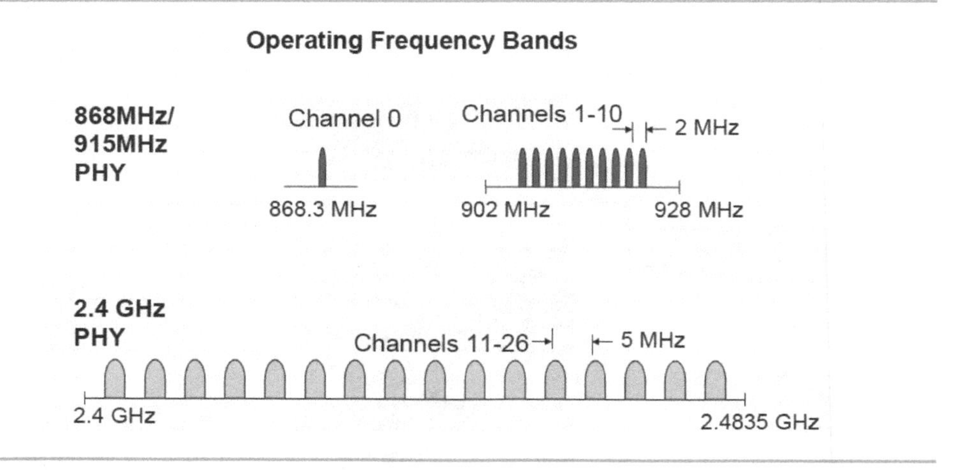

6.3 802.15.4 MAC

15.4 MAC 표준 기술은 저속 WPAN을 위한 통신프로토콜로서 물리계층과 MAC 계층을 정의한다. 그림 12-6에서처럼 유럽의 ISM 밴드인 868MHz 대역에 1개의 채널을 가진다. 미국의 ISM 밴드인 915MHz에서 10개의 채널을 정의한다. 전세계의 ISM 밴드인 2.4GHz 대역에서는 16개의 채널을 정의한다. DSSS 방식을 인코딩 기법으로 사용하며 저전력 소모를 위하여 2.4GHz 대역에서 250Kbps의 저속 통신을 지원한다.

MAC 프로토콜로는 비콘 방식인 GTS(Guaranteed Time Slot) 방식과 Non 비콘 방식을 동시에 지원한다. 비콘 방식은 일종의 TDMA 통신방식이며 미리 지정된 자신의 타임슬롯에서 패킷을 전송한다. Non 비콘 방식에서는 센서노드들이 자유롭게 통신을 하므로 충돌이 일어날 수 있다. 이때 충동 방지 기법으로 CSMA-CA 방식을 사용한다.

블루투쓰 등에 비하여 4배 정도 저속이므로 음성 등의 멀티미디어 데이터 전송은 부적합하며 온도, 조도, 습도 등의 센싱 정보를 간헐적으로 보내는 응용에 적합하다. 15.4의 응용으로는 가전제품의 리모콘, PC 주변기기, 가정내 자동화, 장난감, 헬쓰케어, 산업용 응용 등을 들 수 있다.

ZigBee 표준에서 MAC까지를 정의하고 있으며 2008년 들어 서서히 ZigBee를 채택한 응용이 상용화될 것으로 판단하므로 15.4도 관심을 얻어갈 것이다.

6.4 ZigBee

ZigBee 표준 기술은 그림 12-7에서 볼 수 있는 것처럼 크게 4부분으로 구성된다. 첫째는

802.15.4 MAC 프로토콜이다. 2.4GHz 대역에서 250Kbps의 통신 성능을 제공한다.

두 번째는 네트워크 계층으로서 라우터들이 데이터를 전송할 때 목적지까지의 경로를 설정해준다. 라우팅 기법은 트리 라우팅과 메쉬 라우팅의 2가지 방식을 제공한다. 트리 라우팅은 라우팅 테이블 없이 패킷을 중계하는데 목적지 주소를 알면 트리의 부모 노드와 형제 노드를 경유하는 1개의 경로가 자동으로 결정된다. 트리 라우팅은 단순하므로 노드의 이동성이 없을 경우 장점을 갖지만 경로 중의 노드가 고장이거나 노드가 이동할 때에는 통신이 두절된다는 단점이 있다. 노드의 이동성이 큰 경우 라우팅 테이블을 갖는 메쉬 라우팅 기법이 적절하다.

세 번째는 응용계층으로서 네트워크 내의 객체들을 정의하여 자동검색 등의 기능을 구현하도록 지원한다. 특히 Application Framework에서는 응용에서 사용하는 센서 및 구동기 등도 정의하고 있어서 응용을 바로 구현할 수 있다.

네 번째는 보안 계층으로서 128비트 AES 기법의 인크립션 기능과 키 교환 및 인증 기능을 정의한다.

그림 12-7 ZigBee 표준의 프로토콜 구조

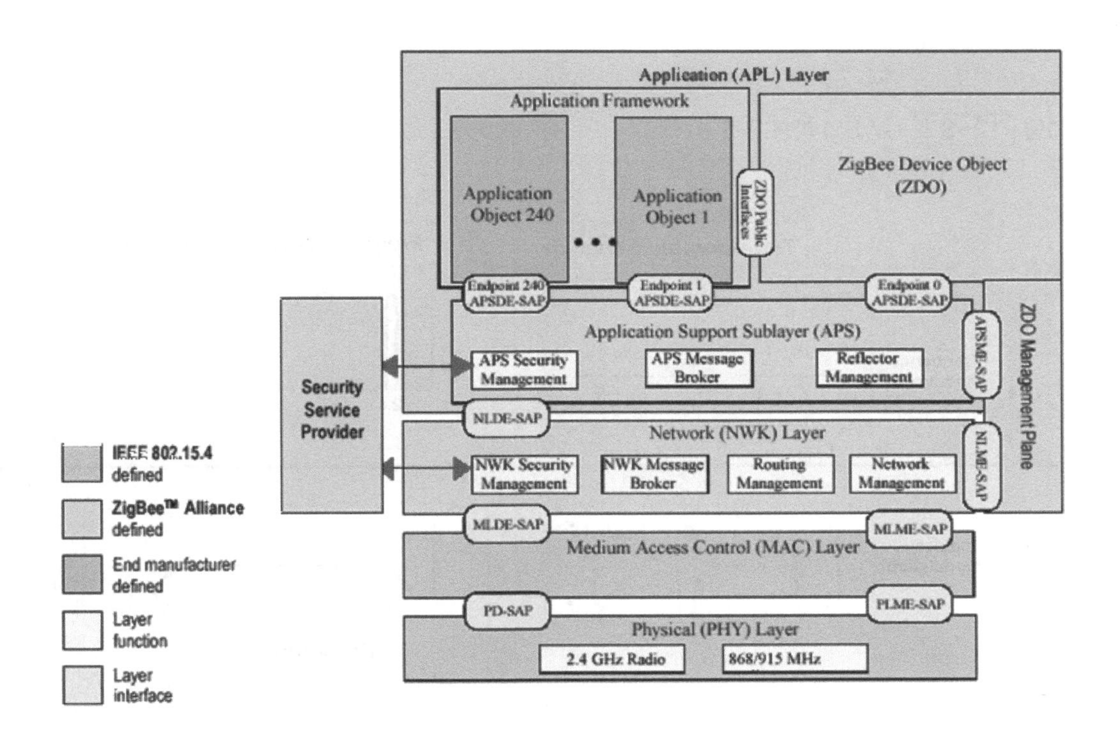

6.5 UWB(Ultra-Wide Band)

그림 12-8은 UWB의 파형 구조를 보여준다. 그림의 위 부분은 일반적인 협대역 통신 파형을 보여주고 아래쪽은 광대역 통신 파형을 보여준다. 그림의 왼쪽은 타임 도메인이고 오른쪽은 주파수 도메인인데 협대역과 광대역이라는 이름은 주파수 도메인의 모양을 반영한 것이다. 즉, 위쪽의 협대역 시그널의 파형은 2.4GHz 대역에서 좁은 대역만을 차지하지만 아래쪽의 광대역 시그널은 3GHz~10GHz의 넓은 범위를 차지하는 것을 볼 수 있다. 타임 도메인에서 광대역 시그널은 시간적으로 매우 짧은 펄스 형태를 띤다.

UWB 시그널은 그림 12-8에서처럼 넓은 주파수 범위에 걸쳐서 낮은 에너지 밀도를 갖도록 퍼져 있으므로 다른 통신 방식과 주파수가 겹치더라도 충돌에 강하다는 장점을 갖는다. 또한 시간적으로 매우 짧은 펄스 형태를 가지므로 단위 시간 당 에너지 소모율이 작으므로 배터리 소모량도 줄일 수 있다. 1심볼의 길이가 시간도메인에서 짧으므로 고속의 데이터 전송이 가능하여 수백 Mbps 정도의 통신 성능을 제공할 수 있다.

타임 도메인에서 펄스의 간격이 1 ns 이하이므로 위치인식에 사용할 때 빛이 1 ns 진행되는 정도의 오차범위(즉, 30cm)를 갖도록 시스템을 구성할 수 있다.

그림 12-8 UWB의 파형 구조

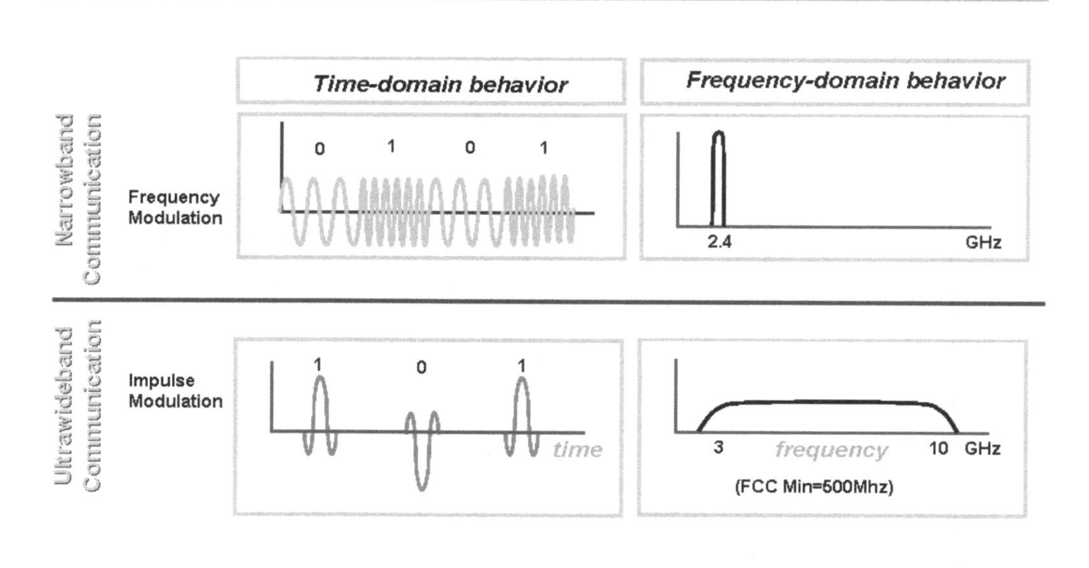

연/습/문/제

01 센서네트워크를 설명하시오.

02 센서네트워크의 구성요소 4가지를 쓰고 설명하시오.

03 핵심 요소기술 5가지는 무엇인가?

04 센서네트워크의 3가지 주요 이슈는 무엇인가?

05 센서네트워크에서 표준화의 필요성은 무엇인지 설명하시오.

06 IEEE 802 표준화 그룹에서 정의하고 있는 15.1~15.5까지의 표준을 설명하시오.

07 802.15.4 MAC은 무엇을 정의하고 있는지 설명하시오.

08 ZigBee 표준 기술은 크게 4부분으로 구성된다. 이를 적고 설명하시오.

Introduction to **ZERO ENERGY HOUSE**

13

에너지 생산 · 절감 모니터링 기술

필요성 및 현황

1.1 대기전력 절감의 필요성

대기전력이란 기기(器機)의 동작과 관계없이 사용자가 의식하지 않는 사이에 소모되는 전기에너지를 말한다. 전기를 잡아먹는다는 뜻으로 전기흡혈귀(power vampire)라고도 한다.

대기전력 문제의 해결책은 사용하지 않는 전기제품의 플러그를 뽑거나 멀티탭(multi-tap)을 사용하는 방법이다. 멀티탭의 스위치를 끄면 플러그를 뽑는 것과 같은 효과를 얻을 수 있기 때문이다.

리모콘으로 작동되고, 작동상태를 알려주는 디스플레이장치가 장착된 전자제품의 증가와 함께 대기전력 소비도 늘어나는 추세이다. 복사기나 비디오 레코더는 전체 사용전력의 80%가 대기전력으로 추정된다. 컴퓨터 · 모니터 · 프린터 · 팩시밀리 · 세탁기 · 에어컨 · 텔레비전 · DVD플레이어 · 전자레인지 · 휴대전화 충전기 등이 대기전력 소비가 많다.

국제에너지기구는 경제협력개발기구(OECD) 회원국들의 경우 가구 당 전력소비량의 10%인 60와트(W)가 대기전력일 것으로 추정한다. 미국은 5%로 적은 편이지만 액수는 매년 약 13억 달러에 달한다. 이처럼 심각한 대기전력 문제를 해결하기 위해, 국제에너지기구는 2010년까지 모든 전자제품의 대기전력을 1와트 이하로 줄이도록 세계 각국에 권고하였다.

에너지 절감차원에서 정부가 '저 대기전력' 제품을 개발하여 생산하는 것을 최우선 과제(2006년 8월)로 삼아 '대기전력 1W 프로그램 추진위원회'를 구성 · 추진하여 대기전력 절감시스템을 만들고자 하였다.

현재 사용하는 전기제품(TV,오디오, 컴퓨터)은 전원을 꺼도 전기가 계속 소모되기 때문에 에너지를 절약하려면 플러그를 뽑아야 하므로, 번거롭고 불편하여 실천하기가 쉽지 않다.

앞으로 네트워크화된 시대에는 모든 전기제품과 전자기기들이 전원에 계속 연결되어 있어야 하기 때문에 콘센트에서 플러그를 뽑는 식의 운동은 한계가 있고 소극적인 방법에 지나지 않을 것이다. 그래서 전기제품과 전자기기의 생산업체가 대기전력 저감은 이 시대의 지상명령이라는 의식을 갖고, 근본적으로 대기전력 저감기술을 개발하여, 모든 기기의 설계단계에서부터 적극적으로 채용하는 것이 바람직할 것이다.

우리나라는 가구 당 연간 306kWh의 대기전력을 소비해 가정에서 소비량의 무려 11%를 차지하고 있다. 이는 국가 전체 전력소비량의 1.7%에 해당하며, 매년 4,600GWh가 낭비되어 연간 금액으로는 5,000억원이 지출된다.

실제로 사용하지도 않는 대기전력 소비를 위해 100만 kW급 원자력발전소 1기가 가동 중인 셈이다. 순시 대기전력은 기기당 평균 3.66W, 1가구당 57W에 이른다.

각국 가정의 대기전력 소비 비중을 보면 일본은 9.4%, 미국 5%, 호주 12%, OECD 10%로 선진국보다 우리나라의 대기전력 낭비가 큰 것으로 나타나 있다.

게다가 디지털 TV, 셋톱박스, 홈네트워크 등 디지털기기는 지금까지는 없었던 새롭게 탄생한 제품들로서 대기전력(active standly)을 새로이 발생시켜 향후 대기전력 소비가 급격히 증가할 것으로 예상된다. 근래 가정의 홈네트워크화 추세로 인한 대기전력의 급증으로, 앞으로 20년간 매년 평균 1.3% 전력소비의 증가요인이 될 전망이다.

IEA(International Energy Agency)의 최근 발표 자료에 의하면, 오는 2020년경이면 가정 소비 전력 중에서 무려 1/4은 대기전력이 차지할 것으로 전망하고 있다. 우리나라의 대기전력과 관계된 제도로는 순전히 제조업체의 자발적 참여를 기초로, 지난 1999년 4월1일부터 시행 중인 에너지 절약 마크 제도가 있다.

우리나라는 에너지 절약 마크 제도가 시행된 1999년부터 2003까지 5년간 총 5,900만대의 절전제품을 보급하였다. 이로써 3,891GWh를 절약하여 금액으로 환산하면 4,300억원의 에너지 절약에 기여하였으며, 150만 kW의 전력수요를 감소시켜 51만톤(tC의) CO2의 감축효과를 거뒀다.

대기시간(待機時間)에 절전모드를 채택한 에너지 절약형 가전제품 및 사무기기 보급을 위한 것으로 대상제품은 컴퓨터, 모니터, 프린터, 팩시밀리, 복사기, 스캐너, 복합기, 절전제어장치, 직류전원장치, TV, 비디오, 오디오, DVD플레이어, 전자레인지, 휴대전화 충전기, 셋톱박스, 도어폰 등 모두 17개 품목이다.

2003년 한 해만 하더라도 시장점유율의 56%인 1,811만대를 보급해 TV, 비디오의 경우 대기전력 소비가 1999년 이전의 7W~10W에서 2003년의 2W~3W 수준으로 획기적으로 감소한 것으로 나타났으며 이 중에서 1W 이하 제품은 대개 14% 정도로 추정되고 있다. 그리고 국내 전기제품과 전자기기가 연간 4,000만대 이상이 신규로 판매되고 있는 가운데, 향후 추가로 비용효과적인 신기술의 적용으로 인해 최대 75~90%의 절감이 가능할 것으로 전망된다.

제조업체의 입장에서도 대기전력 절감은 에너지의 절약 실천이 가장 용이한 분야로 1대당 1달러~2달러로서 상대적 제조원가의 상승비용 부담이 적다. 정부는 현재 3W 수준에 머물러 있는 대기전력 소모를 1W 이하로 낮추기 위한 국가적 차원의 ‘대기전력 1W 프로그램’을 강력히 추진하고 있다.

대기전력 1W 절약 프로그램은 에너지 절감의 중요성을 상징하는 선언적 의미와 함께, 에너지 소비에서 도덕적으로 가장 문제가 되고 있는 대기전력(standby power) 문제를 사회 이슈화함으로써 전 국민적인 에너지 절약 실천의 진정한 의미와 절박성을 이끌어 나가고자 하는 것이다.

우리나라의 대기전력 저감사업을 전 국민적 운동으로 정하고, 2010년까지 대기전력 1W 저감운동을 성공적으로 수행해 나갈 경우 대기전력으로 소비되는 연간 5,000억원에 상당하는 4,600GWh의 전력소비량이 70%까지 절감될 것으로 기대된다. 현행 기술로 1W 목표가능한 대기전력 모드(mode)는 전원 버튼을 이용해 전원을 꺼도 소비되는 전력인 'off' 리모컨을 이용해서 전원을 꺼도 소비되는 전력인 '소극적 대기'(passive standby)이다.

1W까지의 절감 달성이 불가능한 소위 '적극적 대기'(active standby) 상태에서는 네트워크로 연결된 디지털기기는 전원을 꺼도, 소비자는 꺼진 것으로 착각하지만 실제로는 꺼지지 않은 상태에서 20W~30W에 이르는 많은 대기전력이 소모되는 것이다. 또 전기기기가 동작 중 사용하지 않는 대기 상태에서 소비되는 전력인 'sleep' 모드는 대기전력 절감을 위한 기술 개발 지원 및 에너지 절약 마크 제도의 기준 강화를 통해 저감을 적극적으로 유도해야 할 것이다.

우리나라는 대기전력 절감 로드맵의 수립을 위해 소비자 단체, 제조업체, 관련 전문가 등이 참여한 추진위원회를 최근에 구성한 바 있다. 그리고 관련업계의 기술 수준과 시책 적응기간 등을 감안해, 기기별 그리고 단계별 예상 달성 수준을 총괄적인 계획에 반영할 것으로 알려졌다.

여기에는 대기전력의 정의에서부터 기기별 또 연도별 달성수준, 대기전력의 소모 기기에 대한 정부 조달 체계의 개선책, 디지털기기 대기전력의 저감정책 등이 포함되어 있다.

현재 에너지 절약 마크 제도에서 sleep 모드만 규정되어 있는 컴퓨터 등 사무 기기에 대해 off 모드까지 추가로 적용키로 하는 것을 검토 중인 것으로 알려져 있다. off 모드에 대해서는 2010년까지 1W를 적용키로 했다.

대기전력의 국제협력을 추진하기 위해 우리나라는 국제에너지기구(IEA) 국제회의에 적극 참가하고, 2005년 APEC대기전력 전문가 회의의 한국개최를 유치를 추진하는 등 IEA, APEC 등과 대기전력에 관한 공조활동 및 표준모델을 선정하여 국제기준의 일체화를 벌여나가기로 했다.

1W 달성을 위해 정부는 동원 가능한 모든 방책을 통하여 실행 가능한 정책 수립에 혼신의 힘을 쏟아야 할 것이다. 정부 조달 구매에 대한 대기전력 1W를 적용하고, 정부와 제조업체의 생산 부문과 소비자 단체 등 소비 부문과의 대규모 절전 협약을 체결하고, 에너지 절약 마크 제도 기준의 1W 의무 규정 적용 등을 시급히 시행하여야 할 것이다.

앞으로 네트워크화된 시대에는 모든 전기제품과 전자기기들이 전원에 계속 연결되어 있어야 하기 때문에 콘센트에서 플러그를 뽑는 식의 운동은 한계가 있고 소극적인 방법에 지나지 않을 것이다. 그래서 전기제품과 전자기기의 생산업체가 대기전력 저감은 이 시대의 지상명령이라는 의식을 갖고 근본적으로 대기전력 저감기술을 개발하여 모든 기기의 설계 단계에서부터 적극적으로 채용하는 것이 바람직할 것이다.

1.2 국내외 현황

1.2.1 국내 현황

앞으로 에너지 소비가 증가되는 시점에 우리나라 총 에너지 소비량의 97% 이상을 수입에 의존하는 상황이다. 2010년 하반기에 전기요금 인상 예정으로 앞으로 에너지 요금은 계속 인상될 것이다. 고유가 시대의 환율동반상승으로 인해 우리 경제의 부담은 증가하고 있다.

2010년 7월 1일부터 신축하는 모든 건물에 플러그를 뽑지 않아도 대기전력을 차단해주는 콘센트를 일정 비율 이상 의무적으로 설치해야 한다. 건설사들은 대기전력 자동차단 콘센트나 대기전력 차단스위치 중 하나를 선택할 수 있다.

에너지 관리 공단에 따르면 대기전력 차단 장치를 신규 건축물에 60% 이상 의무적으로 설치토록 하는 방안이 추진된다.

에너지 관리 공단은 이미 대기전력 저감형 콘센트 등 대기전력 차단장치를 모든 신규 건축물에 일정 비율 이상 건축토록 하는 방안을 건설교통부와 지식경제부 등 유관 부처에 제안해 놓은 상태다.

정부에서도 해당 제품 제조업체와 시장현황 등에 대해 조사를 의뢰하는 등 향후 시장 확대가 예상되고 있다. 지원금을 지원하는 방안도 검토 중인 것으로 알려졌다.

한편, 국토해양부 고시인 친환경 주택의 건설기준 및 성능에는 대기전력 자동차단 콘센트 또는 대기전력 차단스위치를 각 개소에 1개 이상 설치하도록 의무화하고 있다.

※ 국토해양부 고시 제 2010-371호

1.2.2 국외 현황

교토의정서 발효로 EU 등 선진 28개국이 온실가스 배출량 8%를 의무 감축하였으며 한국도 이산화탄소 발생량이 세계 9위임을 감안할 때 2차 의무 부담 기간(2013년~2017년) 이행국에 편입될 것이 확실시된다.

탄소배출권 시장 규모가 2005년 110억 달러, 2008년 300억 달러로 해마다 지속적으로 성장하고 있다.

세계 절전 관리 시스템 수요가 폭발적으로 증가되면서 해외의 각국에서는 대기전력 절감을 위한 에너지 절감 제도를 실시하고 있다.

표 13-1 해외 에너지 절감 제도

Energy Star Program(미국)	GEEA(유럽)	Energy 2000(유럽)	TCO(유럽)
미국 환경보호청에서 시행하는 전자기 제조업체의 자발적 참여 프로그램 에너지스타에 협약한 회사는 에너지스타 등급 표시	유럽 8개국이 운영하는 대기전력 감소를 위한 에너지 절약 제품보급 프로그램이며 에너지레벨 사용	유럽의 대표적인 대기전력 절감프로그램으로 스위스에서 시행하며 GEEA동일 기준을 적용하며 가은 레벨 사용	스웨덴에서 발표된 에너지 절약 및 전자파 환경에 관한 국제규격으로 모니터에 영향력이 높은 규격

표 13-1은 주요국가의 에너지 절감 제도이다.

또한 미국은 2005년 개정된 에너지 법안을 기초로 모든 연방정부의 건물에 30% 에너지 절감을 의무화하였으며 일본의 경우, 2005년 에너지 보존법에 따라 대형 건물의 절전 모니터링 시스템의 상용화 및 설치가 가속화되어 가고 있다.

02 국내외 관련기술의 현황

대기전력 절감시스템은 국내뿐만 아니라 국외에서도 교토의정서의 탄소배출권을 위해 다방면으로 개발하고 있다.

정부에서는 에너지 손실을 최소화하기 위해 대기전력 기준을 1W이하로 규정하고 컴퓨터, 모니터 등의 일부 가전제품에 '대기전력경고표시제'를 시행하여 대기전력 저감기준에 미달하는 제품에 경고라벨 부착을 의무화하였다.

2.1 국내 관련기술의 현황

대기전력을 줄이기 위한 다양한 기술개발 멀티탭 형태의 절전장치로 대기전력을 줄이는 기술개발이 진행 또는 제품화하였다.

절전제품 및 기술로는 전류의 흐름을 감지하여 전원라인을 차단하는 개별 스위치의 ON/OFF를 통한 단순 대기전력 차단 방법과 제어 장치가 있어 리모콘 및 기타 센서에 의해 상황 파악을 하여 전원라인 차단하는 기술개발이 진행되고 있다.

2.1.1 컴퓨터를 이용하여 멀티탭에 연결된 전자제품의 대기전력을 제어하는 방식을 사용하는 기술

▌특징

- 가장 효율적인 전력 절약 가능
- 개발 및 수용에 많은 비용, 인력, 시간이 필요
- 기존, 시스템을 변경하는 데 고 비용 소요
- 기존의 ECO 사업들이 이러한 방식을 따름

2.1.2 절전을 위해 수동형으로 리모콘이나 기타 다른 제어장치를 이용 제어하는 방식의 기술

▌특징

- ZigBee, TinyOS, Bluetooth 등 무선 통신 기술 응용
- 사람의 제어에 의해 전력이 절감되므로 안정적인 전력 절약은 불가능
- 적극적이고 체계적인 노력으로 최대 절전 효과 기대 가능
- 무선 Remocon 등 개발에 노력 필요

2.1.3 센서기반의 상황인지를 파악하여 제어기기가 센서로부터 정보로 상황에 맞게 제어하는 방식의 기술

▌특징

- 고 효율의 에너지 절감 기대 가능
- 응용 가능한 센서 및 기기의 개발 문제
- 센서의 특성과 무선 통신 환경을 고려한 시스템의 설치 문제
- USN 기술들을 활용하여 센서와 제어기를 연결할 필요가 있음

2.1.4 중앙모니터링 및 제어에 의한 절전시스템으로 중앙관제센터에서 에너지 절감 현황 파악 및 제어를 통합관리 여려 전력 절감시스템의 연동 및 통합이 가능한 기술

▌특징

- 가장 효율적인 전력 절감 가능
- 시스템 통합 및 구축 방법에 따라 다양한 절감 방법을 개발할 수 있음
- 실시간으로 절감 상황이 파악되므로 상황에 따라 적극적인 대처 가능

- 보고서 및 통계 자료를 생산하여 정부 지원금 및 CO2 배출권을 획득하기가 쉽다.
- 대 단위 시스템이 될 가능성이 많으므로 대형 SI 업체에 적합한 사업 모델이다.

2.2 국외 관련기술의 현황

대기전력을 고려한 SMPS 개발 및 기술 적용 사례는 증가하는 추세이며 SONY, NEC에서 생산된 FAX, PDP 등의 가전제품들에서 0.5W 수준의 대기전력을 실현한 제품이 상용되고 있다. 미국의 BIAS Technology Inc.회사는 대기전력의 가장 핵심이 되는 대기전력 제어용 전용 SMPS 개발하였다. 또한 SMPS에 EMI Filter를 내장하여 고효율적인 저전력 SMPS 모듈을 개발하였다.

미국 및 일본 유럽 선진국에서 에너지 절감을 위한 절전 시스템 등 다양한 기술개발을 시도하고 있다.

2.3 시장 현황

전기제품의 전원을 끄더라도 전원코드가 꽂혀 있으면 계속 소비되는 대기전력을 줄이기 위한 전기콘센트 특허 출원이 최근 들어 녹색기술분야의 연구개발에 힘입어 활기를 띠면서 급증하고 있다.

특허청에 따르면 지난해 대기전력 저감형 전기콘센트 관련 특허 출원 건수는 59건으로 전년에 비해 64% 증가하는 등 지속적인 증가세를 보이고 있다. 2011년 4월까지 출원된 특허 건수도 28건에 달해 전년 동기 대비 180% 이상 늘었다.

대기전력 저감형 전기콘센트 관련 특허 출원은 2008년까지만 해도 전기콘센트 관련 특허 출원의 15%에 불과했으나, 지난 해에는 28%로 증가한데 이어, 올해는 35% 가량 늘어날 것으로 추산되고 있다. 지난 해 출원된 대기전력 저감형 전기콘센트 관련 기술은 내외부 신호제어에 따른 차단이 전체 출원의 34%를 차지해 가장 많았고, 뒤를 이어 슬라이딩, 회전 또는 자석을 이용하는 기계적 방식(28%), 전원 출력 또는 접점 탈착감지(22%), 인체의 열 또는 소리를 감지해 차단하는 방식(16%) 순이었다.

출원인 현황을 보면 최근 5년간 개인 75%, 중소기업 23%, 대기업 2%를 각각 차지하고 있어, 대기업보다 개인과 중소기업에 의한 출원이 압도적으로 많았다. 특히 중소기업의 출원 비율이 2008년 19%에 불과했으나 2009년 27%로 증가했고, 2010년 4월까지는 55%에 달해 중소기업의 기술개발이 활발하게 진행되고 있음을 보여줬다.

특허청 관계자는 "대기전력을 줄이기 위한 전기콘센트 특허 출원의 증가세는 저탄소 녹색성장 정책의 영향에 의한 것으로 파악된다"면서 "에너지 절약과 관련된 녹색 기술은 일반 특허 출원보다 최우선적으로 심사하기 때문에 이를 활용하면 조속한 시일 내 권리화해

표 13-2 대기 전력 저감형 전기콘센트 관련 특허 출원

(단위 : %)

구분	(2008) 년	(2009) 년	(2010)년
특허 출원	15%	28%	35% (6월기준)
중소기업 출원비율	19%	27%	55% (4월기준)

※ 산출근거 :건설타임즈

사업을 추진할 수 있을 것"이라고 말했다.

대기전력 차단장치 시장은 이제 시작되는 시장이며 연간 약 6,000억원 규모의 시장으로 내다보고 있다. 현재 우리나라에서 1년에 5000억원이 대기전력으로 낭비된다. 현 정부에서는 온실가스 감축계획을 국제 사회에 발표했기에 대기전력 문제를 심각하게 받아들일 수밖에 없다.

정부에서는 공공기관이나 새로 짓는 건물 등에 대기전력 자동차단 콘센트 설치를 의무화하였다. 따라서 대기전력 차단장치의 수요는 엄청나게 늘어날 것으로 전망한다.

2.4 파급효과 및 활용방안

2.4.1 경제 · 사회적 파급효과

고유가 시대에서 절전 시스템에 의한 에너지 절감 효과가 기대되며 범 국가적으로 100만 KW급 원전 1기 건설비용(1조)이 절감 가능하다.

대기전력 절전시스템을 사용 시 일반 가정 및 사무실, 공공장소의 전력 사용량 7%~10% 절감을 기대할 수 있다. 또한 온실가스 배출량 감소를 통한 환경보호에 기여하여 에너지 절감에 의한 온실가스 발생의 주범인 화력발전소 건설을 최소화할 수 있다. 이로 인해 지구 온난화 방지에 기여한다.

2.4.2 기술적 파급효과

옥타컴은 USN과 관련하여 다수의 특허 및 기술 경험을 이미 보유하고 있으며, 절전 분야에서는 무선리모콘 및 무선콘센트 분야, 공유 전원에 대한 전원 관리 기술 부문에 대하여 지적재산권을 확보함으로써 절전시스템 구현을 개발할 수 있다.

보유한 특허 및 기술과 경험으로 국내 및 해외 일본, 중국, 미국 등에 기술경쟁 우위를 확보하여 향후 세계 시장에서 경쟁우위를 갖는 제품을 생산할 수 있다.

2.4.3 지하 주차장 조명 관리 시스템

건물의 지하주차장은 24시간 조명이 켜져 있는 상태로 안전상 70Lux를 유지해야 한다. 하지만 불필요 시 조명등을 제어하여 전력낭비를 줄일 수 있다. 주요 출입구 및 중앙 지역이나 사각지역에 움직임 센서 장비를 설치하여 움직임이 없는 상황에서는 전등을 소등하거나 dimmer를 이용해 조도를 낮추어 전력 소비를 줄일 수 있다.

2.4.5 터널 조명 관리 시스템

도로상의 터널에 설치된 조명은 안전 문제로 24시간 켜져 있는 상태이다. 터널 조명은 전력 소비가 많은 밝은 전등을 사용하므로 에너지 소비가 많다. 움직임 센서를 이용 차량의 유무를 확인하고 터널 내 조명을 5 구간 이상의 구역으로 나누어 전원 제어 시스템 설치하여 전력소비를 낮출 수 있다.

2.4.6 가정, 사무실 기기 전원 제어 시스템

사무실 내의 조명등은 주간에 날씨가 좋아 밝아도 항상 켜져 있는 상태이다. 조도센서 및 움직임 센서를 설치하여 주변의 밝기에 따라 조명등의 밝기를 제어한다.

또한 가정 내의 가전제품은 콘센트에 연결되어 대기전력이 낭비되는 상태이다. 사무기기의 전원도 제어 시스템으로 사무실 내의 상태 확인에 따라 전원을 제어한다. 또한 전류량을 모니터링하여 과전류로 인한 화재 예방도 할 수 있다.

03 대기전력 절감기술

3.1 기술 개요

가정 및 공공시설물의 에너지 절감을 위하여 IT 기술이 적용된 ZigBee 기반의 전원제어가 가능한 무선 리모콘과 대기전력을 최소화한 무선콘센트를 설명한다.

또한, 공공장소나 사무실 환경에 적용할 수 있는 지그비(ZigBee) 기반 동작감지 센서 및 조도 센서를 활용하여 사람의 출입과 유무를 판단하여 조명을 제어하는 에너지 절감 시스템 및 모니터링 시스템을 설명한다. 이를 위해 무선 조명 디머스위치를 사용하여 형광등의 밝기를 조절할 수 있다.

다음 표는 지식경제부의 대기전력 저감장치의 기준안 고시이다.

표 13-3 대기전력 저감기준

구 분	제어방식	대기전력 차단 시 소비전력	대기전력 차단기능 이행시간
자동절전 멀티탭	• 부하감지형 • 조도감지형 • 타이머형 • 복합형(부하 · 조도 · 인체감지 등)	≤1.0W	≤3분
대기전력 자동차단콘센트			

절전시스템의 모듈인 무선콘센트나 동작상황인지 센서 그리고 무선 조명 디머스위치가 기준안에 부합되도록 대기전력 차단 시, 소비전력이 1.0W 이하가 되어야 한다.

표 13-4 절전시스템의 요구항목

개발 항목	결 과 물	비고
1. 대기전력을 최소화하는 무선콘센트 개발	무선콘센트	
2. 수동 제어를 위한 무선리모콘 개발	무선콘센트 제어용 저전력 무선리모콘	
3. 동작감지를 위한 동작상황인지 센서 개발	동작상황인지 센서노드	
4. 형광등의 밝기를 제어하는 무선조명 디머스위치 개발	10단계 조절 가능한 디머스위치	
5. 동작센서의 전원관리시스템 구현	절전시스템의 전원관리 알고리즘	
6. 상호감시 네트워크 프로토콜 구현	상호감시 네트워크 프로토콜	
7. 중앙모니터링 시스템 구현	절전시스템의 상태 및 관리의 중앙 모니터링 시스템	
8. 절전시스템의 시범구축 및 운용	옥타컴 내 절전시스템 구축 운영	

표 13-5 절평가항목 및 목표치

평가 항목	목표치	세계 최고수준	국내 수준	비고
1. 상호 감시 네트워크 프로토콜 스택	100% (완성)	무	무	-
2. SMPS 전력소모량	100% (3mA)	7mA 세계 공통	7mA	-
3. 통신모듈의 전력소모량 (0.5초 내 반응)	100% (0.5mA)	20mA	-	-
4. 동작센서 반응 거리	100% (30m)	20m	20m	-
5. 전원 공유 전원 제어 시스템	100% (완성)	무	무	

3.2 절전시스템 모듈

3.2.1 무선리모콘

무선콘센트를 제어하는 지그비(ZigBee) 무선리모콘을 설명한다.

- 리모콘과 다수의 무선콘센트가 지그비(ZigBee) 네트워크를 구성하도록 접속하는 기능
- 무선콘센트의 전원제어 기능
- 배터리 동작 가능한 저전력 소모 기능

3.2.2 무선콘센트

대기전력을 최소화하는 무선콘센트를 설명한다.

- 멀티탭 형상의 무선콘센트
- 과 전류 감시기능
- 무선리모콘을 통한 무선제어 및 중앙제어 기능
- 저가격, 저전력 소모를 지원하는 SMPS 구현
- 무선리모콘의 전원제어 시 0.5초내에 반응할 때, 소모전류 최소화 통신모듈 구현

3.2.3 동작상황인지 센서

동작감지를 위한 동작상황인지 센서를 설명한다.

- 10GHz RF를 이용하는 움직임센서
- 적외선의 변화량에 따른 인체감지 센서
- 움직임 감지와 조소 센서를 활용한 무선센서 모듈
- 상전 및 배터리 겸용 전원 제어 시스템

3.2.4 무선 조명 디머스위치

형광등의 밝기를 제어하는 디머스위치 제어노드를 설명한다.

- 형광등의 밝기를 제어하는 디머스위치 제어노드
- 기존의 Dimmer 보다 가격경쟁력이 우수한 Dimmer 스위치

3.3 전원 관리 시스템 설계

동작 센서를 이용해 전원을 제어하는 전원 공유 전원 제어 시스템을 개발한다.

- 움직임감지 센서노드와 출입감지 센서노드를 활용한 전원관리 시스템 개발

3.4 상호감시 네트워크 프로토콜 개발

이웃한 장비의 동작 상태를 감시하는 상호감시 네트워크 프로토콜을 개발한다.

- 여러 제어시스템이 같이 동작하고 있는 경우, 각 장비가 이웃 장비의 동작상태 감시 기능 개발
- 이웃 장비의 동작 상태가 불량 보고 기능 개발
- 이웃 장비의 제어 신호 전달 감시 기능 개발

3.5 중앙모니터링 시스템

전력절감 상황을 모니터하는 모니터링 시스템을 설명한다.

- 전력절감 상황을 실시간으로 모니터링하여 기록, 저장, 보고서 제출 기능
- 비정상적인 전력 사용 이벤트 발생 기능

3.6 절전시스템 구축

절전시스템을 구축하고 운용한다.

- 사무실 내, 절전시스템을 위한 중앙모니터링 시스템을 구축
- 동작 감시 센서에 의한 자동화된 사무실 내, 조명 제어 시스템 구축
- 무선리모콘을 활용한 수동형 사무실 내 전원제어 구축

04 세부 기술 내용

4.1 절전시스템 모듈

4.1.1 무선리모콘

무선리모콘의 세부 내용은 다음과 같다.

- 지그비(ZigBee) 무선통신 지원
- 무선콘센트와 지그비(ZigBee) 네트워크 구성 기능
- 버튼을 통한 무선콘센트의 전원 제어 기능
- 외부 LED를 통한 전원 제어 상태 표기 기능
- 배터리 동작 가능한 저전력 기반의 리모콘

4.1.2 무선콘센트

무선콘센트의 세부 내용은 다음과 같다.

- 지그비(ZigBee) 무선통신 지원
- 무선리모콘과 지그비(ZigBee) 네트워크 구성 기능
- 멀티탭 형상의 무선콘센트
- 과 전류 감시기능
- 무선리모콘을 통한 무선 전원제어 및 중앙 전원제어 기능
- 저가격, 저전력 소모를 지원하는 SMPS 구현
- 무선리모콘의 전원제어 시 0.5초내에 반응할 때, 소모전류 최소화 통신모듈

4.1.3 동작상황인지 센서

동작상황인지 센서의 세부 내용은 다음과 같다.

- 지그비(ZigBee) 무선통신 지원
- 10GHz 대역의 도플러 효과를 이용하는 움직임 센서노드
- 상전 및 배터리 겸용 전원 제어 시스템
- 일정 주기의 상태 정보 보고 기능

4.1.4 무선 조명 디머스위치

무선 조명 디머스위치의 세부 내용은 다음과 같다.

- 지그비(ZigBee) 무선통신 지원
- 형광등의 밝기를 제어하는 디머스위치
- 일정 주기의 상태 정보 보고 기능

4.2 전원 관리 시스템 설계

전원 관리 시스템의 세부 내용은 다음과 같다.

- 움직임감지 센서노드를 활용한 전원관리 알고리즘
- 출입감지 센서노드를 활용한 전원관리 알고리즘

4.3 상호감시 네트워크 프로토콜

상호감시 네트워크 프로토콜의 세부 개발내용은 다음과 같다.

- 지그비(ZigBee) 무선통신 지원

- 무선통신을 이용한 이웃 장비의 동작상태 감시 기능
- 센서를 이용한 이웃 장비의 동작상태 감시 기능
- 동작 상태 불량 보고 기능
- 일정 주기의 상태 정보 보고 기능

4.4 중앙모니터링 시스템

중앙모니터링 시스템의 세부 내용은 다음과 같다.

- 지그비(ZigBee) 무선통신 지원
- 지그비(ZigBee) 센서노드 및 Actuator Node의 관리 기능
- 지그비(ZigBee) 센서노드 및 Actuator Node의 상태 표시 기능
- 모니터링 데이터의 표시 기능
- 모니터링 데이터의 기록, 저장, 보고서 제출 기능

05 시스템 구현

5.1 절전시스템 모듈

5.1.1 무선리모콘

무선콘센트를 제어하기 위한 지그비(ZigBee) 무선리모콘은 다음과 같이 마이크로컨트롤러와 버튼, LED를 선정하고 설계하였다.

▮ 지그비(ZigBee) 모듈 및 마이크로컨트롤러 선정

무선리모콘의 지그비(ZigBee) 모듈은 사무실과 같이 장애물이 많고 구조적으로 복잡한 환경을 고려하여 출력 파워가 높은 RadioPulse 사의 MG2455 모듈을 선정하였다. 이를 통해, 복잡한 사무실 구조에서도 약 20미터 이상의 통신거리를 보장할 수 있다. 또한, 8051 코어를 내장하고 있어 별도의 마이크로컨트롤러를 사용하지 않아도 되는 이점을 갖는다.

▮ 버튼 및 LED 선정

무선리모콘의 버튼은 무선리모콘의 제어를 위한 전원인가 버튼과 전원차단 버튼 그리고, 지그비(ZigBee) 네트워크 구성 버튼으로 구성한다. LED는 버튼이 눌렸을 경우에 켜지도록 하는 녹색 LED 1개로 구성한다.

그림 13-1은 무선리모콘의 블록설계도이다. 무선리모콘은 크게 3개의 버튼과 1개의 LED, 펌웨어 다운로드를 위한 인터페이스 부분과 지그비(ZigBee) 모듈로 이뤄진다.

그림 13-1 무선리모콘의 블록설계도

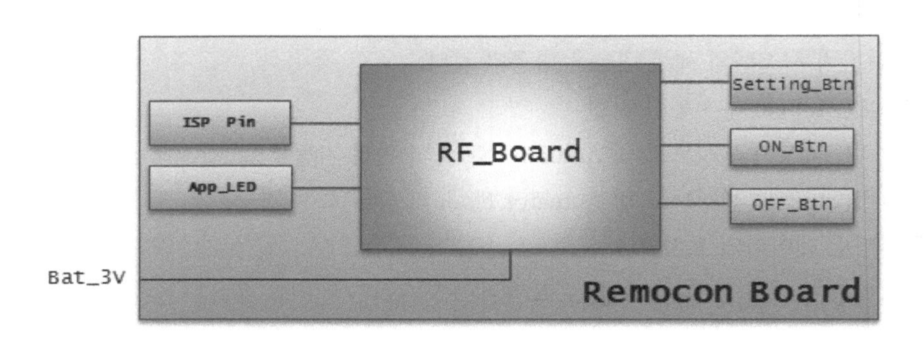

그림 13-2와 그림 13-3은 제작된 무선리모콘 하드웨어에 배터리를 손쉽게 교체할 수 있도록 만든 디자인 목업(Mock-UP)이다.

무선리모콘은 기능은 다음과 같다.

- 지그비(ZigBee) 무선통신 지원
- 무선콘센트와 지그비(ZigBee) 네트워크 구성 기능
- 버튼을 통한 무선콘센트의 전원 제어 기능
- 외부 LED를 통한 전원 제어 상태 표기 기능

그림 13-2 무선리모콘 (코인배터리 타입)

그림 13-3 무선리모콘 (AAA배터리 타입)

- 외부 인터페이스
  - 3개의 응용 버튼
  - 1개의 응용 LED
- 동작 전압 : DC 3V

또한, 무선리모콘은 배터리 동작이 가능하도록 Active Mode와 Sleep Mode로 운용되도록 구현되었다. 즉, 버튼이 눌렸을 경우에만 ACTIVE Mode로 전환되어 사용되며, 평상시에는 SLEEP Mode로 동작한다. SLEEP Mode 시 전류소비량은 34uA를 소비한다. Active Mode에서는 약 38mA를 소비한다. 표 13-6은 각 Mode에서 소비하는 전류량을 측정한 결과이다.

표 13-7은 코인배터리와 AAA 건전지를 사용하는 경우에 사용가능한 기간을 예상한 것으로, 하루에 제어명령을 10회, 사용시간은 총 20초로 가정하고 계산한 결과이다.

표 13-6 무선리모콘의 전류 소비량

리모콘 TYPE	Mode	전류 소비량
A형 리모콘 (AAA 배터리)	Active Mode	38.2 mA
	Sleep Mode	34 uA
B형 리모콘 (COIN 배터리)	Active Mode	36.7 mA
	Sleep Mode	34 uA

그림 13-4 A형 리모콘 Active Sleep 모드 소비전류량

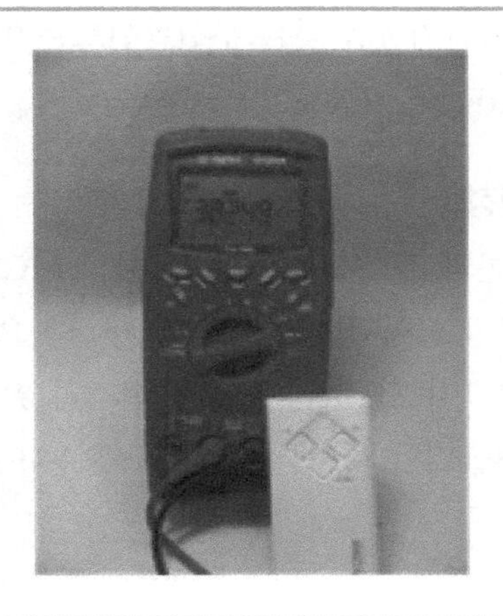

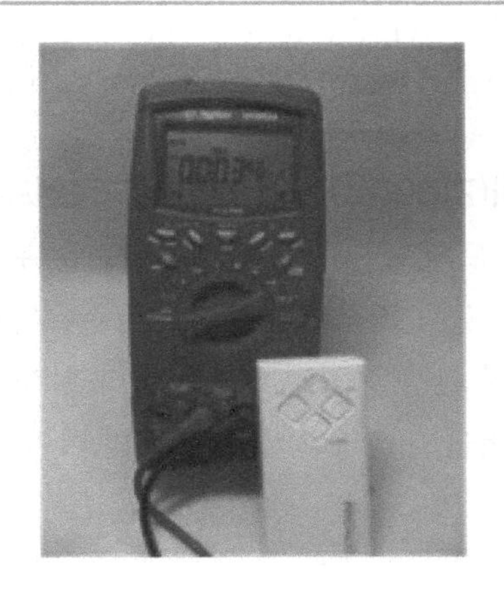

그림 13-5 B형 리모콘 Active Sleep 모드 소비전류량

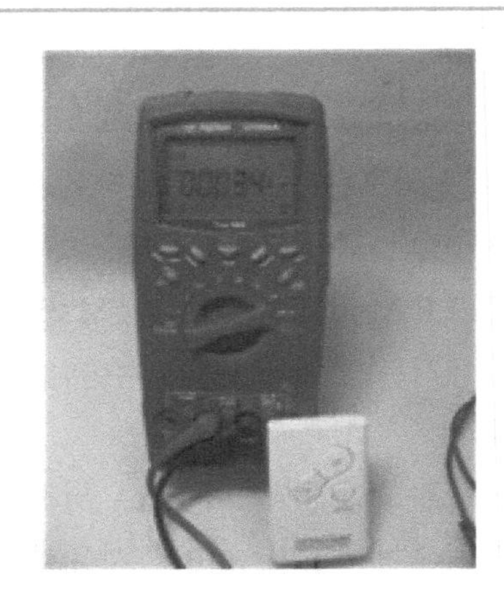

5.1.2 무선 콘센트

표 13-7 배터리 소모량 비교

배터리 타입	용량	사용 가능 일수
코인 배터리(CR2032)	3 V/220 mAh	약 6개월
AAA 건전지(알카라인)	3 V/1250 mAh	약 2년 6개월

지그비(ZigBee) 무선통신을 지원하며 대기전력 차단기능을 갖는 무선콘센트는 아래와 같이 마이크로컨트롤러와 센서를 선정하고 설계하였다.

▌지그비(ZigBee) 모듈 및 마이크로컨트롤러 선정

무선콘센트의 지그비(ZigBee) 모듈은 무선리모콘과 같이 RadioPulse 사의 MG2455 지그비 모듈을 선정하였다. 선정사유는 무선리모콘과 같이 장애물이 많고 구조적으로 복잡한 사무실 환경을 고려하여 출력 파워가 높은 지그비(ZigBee) 모듈을 선정하였다. 또한, 8051 코어를 내장하고 있어 별도의 마이크로컨트롤러를 사용하지 않아도 되는 이점을 갖는다.

전류 센서 선정

전류센서는 Allegro MicroSystems 사의 ACS713 센서를 선정하였다. ACS713 센서는 DC 5V로 동작하며, 크기가 작은 특성을 갖는다. 다음은 ACS713 센서의 특징이다.

- Low–noise analog signal path
- Device bandwidth is set via the new FILTER pin
- 5 μs output rise time in response to step input current
- Total output error 1.5% at TA = 25°C
- Small footprint, low–profile SOIC8 package
- 1.2 mΩ internal conductor resistance
- 2.1 kVRMS minimum isolation voltage from pins 1–4 to pins 5–8
- 5.0 V, single supply operation
- 133 to 185 mV/A output sensitivity
- Output voltage proportional to DC currents

지그비(ZigBee) 안테나의 선정

무선콘센트의 지그비(ZigBee) 안테나는 외장형 안테나가 아닌 내장형태의 Chip 안테나를 사용하기로 한다.

멀티탭 형상의 결정

무선콘센트는 일반적인 4구 형태의 멀티탭 형상으로 개발하기로 한다.

그림 13–6은 무선콘센트의 블록설계도이다. 무선콘센트는 크게 SMPS 모듈 블록, 지그비(ZigBee) 무선통신의 RF 모듈 블록, 전류센서 블록으로 이뤄진다.

그림 13–6 무선콘센트의 블록설계도

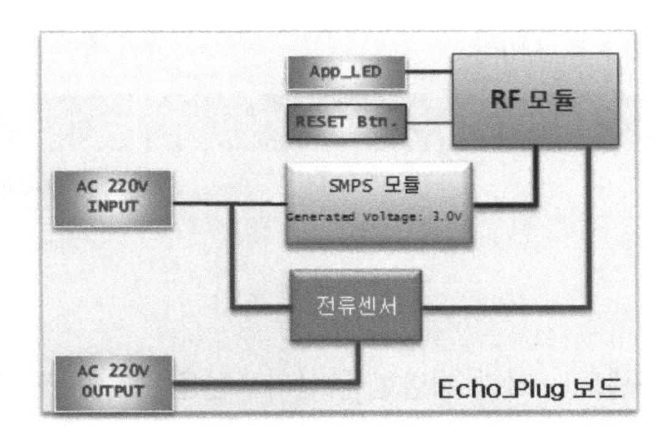

그림 13-7은 제작된 무선콘센트의 하드웨어와 4구 형태의 멀티탭 디자인 목업(Mock-UP)이다.

그림 13-7 무선콘센트의 디자인 목업(Mock-UP)

개발한 무선콘센트는 다음과 같은 기능을 제공한다.

- 지그비(ZigBee) 무선통신 지원
- 무선리모콘과의 네트워크 구성 기능
- 전류 센서를 통한 전력측정 기능
- 4구 형태의 멀티탭 지원
- 외부 인터페이스- 1개의 Reset 버튼- 응용 LED
- 동작 전압 : DC 3V

개발한 무선콘센트는 3mA 이하를 소비하는 SMPS를 구현하였고, 대기 시에 자체 소비전력을 0.5W 이하로 소비하도록 개발하였다. 표 13-8은 각 상황별 소비전력을 측정한 결과이다.

표 13-8 무선콘센트의 전류 소비량

Mode	전류 소비량	비고
Active Mode	10 mA	ZigBee, MCU 활성화상태
Sleep Mode	4.5 mA	ZigBee, MCU Sleep 상태

또한, 개발한 무선콘센트는 함께 개발한 무선리모콘을 이용해 전원제어가 되도록 개발되었다.

그림 13-8 무선 콘센트 보드

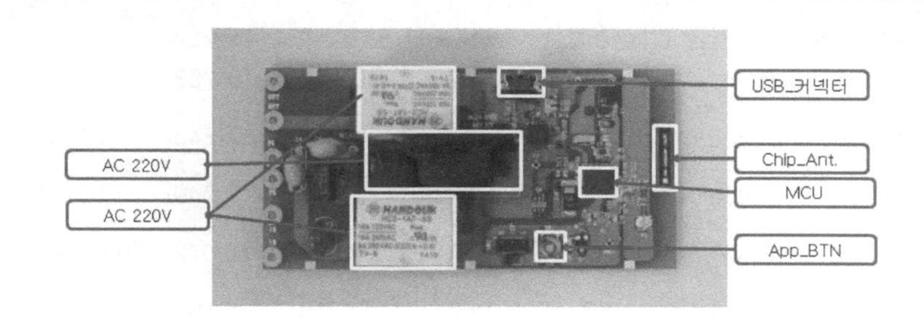

무선콘센트의 전류센서는 최대 20A까지 측정이 가능한 센서로 개발하였고, 과전류 차단기능을 위해 DC 부분에는 1A 퓨즈를, AC 부분에는 15A 퓨즈를 설계하여 과전류 시에 차단이 되도록 개발하였다. 표 13-9는 전류센서의 센싱 시험의 결과이다. 센싱 시험은 100W 소비하는 전구를 직렬로 연결한 후에 한 개씩 점등하면서 시험하였으며, 데이터의 검증은 전력소비량에 따른 계산 값과 계측기를 통해 검증하였다. 그림 13-9와 표 13-9는 시험을 진행하는 그림과 결과이다.

그림 13-9 무선 콘센트의 전류센서 시험

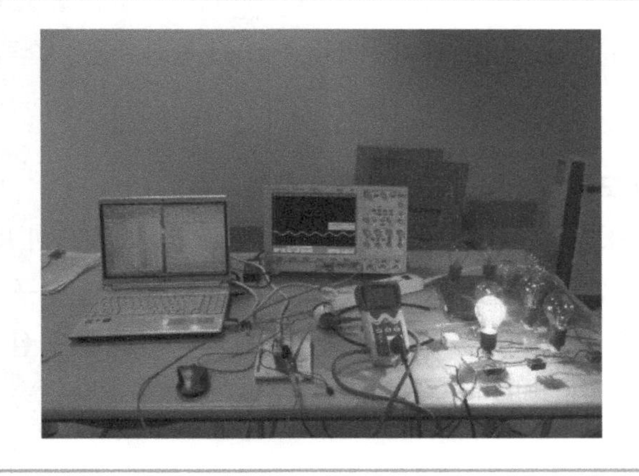

표 13-9에서 계산값(V)은 전류미터 계측기에서 측정된 전류A(RMS) 값에 전류센서의 출력인 mV/A 출력값인 0.185를 곱한 다음, 무선콘센트 보드의 Offset 값인 0.62(mV)를 곱해 계산한 전압형태의 전류 값이다. 표에서 Serial로 표기된 값은 개발한 무선콘센트에서 계산한 전압형태의 전류 측정값으로 센서 오차범위인 5% 내에서 측정되는 것을 확인할 수 있다.

표 13-9 무선콘센트의 전류센서 시험

부하	A(Load)	A(RMS)	mV/A	Offset(mV)	계산값(V)	Serial	오차(V)	오차률(%)
100W	0.455	0.643	0.185	0.62	0.739	0.738	0.00090	-0.123
200W	0.909	1.285	0.185	0.62	0.858	0.843	0.01481	-1.757
300W	1.364	1.928	0.185	0.62	0.977	0.949	0.02771	-2.920
400W	1.818	2.571	0.185	0.62	1.096	1.072	0.02362	-2.203
500W	2.273	3.214	0.185	0.62	1.215	1.195	0.01952	-1.634
600W	2.727	3.856	0.185	0.62	1.333	1.283	0.05043	-3.930
700W	3.182	4.499	0.185	0.62	1.452	1.388	0.06433	-4.635
800W	3.636	5.142	0.185	0.62	1.571	1.511	0.06024	-3.987
900W	4.091	5.785	0.185	0.62	1.690	1.617	0.07314	-4.523
1000W	4.545	6.427	0.185	0.62	1.809	1.740	0.06905	-3.968

5.1.3 동작상황인지 센서

동작상황인지 센서는 절전시스템의 조건에 따라 제어할 수 있는 모듈로서 상태확인 센서 모듈이며, RF통신은 분리형 타입으로 2.4GHz ZigBee 통신모듈을 스택할 수 있는 타입으로 설계하였다.

▌지그비(ZigBee) 모듈 및 마이크로컨트롤러 선정

움직임/조도센서의 지그비(ZigBee) 모듈은 TI 사의 CC2420 지그비 RF와 ATMEL 사의 MCU을 선정하였다. 선정사유는 무선리모콘과 같이 장애물이 많고 구조적으로 복잡한 사무실 환경이라 하여도, 설치 위치는 출입문 또는 개방되어 있는 곳에 설치하여 출력 파워가 그리 높지 않아도 되는 지그비(ZigBee) 모듈을 선정하였다.

▌움직임 센서 선정

동작상황을 감지하기 위해 사용되는 움직임센서는 Teltron 사의 TMS100 센서와 TAOS 사의 TLS 2560 센서를 선정하였다. TMS100 센서는 DC 5V로 동작하며, 사람 및 사물의 미세한 움직임을 실시간으로 감지할 수 있는 특성을 갖는다. TLS2560 센서는 DC 3V로 동작하며, 빛을 밝기에 따라 I2C방식으로 출력하는 특성을 갖는다.

▌IR 센서 선정

출입문의 동작상황을 감지하기 위해 사용되는 IR 센서는 KODENSHI 사의 KSM-60 센서를 선정하였다. KSM-60 센서는 DC 5V로 동작하며, 움직임을 실시간으로 감지하여 방향을 확인할 수 있는 특성을 갖는다.

▌지그비(ZigBee) 안테나의 선정

동작상황인지 센서의 지그비(ZigBee) 안테나는 외장형 안테나 사용하기로 한다.

그림 13-10은 동작상황인지 센서의 블록설계도이다. 각 센서모듈은 크게 SMPS 모듈 블록, 지그비(ZigBee) 무선통신의 RF 모듈 블록, 센서 블록으로 이뤄진다.

그림 13-10 움직임센서의 Block Diagram

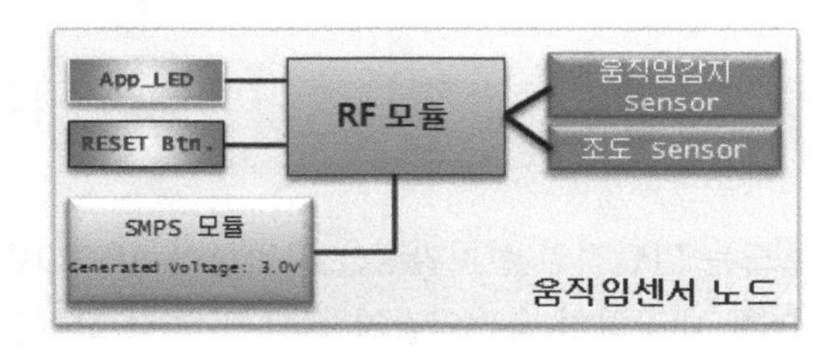

그림 13-11 IR센서의 Block Diagram

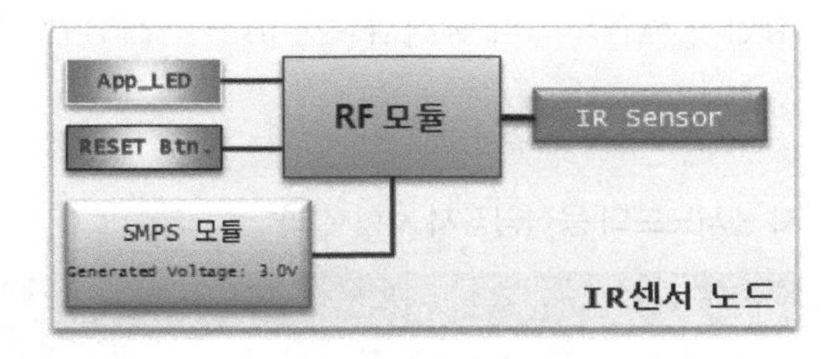

개발한, 동작상황인지 센서노드는 다음과 같은 기능을 제공한다.

- 지그비(ZigBee) 무선통신 지원
- 움직임감지센서를 이용한 움직임 감지 및 보고 기능
- 조도센서를 이용한 조도 센싱 감지 및 보고 기능
- IR 센서를 이용한 출입감지 및 보고 기능
- 동작 전압 : AC220V (SMPS 내장, DC 5.0V & 3.0V 출력)

그림 13-12 동작상황인지 센서노드

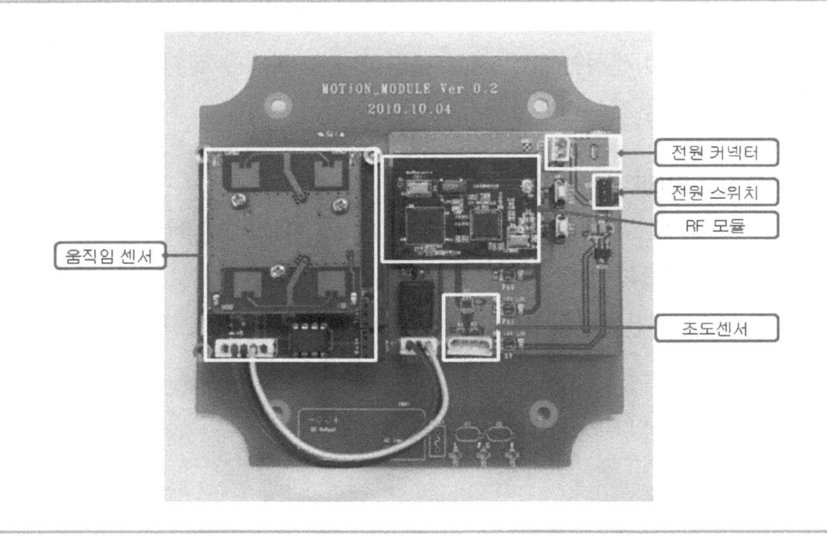

동작상황인지 센서노드는 일반적인 설치환경을 고려하여 AC220V가 입력되도록 개발되었다. 이에 따라, SMPS를 내장하며 움직임감지 센서 및 기타 모듈을 위해 DC 5V를 출력해준다. 움직임 센서의 측정 범위는 제안된 목표인 30m를 부합하는 방사 형태를 갖는다.

동작상황인지 센서노드는 설치장소 주변의 움직임이나 밝기를 측정하고 보고하는 기능을 제공한다. 이에 따라, 디머스위치를 제어하여 조명을 제어하는 데 이용된다.

표 13-10은 동작상황인지 센서노드의 움직임감지 범위를 시험한 결과이다.

표 13-10 동작상황인지 센서노드의 움직임감지 시험 결과

측정 조건		측정 결과
측정 거리	각도	
20m	0°	10회 중, 10회 감지
	45°	10회 중, 10회 감지
25m	0°	10회 중, 10회 감지
	45°	10회 중, 10회 감지
30m	0°	10회 중, 10회 감지
	45°	10회 중, 10회 감지

그림 13-13은 개발한 출입감지 센서노드로 동작상황인지 센서노드와 마찬가지로 설치 환경을 고려하여 AC220V가 입력되도록 개발하였다. 출입감지 센서노드는 출입구에 설치되어 사람의 출입을 감지하여 카운팅하고 이를 보고하는 기능을 제공한다.

그림 13-13 출입감지 센서노드

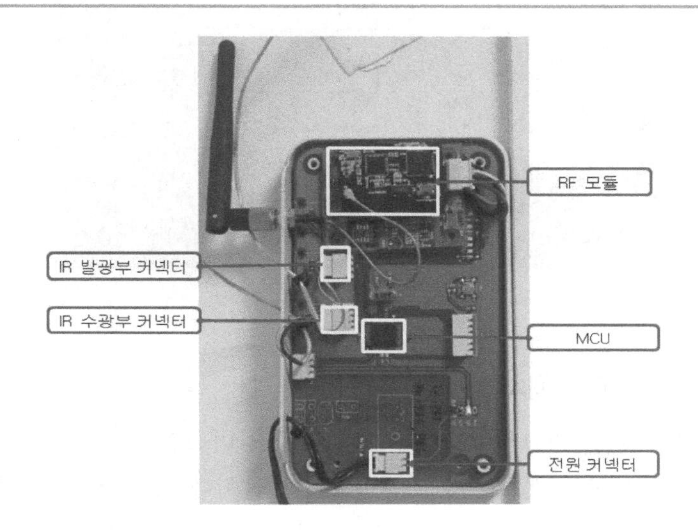

그림 13-14는 출입감지 센서노드를 통한 출입 시험에 대한 그림이다.

그림 13-14 출입감지 센서노드의 출입 시험

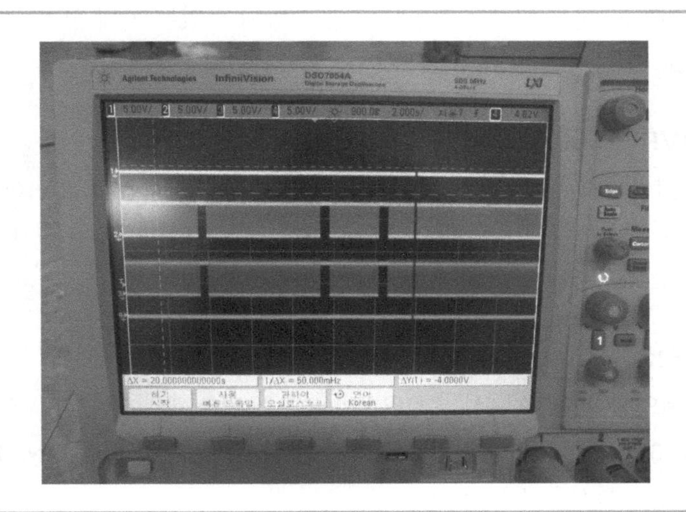

그림 13-15 출입감지 센서노드의 출입에 따른 신호파형

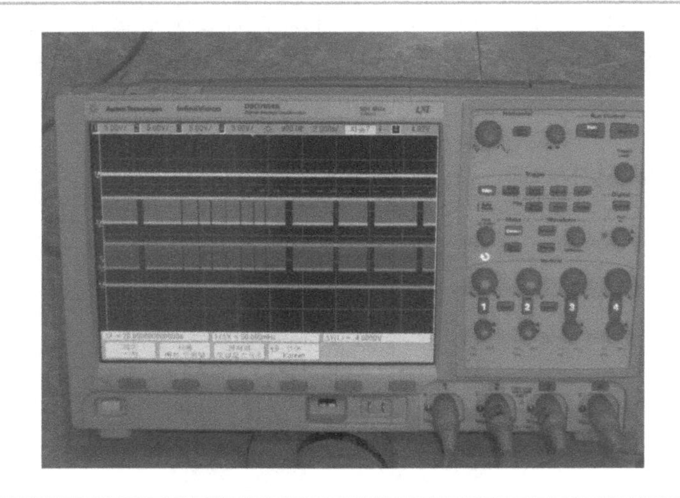

5.1.4 무선 조명 디머스위치

조명등을 제어하기 위한 지그비(ZigBee) 무선조명 디머스위치는 절전시스템의 조건에 따라 제어할 수 있는 모듈 개발로서 조명등제어 모듈이다. RF통신은 분리형 타입으로 2.4GHz 지그비(ZigBee) 통신모듈을 스택할 수 있는 타입으로 설계하였다.

▌지그비(ZigBee) 모듈 및 마이크로컨트롤러 선정

움직임 · 조도센서의 지그비(ZigBee) 모듈은 TI 사의 CC2420 지그비 RF와 ATMEL 사의 MCU을 선정하였다. 선정 사유는 무선리모콘과 같이 장애물이 많고 구조적으로 복잡한 사무실 환경이라 하여도 설치 위치는 출입문 또는 개방되어 있는 곳에 설치하여 출력 파워가 그리 높지 않아도 되는 지그비(ZigBee) 모듈을 선정하였다.

▌디머스위치(IVR-1000)

조명등 밝기를 제어하기 위해 사용되는 디머스위치는 ADG 사의 IVR-1000를 선정하였다. IVR-1000는 조명등의 전원단을 직접연결하여 제어한다. 조도 단계 표시의 절전기능이 과열될 시 보호회로 동작을 할 수 있는 특성을 갖는다.

▌DC Relay 선정

디머스위치의 제어를 위해 A접점의 DC Relay는 NAIS 사의 TQ2-3V를 선정하였다. TQ2-3V는 DC 3V로 동작하며, 접점을 이용하여 디머스위치의 전원 ON/OFF 및 조명등 밝기제어 할 수 있는 특성을 갖는다.

▌지그비(ZigBee) 안테나의 선정

동작상황인지 센서의 지그비(ZigBee) 안테나는 외장형 안테나 사용하기로 한다.

그림 13-16은 무선 조명 디머스위치의 블록설계도이다. 무선 조명 디머스위치는 크게 SMPS 모듈 블록, 지그비(ZigBee) 무선통신의 RF 모듈 블록, 디머스위치로 이뤄진다.

그림 13-16 디머스위치의 Block Diagram

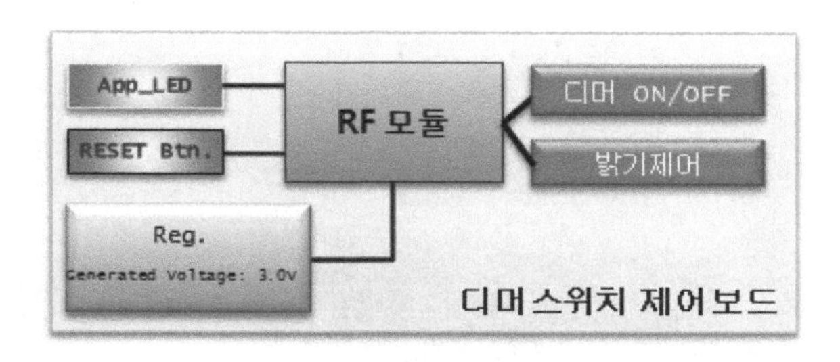

개발한 무선 조명 디머스위치는 다음과 같은 기능을 제공한다.

- 지그비(ZigBee) 무선통신 지원
- 디머스위치를 이용한 10단계 조명제어 기능
- 동작 전압 : DC 3.0V

무선 조명 디머스위치 보드는 디머제어모듈과 지그비(ZigBee) 무선통신 모듈, 전원과 인터페이스를 위한 인터페이스모듈로 구성되며, 스택되어 조립되는 형태를 갖는다.

그림 13-17 무선 조명 디머스위치

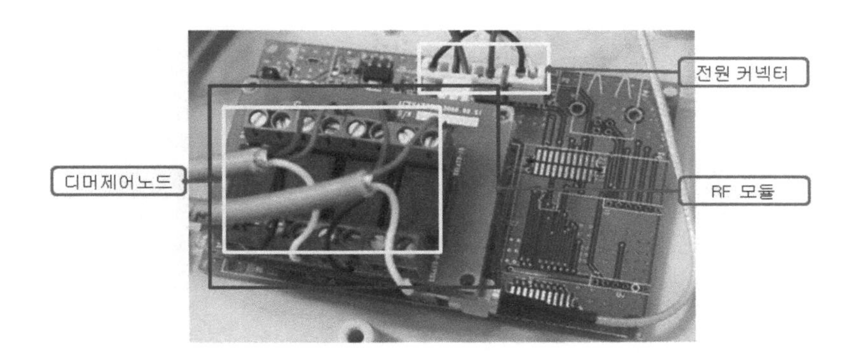

디머스위치 모듈은 IVR-Series로 최대 1000W를 제어할 수 있는 장비를 사용하였고, 제어보드의 전원은 디머스위치로부터 공급받는다.

그림 13-18 디버스위치와 디머스위치 제어보드

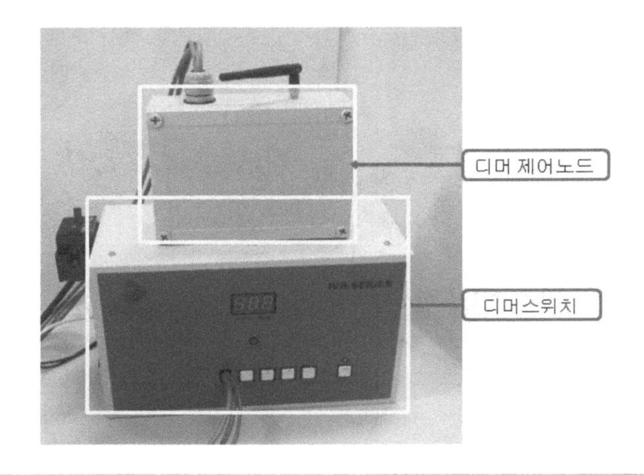

5.2 시스템 구성도

에너지 생산, 형광등 제어, 자동 창문 제어, 실시간 에너지 사용량 측정, 최대전력 감시 및 제어, 난방시스템 및 중앙모니터링의 기능으로 시스템을 구성하고, 스마트 미터기 및 센서 데이터를 수집하는 게이트웨이는 중앙모니터링과 내부 망으로 연결한다.

각 센서는 지그비 통신을 이용하여 중앙 게이트웨이와 통신을 이루며 각 제어 장비들은 게이트웨이로부터 명령을 전달받아 해당 시스템을 제어하도록 한다.

그림 13-19 목표시스템 구성도

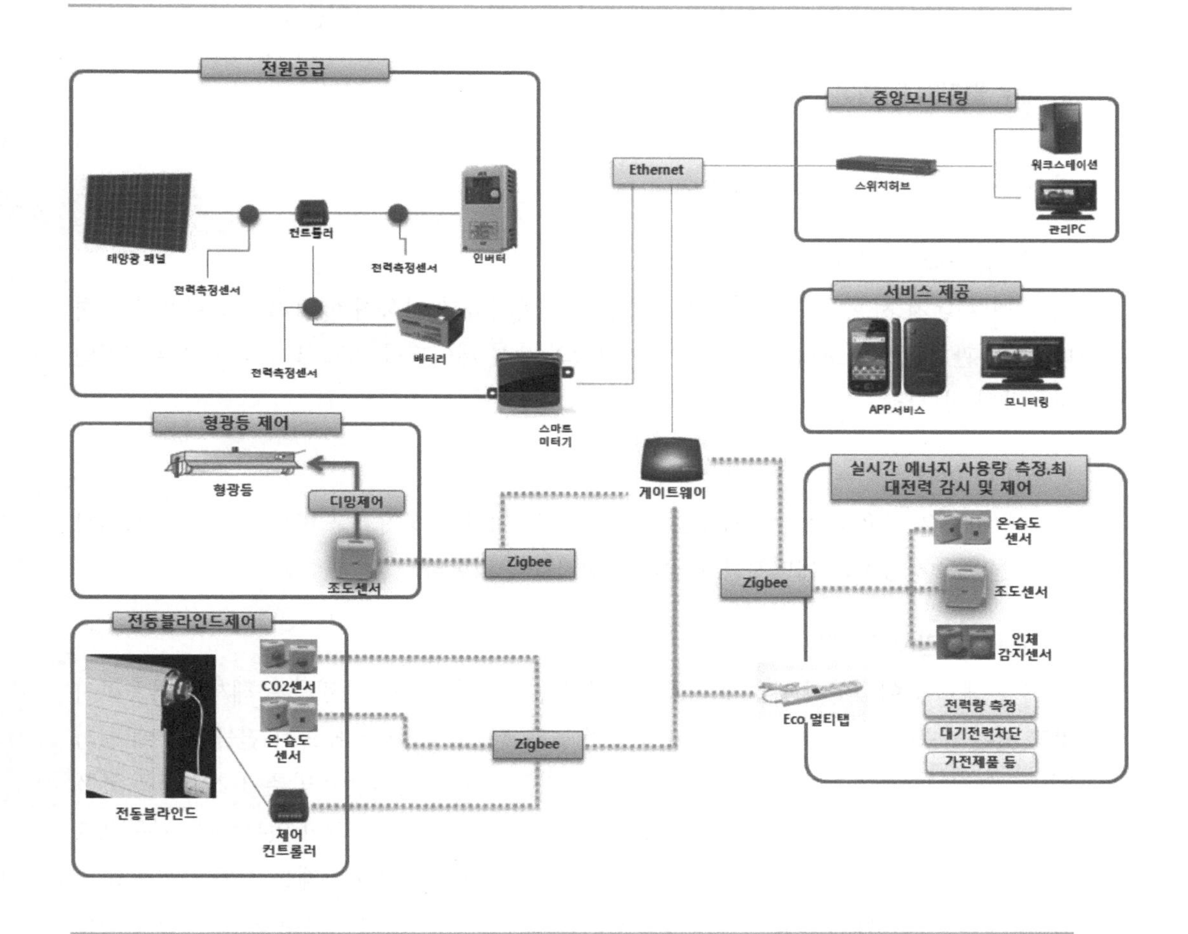

5.2.1 주요기능

▌형광등 제어

조명기구 내부에 장치되어 있는 '지능형 안정기'라는 부품에 '조광 감지센서'가 같이 결합, 빛을 자동으로 감지해 전등의 밝기를 조절하며, 자연광을 감지하여 충분히 채광되는 곳에서는 점등이 되지 않도록 하여 불필요한 전력소비를 최소화한다. 또한, 일반 조명 장치를 설치한 후 모니터링을 통하여 에너지 절감효과를 확인한다.

▌태양광 에너지가 전기 에너지로 변환되는 과정

태양광 패널에서부터 충전기, 인버터 그리고 전원 분전반으로 통하는 전력 생산 모니터링을 하기 위하여 센서를 각 파트마다 설치하여 변환 과정을 모니터링을 한다. 또한 일사량을 측정할 수 있는 장치를 설치하여 일사량 대비 전기 생산량 모니터링을 한다.

▌ 내부 블라인드 제어

온 · 습도 센서와 CO_2센서를 설치해서 실내의 환경 모니터링을 측정하고 임계치 값에 따라서 자동으로 블라인드를 제어한다.

▌ 실시간 에너지 사용량 측정

건물 내 에너지 사용량을 실시간으로 측정하는 센서를 설치하여 에너지 사용량을 측정하며, 중앙 관제소에서 모니터링. 스마트 미터기와 센서 데이터를 비교 및 분석하여 실질적인 사용량의 정확도를 측정한다.

▌ 스마트 미터

이더넷 기술을 적용하고, Smart Grid를 이용한 전력량 측정기인 스마트 미터기를 설치하고, 건물에서 사용하는 에너지를 확인하고 전력을 관리한다.

▌ 최대전력 감시 및 제어장치

ECO 콘센트를 이용하여 가전제품의 대기전력을 차단하며, 모니터링을 통해서도 사용하지 않고 있는 제품의 대기전력 소모를 하지 않기 위해 전원을 차단한다. 또한 건물 내부에 센서(온도, 습도, 조도 등)을 설치하여 건물 안의 환경을 센서의 임계값에 맞추어 가전제품 등을 자동으로 on/off하여 에너지 절감을 보여준다. 그리고 건물 내 사람이 없는 경우 자동으로 전기를 차단하는 센서로 인체 감지센서를 장착하여 사람의 출입과 존재를 자동 인식해서 조명 기구의 작동을 제어하며, 이때 전력 분전반을 나누어 건물 내에서 모두 퇴실 시 필요 없는 대기전력을 차단하는 데에 있어서 항상 켜두어야 하는 제품을 제외한 대기전력 차단한다.

5.2.2 장비 요구 규격

▌하드웨어

구분	구축장비	주요성능	수량
제로 에너지 컨테이너	사무실 형 컨테이너	• 센서를 이용한 내부 블라인드 제어 • 센서를 이용한 자동 창문 제어 • 내부 단열재 사용 • 전기식 난방 시스템 사용 • 벽걸이 에어컨 사용(센서를 이용한 제어) • 컨테이너 바퀴	1식
환경 모니터링 장비	온 · 습도센서	• 동작온도: −10℃~60℃ • 보관온도: −20℃~80℃ • 상대습도: 0~95% • 케이스 소재: 방화, 방폭, 불연성 소재 • 무선: 2.4GHz Zigbee RF Transceiver • RF출력: 0dBm(30mW) • RF Frequency Range: 2,400~2,483 MHz • Receiver Sensitivity: Min − 94dBm • 전송속도: 240kbps • 통신방식: 2.4GHz RF통신 IEEE 802.15.4 MAC 지원 • 소모전류: RX mode = 18.8mA, TX mode = 17.4mA • 온도측정: −40℃~100℃ • 온도오차: ±0.3℃(−40℃~123.8℃) • 습도측정: 0~100% • 습도오차: ±1.8%(0~100%)	2EA
	인체감지센서	• 동작온도: −10℃~60℃ • 보관온도: −20℃~80℃ • 상대습도: 0~95% • 케이스 소재: 방화, 방폭, 불연성 소재 • 무선: 2.4GHz Zigbee RF Transceiver • RF출력: 0dBm(30mW) • RF Frequency Range: 2,400~2,483 MHz • Receiver Sensitivity: Min − 94dBm • 전송속도: 240kbps • 통신방식: 2.4GHz RF통신 IEEE 802.15.4 MAC 지원 • 소모전류: RX mode = 18.8mA, TX mode = 17.4mA • 움직임 감지: 도플러 방식 모션센서, 적외선 방식	2EA
	조도센서	• 동작온도: −10℃~60℃ • 보관온도: −20℃~80℃ • 상대습도: 0~95% • 케이스 소재: 방화, 방폭, 불연성 소재 • 무선: 2.4GHz Zigbee RF Transceiver • RF출력: 0dBm(30mW) • RF Frequency Range: 2,400~2,483 MHz	2EA

환경 모니터링 장비	조도센서	• Receiver Sensitivity: Min - 94dBm • 전송속도: 240kbps • 통신방식: 2.4GHz RF통신 IEEE 802.15.4 MAC 지원 • 소모전류: RX mode = 18.8mA, TX mode = 17.4mA • 조도측정: 0~30,000LUX	2EA
	게이트웨이 (OCA-ZG-910)	• 크기(W×D×H): 118mm × 120mm × 50mm • 무게: 176g • 동작온도: -20℃~70℃ • 보관온도: -35℃~65℃ • 상대습도: 0~95% • 케이스소재: 방화, 방염, 불연성 소재 • 전원: 110~220V/AC • 무선통신거리: 50m 내외(설치장소 및 장애물에 따라 변동) • 지원프로토콜 및 주파수 대역: Zigbee, 802.15.4(2,400~2,480GHz) • 무선통신 암호화 지원: AES – 128bit • 변조방식: 무선CDMA DSSS Modulation • 전송속도: 이더넷 -10/100Mbps 무선 -250kbps • 무선채널 대역폭: 5MHz(1채널 당 대역폭) • 전송파워: 0dbm • 인터페이스: USB 1port, Ethernet 1port, 2.4GHz ANT 커넥터 • ANT: 내장형 PCB 안테나 • LED: 전원, 링크, LAN • 인증내용: KCC인증, 인증번호: OCA-OCA-ZG-910	1EA
	전력측정센서	• RF통신: Zigbee 방식 • 100V~500V 전압측정 가능	6EA
	ECO플러그	• 무선통신: Zigbee 방식 • 대기전력 측정을 통한 전원 On/Off 제어 • 4구형 멀티탭 • 리모컨에 의한 제어 가능 플러그	2EA
	스마트 미터기	• 매 시간 전력 사용량 측정 가능 • 측정 데이터를 무선통신을 이용하여 서버에 전송 가능 • 디지털 전력 측정	1EA
형광등 제어	LED	• LED 등기구 • 소비전력: 16~20W • 전압: 220V / 50~60Hz • 구동전압: DC 48V • 재질: 알루미늄 • 빛의 각도: 180° 이상	1식
	디밍제어기	• 조광감지센서 • RF통신: Zigbee 방식	

태양광	태양광 패널	• 총 3kw 전기 생산	1식
	인버터	• 계통연계형인버터 3kw • 고효율 파워인버터 • 높은 발열판 단중 • 충분한 정격용량	1EA
	컨트롤러	• PWM 방식 충전 • 타이머 기능 • 인디게이터 기능 • 허용전압: 12V/24V • 과전압 보호 • 과전류 보호 • 쇼트 보호	1EA
	축전지	• Magic Eye 인디게이터 적용 • 밀폐형 카바 • 중앙 집전식 기판 • 쇼트방지	1식
모니터링 장비	통합 서버 (모니터 포함)	HP Z400-W3565(모니터 포함) • 워크스테이션 • Intel Zeon • DDR3 2GB • SATA HDD 1TB • DVD 레코더	1식

소프트웨어

구분	구축시스템	주요성능	수량
소프트웨어	스마트폰 Application 서비스	• APP에 최적화 되어있는 웹 어플리케이션 • 웹 형태 이외에도 간단한 UI 형태로 테스트 베드 내 시스템 확인 및 전기 소비량 확인 • 생산되고 있는 에너지 모니터링 • 사용중인 에너지 모니터링 • 테스트베드 내 시스템 제어	1식
	모니터링 서비스	• 테스트베드 내 시스템 모니터링 • 각 기능 별 모니터링 및 장비 상태 확인 • 제품 별 전기 소비량과 실제 소비량 비교 분석 • 테스트베드 내 시스템 제어	1식

연/습/문/제

01 대기전력의 해결책은 무엇인지 설명하시오.

02 컴퓨터를 이용하여 멀티탭에 연결된 전자제품의 대기전력을 제어하는 방식을 사용하는 기술의 특징을 쓰시오.

03 대기전력 절감기술 중 무선콘센트는 무엇인지 쓰시오.

04 중앙모니터링 시스템이란 무엇인가?

찾/아/보/기

Introduction to ZERO ENERGY HOUSE

제로 에너지 하우스 개론

인　　쇄　2014년 3월 5일 초판 1쇄
발　　행　2014년 3월 12일 초판 1쇄

저　　자　윤천석 · 류성한 · 곽노열 · 이재승 · 은성배
발 행 인　채희만
출판기획　안성일
영　　업　김우연
편집진행　우지연
관　　리　최은정
북디자인　가인커뮤니케이션
발 행 처　**INFINITY**BOOKS
주　　소　경기도 고양시 일산동구 하늘마을로 158
대방트리플라온 C동 209호

대표전화　02)302-8441
팩　　스　02)6085-0777

도서 문의 및 A/S 지원
홈페이지　www.infinitybooks.co.kr
이 메 일　helloworld@infinitybooks.co.kr

I S B N　979-11-85578-01-9
등록번호　제396-2006-26호
판매정가　**22,000원**